U0539881

基於免疫進化的
算法及應用研究

張瑞瑞、陳春梅／著

財經錢線

目 錄

1 緒論

1.1 引言

對人類以及自然界生物的研究一直是科學家感興趣的領域和關注的焦點，科學家在該領域已進行了大量研究。人們已經從各種生物角度開創了不同的學科來研究自然界生物系統，其中的一個重要系統就是關於生物信息的處理系統，很多研究者開始在工程領域應用生物信息處理系統的工作原理。生物信息處理系統包括神經網絡、內分泌系統、基因遺傳和免疫系統。關於神經網絡和基因遺傳的研究已經比較成熟，而關於免疫和內分泌系統的研究還處於初始階段。生物免疫系統（Biological immune system，BIS）是一種具有高度分佈式特點的生物處理系統，具有記憶、自學習、自組織、自適應等特點。近年來，大量的研究者開始借鑑 BIS 機制來處理工程上的問題。

1.2 生物免疫系統

免疫學起源於中世紀人們對天花（Smallpox）的免疫問題的探索與研究。中國古代醫師在醫治天花這種傳染性疾病的長期實踐中發現，將天花膿疱結痂制備的粉末吹入正常人的鼻孔可以預防天花，這是世界上最早的原始疫苗方法。18 世紀末，英國鄉村醫生 Edward Jenner 從擠奶人多患牛痘（Cowpox）而不患天花的現象中得到啓發，將牛痘膿疱液接種給健康男孩，待反應消退之後，再用相同的方法接種天花，這個男孩不再患上天花。1798 年，Jenner 發表了他的開創性的牛痘疫苗報告，即詹納牛痘疫苗接種法（Jennerian Vaccination）。儘管 Jenner 為戰勝天花做出了不朽的貢獻，但是由於當時微生物學尚未發展起來，在此後的一個世紀內，免疫學一直停留在這種原始的依靠經驗的狀態，並未得到理論上的昇華。

19 世紀後期，微生物學的誕生為免疫學的形成奠定了理論基礎。免疫學誕生的重要標誌為法國微生物學家 Louis Pasteur 於 1880 年對雞霍亂（Pasreurella aviseptica，Cholera）的預防免疫問題的報導。俄國動物學家 Elie Metchnikoff 於 1883 年發現了白細胞吞噬作用，並且提出了相應的細胞免疫（Cellular immunity）學說。Von Behring 等人於 1890 年將非致病劑量白喉細菌培養液的過濾液注射到動物體內，獲得的動物抗血清具有中和毒素的功能，這種抗血清即抗毒素（Antitoxin）。他因為在白喉和破傷風抗毒素作用及抗毒素血清治療方面的貢獻而獲得 1901 年諾貝爾生理學或醫學獎，成為在免疫學領域獲得諾貝爾獎的第一人。1894 年，RFJ. Pfeiffer 和 JJBV. Bordet 從血清中分離出一類不同於抗體的成分，這種成分對細菌具有破壞作用，稱為補體（Complement），該發現支持了體液免疫（Humoral immunity）學說。1897 年，P. Ehrlich 發表了對抗原抗體反應的定量研究成果，為免疫化學和血清學做出了重要的貢獻。由於 P. Ehrlich 提出抗體形成的側鏈學說和 Elie Metchnikoff 提出免疫吞噬的免疫細胞學說，兩人共獲 1908 年的諾貝爾醫學獎。隨後，P. Ehrlich 的側鏈學說和 20 世紀初 A. Wright 發現的調理素為細胞免疫和體液免疫這兩種學派的統一提供了有力的理論依據。1901 年，「免疫學」一詞首先出現在 *Index Medicus* 中。1916 年，*Journal of Immunology* 創刊，免疫學作為一門學科才正式被人們所承認。1948 年，病毒學家 Burnet 和 Fenner 認為自體就是在機體發育到一定時期時已經適應了的抗原，並且機體對其具有耐受性。Medawer 於 1953 年進一步驗證了 Burnet-Fenner 理論，並稱這種現象為獲得性免疫耐受（Acquired immunological tolerance）。自 20 世紀 50 年代後，遺傳學、細胞學和分子生物學等生命科學的發展推動了免疫學的迅速發展。免疫學在近代的發展主要有三個方向，即體液免疫、細胞免疫和分子免疫。對於體液免疫，針對抗體形成理論，Jerne 於 1955 年提出了「自然選擇理論」；1957 年，Burnet 在自然選擇理論的推動下提出了「克隆選擇理論」，並且指出抗體作為一種受體自然存在於細胞表面上；Jerne 於 1974 年提出了「免疫網絡理論」，並指出了免疫系統內部調節的獨特型（Idiotype）和抗獨特型（Anti-idiotype），該理論是克隆選擇理論的重要補充和發展。1980 年，Tonegawa 對免疫球蛋白基因重排的證實，為免疫球蛋白多樣性的遺傳控制找到了科學依據。上述這些研究成果表明：分子免疫學已經成為現代免疫學的一個重要分支。在細胞免疫和分子免疫方面，1962 年，Tood 和 Miller 證實了早期切除胸腺將導致機體喪失產生抗體和免疫移植排斥的能力，揭開了胸腺和胸腺細胞是具有重要免疫功能的免疫組織和細胞的秘密。1974 年 Doherty 和 Zinkernagel 指出 T 細胞抗原受體（TCR）對抗原的識別受到主要組織相容性複合體（MHC）的限制。進入 20 世紀 80 年代後，隨著單克隆抗體技術的出現，已發現的細胞表面上具有免疫功能的分子越來越多，其中包括整合素、受體、配體等蛋白分子，這些分子在免疫應答反應中起著識別、黏附和信號轉導等非常重要的免疫作用。1986 年，第 6 屆國際免疫學大會確定將白細胞分泌的一些有介導效應的可溶性蛋白分子稱為白細胞介素（Interleukin，IL），目前已列入 IL 編號的白細胞介素有 24 種（IL1～IL24）。近十年來，免疫學特別是分子免疫學得到了突飛猛進的發展。免疫學包括的主要內容有：抗原提呈（Antigen presentation）、免疫應答成熟（Maturation of the immune response）、免疫調節（Immuneregulation）、免疫記憶（Immune memory）、DNA 疫苗（DNA bacterin）、自身免疫性疾病（Autoimmune diseases）、細胞凋亡（Apoptosis）、細胞裂解（Cytokines）和細胞間發生信號（Intercellular signaling）等。

1.2.1　生物免疫系統的組成

生物免疫系統是在地球漫長的生命演化史中，生物體為了自我保護而進化出的複雜自適應系統，主要由免疫細胞、免疫分子、免疫組織和器官組成。

抗原（Antigen）是一類能誘導免疫系統發生免疫應答，並能與免疫應答的產物（抗體或效應細胞）發生特異性結合的物質。抗原並不是免疫系統的一部分，在有機大分子中，大多數抗原是蛋白質。抗原具有抗原性，抗原性包括免疫原性與反應原性兩個方面的含義。在機體內抗原分為由自身細胞組成的「自體」抗原和外源性的「非自體」抗原。生物免疫系統的主要功能就是準確識別並消滅有害的非自體抗原（病原體），從而保護機體的健康。

免疫細胞是指所有參與免疫或與免疫應答有關的細胞，它在免疫應答過程中起著核心作用，是人體內數量較多的細胞群。有兩大類免疫細胞：一類是單核吞噬細胞，該類細胞是主要的抗原提呈細胞；另一類為淋巴細胞，包括 T 淋巴細胞（簡寫為 T 細胞）和 B 淋巴細胞（簡寫為 B 細胞），其中 T 細胞在胸腺（Thymus）內發育成熟，B 細胞在骨髓（Bone marrow）內發育成熟。T 細胞按功能又可分為輔助性 T 細胞（T helper cell，Th）、調節性 T 細胞（T regulatory cell，Tr）以及毒性 T 細胞（T cytotoxic cell）。其中 Th 細胞和 Tr 細胞的作用十分關鍵，Th 細胞能激活免疫回應，而 Tr 細胞則可以抑制免疫回應。這兩種細胞相輔相成，共同維持機體的免疫平衡。

免疫分子主要包括抗體、補體和細胞因子。抗體是 B 淋巴細胞受到抗原刺激後所分泌的一種蛋白質分子，抗體可與抗原特異結合，從而中和具有毒性的抗原分子，使之失去毒性作用。另外，抗體結合抗原後形成的複合物容易被吞噬細胞吞噬清除。補體是存在於血清及組織液中的一組具有酶活性的球蛋白，具有輔助特異性抗體介導的溶菌作用，它是抗體發揮溶細胞作用的必要補充條件。細胞因子指主要由免疫細胞分泌的、能調節細胞功能的小分子多肽，細胞因子對於細胞間相互作用、細胞的生長和分化有重要調節作用。

免疫器官是指分佈在人體各處的淋巴器官和淋巴組織，它們用來完成各種免疫防衛功能。按照功能的不同，淋巴器官分為中樞淋巴器官和外周淋巴器官。中樞淋巴器官包括骨髓和胸腺，具有生成免疫細胞的功能；外周淋巴器官包括淋巴結、脾、盲腸及扁桃體等，是成熟免疫細胞執行免疫應答功能的場所，其中淋巴結也是淋巴細胞執行適應性免疫應答的重要場所。

1.2.2 生物免疫系統的層次結構

生物免疫系統的結構是多層次的，主要由物理屏障、生理屏障、固有免疫系統和適應性免疫系統組成。

物理屏障主要指皮膚和黏膜。皮膚表面有一層較厚的致密的角化層，可以阻擋病原體的侵入；皮膚組織裡的汗腺和皮脂腺對病原體和細菌具有抑制和殺滅作用。黏膜覆蓋在呼吸道、消化道和泌尿生殖道等的內部，它可以分泌酸液和溶菌酶等物質，起到殺菌的作用；黏膜的表面有纖毛運動，它可以阻擋部分飛沫和塵埃，也能限制病原體的侵入。

生理屏障主要指含有破壞性酶的液體，包括唾液、汗液、眼淚和胃酸等，這些液體的溫度和 pH 值一般不適宜於某些病原體的生存。

固有免疫系統又稱為先天免疫系統或非特異性免疫系統，主要由吞噬細胞和巨噬細胞構成。這些細胞廣泛分佈在血液、肝臟、肺泡、脾臟、骨髓和神經細胞中。它們一直監視著入侵的病菌，一旦發現有病原體侵入機體，吞噬細胞就迅速地靠近病原體，先將其吞入細胞內，再釋放出溶解酶溶解和消化病原體。近年的研究發現，固有免疫系統在免疫應答中所起的作用十分關鍵。

適應性免疫系統又稱為後天免疫系統或特異性免疫系統，主要由淋巴細胞（T 細胞和 B 細胞）構成，是免疫系統的最後一道防線，能通過後天學習特異性的識別以清除有害抗原，而且識別有害抗原的淋巴細胞會以記憶細胞的方式長期存活下來，使得再次遭遇相同或相似抗原時，能更快地將其清除。適應性免疫系統具有非遺傳性、特異性、非即時性和記憶性等特徵。

1.2.3 生物免疫系統的免疫機制

1.2.3.1 免疫識別

免疫系統識別病原體（有害抗原）的能力是發揮免疫功能的重要前提，識別的物質基礎是存在於淋巴細胞（T淋巴細胞和B淋巴細胞）膜表面的受體，它們能識別並能與一切大分子抗原物質的抗原決定基結合。淋巴細胞對抗原的識別具有特異性，只能識別結構上相似的一類抗原。如圖1.1所示，每個淋巴細胞表面只表達一種受體（Receptor），受體與抗原表面的抗原決定基在結構上越互補，兩者之間親和力越高。

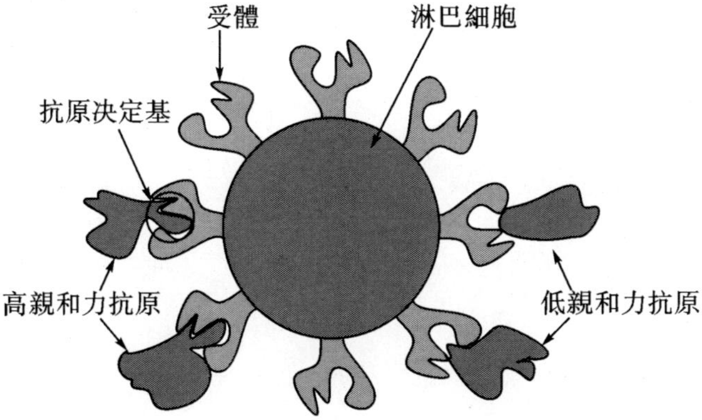

圖1.1 淋巴細胞和抗原之間的識別

1.2.3.2 免疫耐受

所謂免疫耐受，是指免疫活性細胞對抗原性物質所表現出的一種特異性無應答狀態。在正常情況下，機體對自身組織抗原是耐受的，不襲擊自體細胞或分子，這種現象為自體耐受。一旦自體耐受被破壞，將導致自體免疫性疾病。

耐受分為中樞耐受和外圍耐受。

在中樞耐受中，T細胞及B細胞分別在胸腺及骨髓微環境中發育，在發育中進行否定選擇。如果未成熟細胞因結合自體而激活，則將被清除，即克隆刪除（Clonal deletion），最終形成耐受。中樞耐受淨化指令系統中未成熟的淋巴細胞，對抵禦自體免疫疾病至關重要。

然而，在外圍非淋巴組織合成的抗原在主要淋巴器官中不會擴散太多，因此，對於不在主要淋巴器官中的淋巴細胞，就要求外圍耐受。在外圍，T細胞和B細胞能達到不同程度的耐受，以克隆無能或不活化狀態存在，或者發生凋亡而被克隆清除。外圍耐受有較高的動態性和柔韌性，而且經常可逆。由於絕大多數組織的特異性抗原濃度太低，不足以活化相應的T細胞及B細胞。當抗原濃度適宜時，自身反應性T細胞與MHC-I複合物接觸，產生第一信號，如沒有輔助T細胞Th的協同刺激，即沒有第二信號，將導致細胞死亡。Th細胞協同刺激實現B細胞外圍耐受如圖1.2所示。

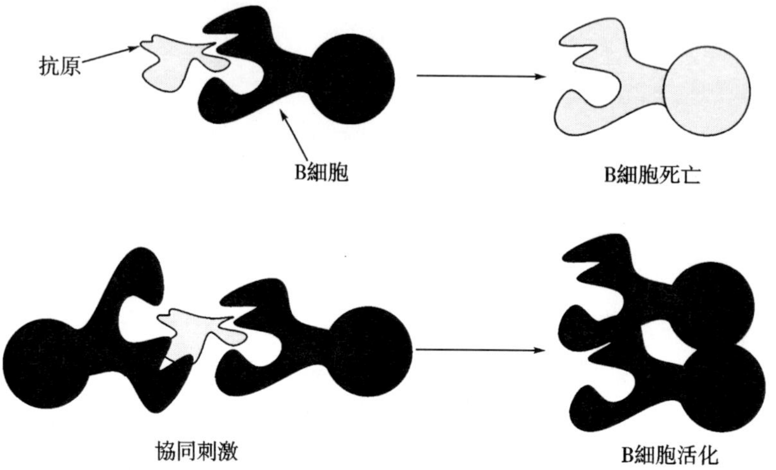

圖1.2 協同刺激

下面講述當細胞不能自體耐受時的3種處理方法。

(1) 克隆刪除

由於細胞的高頻變異，隨機產生的T細胞及B細胞受體可能與自體結合，而這些有害細胞必須與其他有益的淋巴細胞區別開來。在T細胞識別因自體限制而被MHC分子提呈為抗原片段時，為了保持自體耐受，必須經歷兩種方法的選擇。一個未成熟T細胞抗原受體基因在胸腺中重組後，能被自體MHC分子識別的將生存下來，否則就在胸腺中死去，這就是第一種方法——肯定選擇算法。另外，自體縮氨酸與MHC縮氨酸結合的特異T細胞將被克隆刪除，即第二種方法——否定選擇算法。在T細胞成熟期間，均有可能存在克隆刪除，在胸腺中產生的T細胞超過95%後將凋亡，最終被克隆刪除。同樣，B細胞從未成熟到成熟期間，自體結合的甚至只具有較低親和力作用的細胞都將被克隆刪除。

(2) 克隆無能

最初，耐受被認為只是在淋巴器官中與自體結合的細胞被刪除，更進一步的研究表明，維持耐受是一個更複雜的過程。「無能」最初是用於描述沒有發揮作用的B細胞，它們在免疫系統中沒有被激活，很少增生擴散，遇到抗原時基本不分泌抗體，很少產生應答。無能的B細胞生命期較短，缺乏輔助T細胞的協同刺激導致B細胞無能，在輔助T細胞的幫助下，B細胞將被激活，這個過程是可逆的。

T細胞也同樣存在無能情況。只有TCR（信號1）對T細胞的刺激而沒有信號2的協同刺激，T細胞將不產生應答；在信號2的系統刺激下，信號1將激活T細胞。這些沉積的T細胞將不能產生自分泌因子，在遇到抗原和協同刺激配合體時不能增生擴散。同樣，T細胞的無能也是可逆的。

（3）受體編輯

最初研究表明，B細胞在骨髓中通過受體編輯以一種新的方式產生耐受，改變了可變區域基因，也就改變了B細胞表面免疫球蛋白的特異性。受體編輯在維持B細胞的自體耐受中有重要作用。

T細胞在胸腺中形成，在成熟過程中，基因片段重組產生兩條鏈構成T細胞受體（TCR）。雖然單個T細胞受體總是一樣的，但是在胸腺中，T細胞群體是一個無限的T細胞特異性指令系統。T細胞產生中樞耐受時（見圖1.3），受體與抗原決定基結合緊密，以致攻擊自己時將被克隆刪除。當T細胞離開胸腺，只是相對安全而不是絕對安全，一些T細胞受體在下面兩種情況下可能與自體抗原結合：第一，它們表現出很高的濃度，以至於與「弱」受體結合；第二，它們在胸腺中沒有遇見某些自體抗原，但可能在特殊組織中遇到。T細胞外圍耐受將避免此類情況的發生。

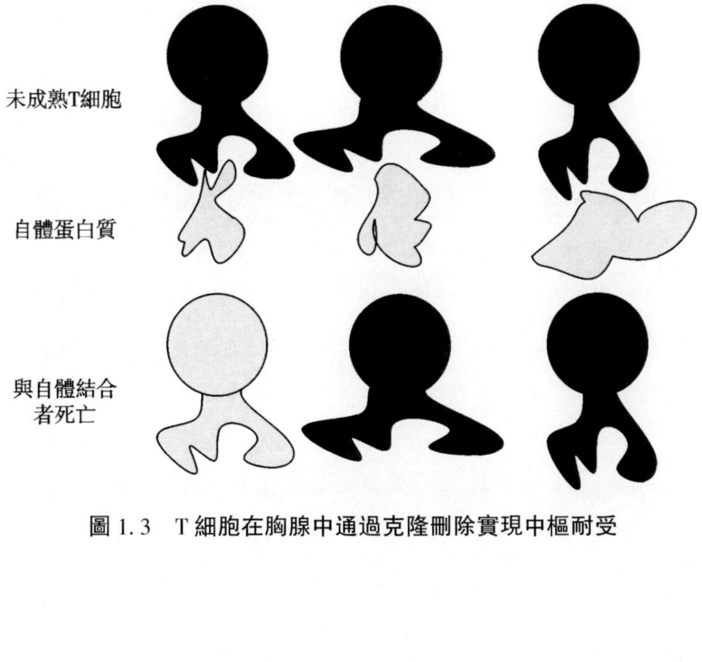

圖1.3　T細胞在胸腺中通過克隆刪除實現中樞耐受

B 細胞在骨髓中形成和成熟，如果沒有輔助 T 細胞的幫助，B 細胞不能識別大多數抗原，B 細胞耐受將不是很強烈。但是在中樞耐受時，如果任何細胞產生的受體（BCR）能與自體結合，該細胞就將經歷一個受體編輯過程。它們被重新放進基因片段池，對其受體的輕鏈和重鏈進行編碼，試圖生成一個沒有威脅的新受體，如果失敗將自殺，即細胞凋亡。B 細胞在外圍耐受中，主要在輔助 T 細胞的幫助下完成細胞活化。

在細胞發展過程中，兩種主要的對立功能作用於免疫系統。第一種產生足夠的、多樣的免疫受體以識別變化廣泛的外部抗原，第二種必須避免對自體產生應答。在正常情況下，早期時個別自體抗原有可能產生自體結合，但通過相應克隆後將變為耐受，阻止對自體抗原的應答和引起自體免疫。

1.2.3.3 *免疫應答*

免疫應答是指生物機體接受抗原刺激後，免疫活性細胞和分子對抗原的識別，以及自身的活化、增殖、分化和產生免疫效應的過程。免疫應答通常被劃分為識別、分化和效應三個階段，其中識別階段涉及吞噬細胞等輔助性細胞對病原體的抗原提呈以及 T 細胞和 B 細胞表面上抗原受體對抗原的識別；在分化階段，一旦 T 細胞和 B 細胞識別抗原後，細胞將進行增殖和分化，其中一小部分活化的 T 細胞和 B 細胞將停止增殖與分化並轉變為相應的記憶細胞，當再次遇到同類抗原時能夠迅速增殖與分化；在免疫效應階段，免疫效應細胞和分子將抗原滅活並從體內清除。

在免疫系統中存在兩類免疫應答，即固有免疫應答和適應性免疫應答。固有免疫應答是固有免疫系統所執行的免疫功能，該應答不能在遇到特異性病原體時改變和適應，其在感染早期執行防禦功能。適應性免疫應答，根據抗原刺激順序，可分為兩種類型：初次應答和二次應答。當免疫系統遭遇某種病原體第一次入侵時，將產生初次應答，其特點是：抗體產生慢，應答時間長；而在初次應答後，免疫系統中仍保留一定數量的免疫記憶細胞，當再次遭遇相似異物時，免疫系統能做出快速反應並反擊抗原，這就是二次應答，其特點是：抗體產生更迅速，應答時間更短，如圖 1.4 所示。

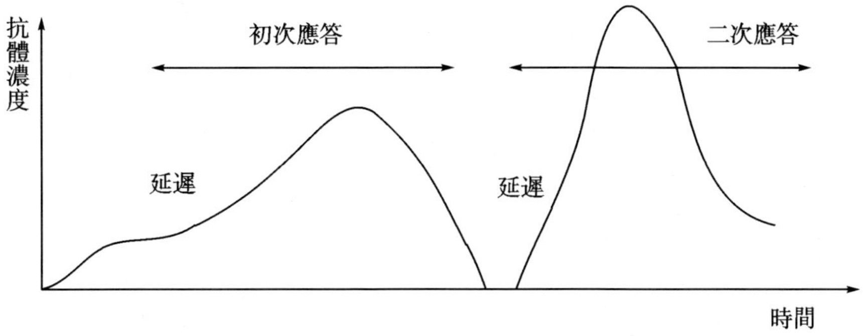

圖 1.4　免疫應答

以下詳細介紹免疫應答的相關階段。

（1）抗原提呈

抗原進入機體後，機體進行抗原處理（Antigen processing），即將天然抗原轉變成可被 Th 細胞識別的過程，這一過程包括抗原變性、降解和修飾等。例如，細菌在吞噬體內被溶菌酶消化降解，機體將有效的抗原肽段加以整理修飾，並將其與 MHC II 類分子相連接，然後轉運到細胞膜上。

抗原提呈（Antigen presentation）是向輔助性 T 細胞展示抗原和 MHC II 類分子的複合物，並使之與 T 細胞受體（TCR）結合的過程。這個過程是幾乎所有的淋巴細胞活化的必需步驟。

抗原提呈之前，經處理後的抗原肽段已經連接在 MHC 分子頂端的槽中。

抗原提呈細胞（Antigen presenting cells，APC）是指能捕獲、加工、處理抗原，並將抗原提呈給抗原特異性淋巴細胞的一類免疫細胞。它主要包括樹突狀細胞（Dendritic cells）、單核吞噬細胞系統和 B 細胞。另外，內皮細胞、上皮細胞和激活的 T 細胞等也可以執行提呈功能。其中，樹突狀細胞是抗原提呈能力最強的 APC 細胞，具有以下特點：①能高水平表達 MHC II 類分子；②可表達參與抗原攝取和轉運的特殊膜受體；③能有效攝取和處理抗原，然後遷移到 T 細胞區；④抗原提呈效率高。抗原提呈細胞捕獲抗原的方式有很多種，如吞噬作用（對同種細胞或細菌等大型顆粒）和吞飲作用（對病毒等微小顆粒或大分子）等。這種吞噬和吞飲作用無抗原特異性。

（2）免疫系統特異識別

抗原被提呈後，將發生免疫系統特異識別。免疫細胞表面的受體和抗原或縮氨酸表面的抗原決定基產生化學結合。受體和抗原決定基都是複雜的含有電荷的三維結構，二者的結構和電荷越互補，就越有可能結合，結合的強度即親和力（Affinity）。因為受體只能和一些相似結構的抗原決定基結合，所以具有特異性。在淋巴細胞群裡，受體結構可以不一樣，但是對一個淋巴細胞來說，其所有受體是一樣的，這意味著一個淋巴細胞對一個具有相似抗原決定基的獨特集具有特異性。抗原在分子結構上有很多不同的抗原決定基，以致許多不同的淋巴細胞對單一種類的抗原具有特異性。

一個淋巴細胞表面有105個受體可與抗原決定基結合，擁有如此多的同樣的受體有很多好處。首先，它使得淋巴細胞可以通過基於頻率的採樣來評估受體對某一類的抗原決定基的親和力：隨著親和力的增強，結合的受體也將增加。被結合的受體數可以被認為是一個受體與一個抗原決定基結構之間的親和力。其次，擁有多數受體的另一個好處是允許淋巴細胞估計其周圍抗原決定基的數目：越多的受體結合，其周圍的抗原越多。最後，對免疫應答來講，單特異性是基本的，因為如果淋巴細胞不是單特異的，對某一類的抗原的反應將引起對其他無關的抗原決定基的應答。

淋巴細胞的免疫功能受到親和力的強烈影響：只有被結合的受體數超過一定的閾值時，淋巴細胞才被激活。如此激活方式使淋巴細胞擁有概括檢測功能：單個淋巴細胞從結構上檢測相類似抗原決定基。如果把所有抗原決定基結構空間看作是一個模型集，那麼一個淋巴細胞能檢測模型集的部分子集。因此，對每個抗原決定基模型，沒有必要都有一個不同的淋巴細胞來覆蓋所有可能的抗原決定基模型空間。記憶細胞比其他淋巴細胞有更低的激活閾值，因此只需結合較少的受體就可以被激活。

淋巴細胞中適應免疫應答的主要細胞為B細胞和T細胞，其受體能識別一個抗原的不同特徵。B細胞受體或抗體與出現在抗原分子的抗原決定基相互作用，如圖1.5所示。T細胞受體只與細胞表面的分子相互作用，如圖1.6所示。

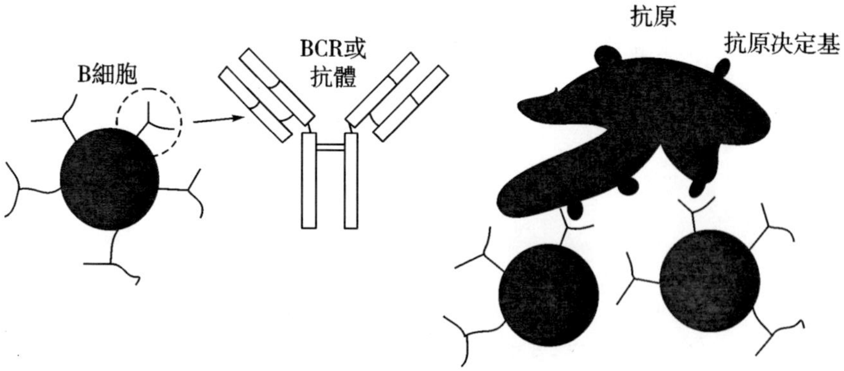

圖1.5　B細胞的模式識別

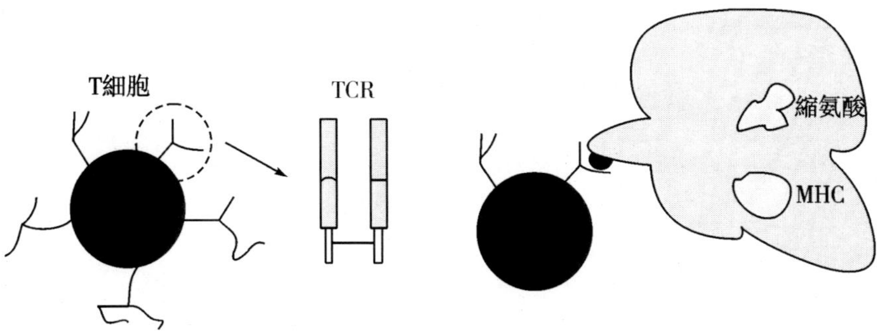

圖 1.6　T 細胞的模式識別

(3) 細胞活化、分化

抗原 MHC II 類分子複合物與 TCR 的結合是使 Th 細胞活化的首要信號，當 TCR 本身不能成功地將這個信號傳遞到細胞內部，也不能激發連鎖效應使細胞活化時，細胞活化便需要其他成分和其他過程的協助才能完成。

根據誘導抗原類型的不同，B 細胞可呈現不同的活化方式。在 TD-Ag 誘導的活化自然情況下，多數抗原是 TD-Ag，所以 B 細胞活化多需要 Th 細胞的輔助。TI-Ag 誘導的 B 細胞活化與 TD-Ag 不同，TI-Ag 與 B 細胞上的膜 Ig 結合時，可通過其大量重複排列的相同表位使 B 細胞完全活化。但是這種抗原直接的活化作用只能誘導 IgM 類抗體的產生，而不能形成記憶細胞，即使多次抗原刺激也不產生再次免疫應答。

(4) 體細胞高頻變異和免疫記憶

克隆選擇原理如圖 1.7 所示。其主要思想是：①免疫系統產生數十億種類的有抗體受體的 B 細胞；②抗原提呈導致能與抗原結合的抗體克隆擴增和分化；③輔助 T 細胞幫助 B 細胞被選擇，這一步可以控制克隆過程。

B 細胞完全活化後，可在淋巴結內，也可遷入骨髓內以極高頻率分裂（是一般變異的 9 次方），即體細胞高頻變異。在體細胞變異的同時產生克隆選擇，其中一部分細胞分化為漿細胞。漿細胞是 B 細胞，不能繼續增殖，而且其壽命僅為數日。但是漿細胞產生抗體的能力特別強，在高峰期，一個漿細胞每分鐘可分泌數千個抗體分子。一旦抗原刺激解除，抗體應答也會很快消退。一個增殖克隆的 B 細胞可能不分化成漿細胞，而是返回到靜止態變成記憶性 B 細胞，形成免疫記憶。記憶性 B 細胞定居於淋巴濾泡內，能存活數年；再被激活時，可重複以前的變化，一部分分化為效應細胞，一部分仍為記憶細胞。數次活化後的子代細胞仍保持原代 B 細胞的特異性，但中間可能會發生重鏈的類轉換或點突變。這兩種變化都不影響 B 細胞抗原識別的特異性。當點突變影響其產

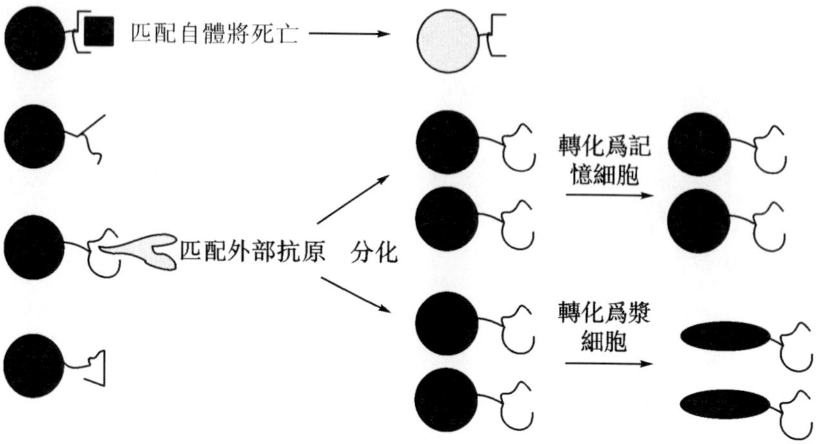

圖 1.7 克隆選擇

物對抗原的親和力時，高親和性突變的細胞有生長繁殖的優先權，而低親和性突變的細胞則選擇性死亡。這一現象稱為親和力成熟（Affinity maturation）。通過這種機制可保持後繼應答中產生高親和性的抗體。親和力成熟和克隆選擇及高頻變異的關係如圖 1.8 所示。

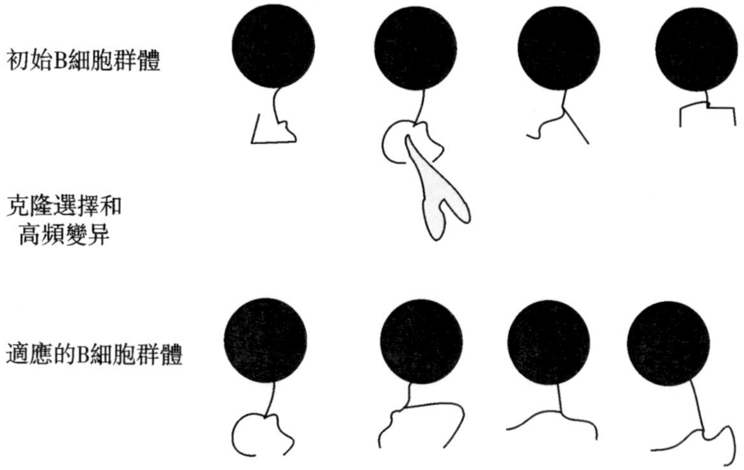

圖 1.8 親和力成熟是達爾文變異選擇過程

1.2.3.4 免疫調節

所謂免疫調節，是指具有增強和抑制功能的免疫細胞或免疫分子的相互作用，使免疫應答維持適合的強度，以保證機體內環境的穩定。免疫調節存在於免疫應答的全過程，免疫調節功能的失調會影響免疫系統的穩定性，從而導致多種免疫性疾病的出現。免疫調節涉及免疫網絡調節、抗體反饋調節和免疫抑制細胞作用等。對於免疫網絡調節，每一種具有獨特型決定基的特異性抗體分子也具有抗原性，這種抗體可以促進或抑制免疫應答；對於抗體反饋調節，當抗體產生後會不斷與抗原結合，可促使吞噬細胞對抗原的吞噬，並加速該抗原的清除，從而減少該抗原對免疫細胞的刺激，並抑制抗體的分泌；而對於免疫抑制細胞作用，當免疫應答達到相應的程度時，會誘發免疫抑制 T 細胞分泌特異性的抑制因子，並參與網絡調節，使免疫應答終止。

1.2.4 生物免疫系統的免疫理論

1.2.4.1 克隆選擇學說

1957 年，Burnet 提出克隆選擇學說。該學說是在自然選擇學說的影響下，以生物學和遺傳學研究成果為基礎，特別是受到免疫學中自身免疫、免疫耐受等現象的啓發，所提出的一種免疫學說。近三十年的發現充分證實了克隆選擇學說的正確性，該學說已經在免疫學中佔有重要的地位。克隆選擇理論的基本思想是：只有那些能夠識別抗原的免疫細胞才能被擴增，並被免疫系統保留下來；反之，不能識別抗原的免疫細胞不會被選擇和擴增。

B 細胞克隆選擇：骨髓中的部分淋巴系干細胞在微環境下被分化為 B 細胞，如果未成熟 B 細胞表面上的受體能夠識別出骨髓中出現的自體抗原，就與其結合併且產生負信號，誘使未成熟 B 細胞凋亡；反之，耐受成功的未成熟 B 細胞得以成熟，並通過血液進入淋巴結、脾臟等外圍免疫器官。具有高親和力的 B 細胞被受體識別並與抗原結合，該 B 細胞被激活，其在細胞因子的作用下進行克隆擴增，產生表達同一受體的 B 細胞後代。這些克隆 B 細胞在細胞因子的作用下進一步分化，其中大部分分化為漿細胞，用於分泌抗體並執行免疫功能；少部分分化為記憶細胞，當下次遇到同類抗原時迅速被激活，並增殖和分化為效應細胞，執行免疫功能。

T 細胞克隆選擇：T 細胞同樣也來源於骨髓，未成熟 T 細胞在胸腺內經歷肯定選擇和否定選擇後成為成熟細胞，然後經血液循環進入外圍免疫器官。T 細胞表面的受體不能直接識別抗原，抗原必須在經過抗原提呈細胞（APC）降解並表達於 APC 表面上後才能被識別。T 細胞對抗原進行識別後，其在其他活化分子和細胞因子的作用下被激活並被克隆擴增，隨後，T 細胞分化為效應細胞，其中一部分被分化為細胞毒性 T 細胞，用於殺傷受感染的宿主細胞等；而其餘部分被分化為輔助性 T 細胞和抑制性 T 細胞，用於調控 B 細胞的免疫回應強度。

1.2.4.2　免疫網絡理論

1974年，在克隆選擇學說的基礎上，諾貝爾獎獲得者 N. K. Jerne 提出了免疫網絡理論（即免疫獨特型網絡理論）。該理論將免疫系統視為相互影響和相互制約的網絡，並用微分方程描述了免疫系統B細胞的相互作用。在免疫系統中，抗原具有能夠被抗體識別和結合的抗原決定基。對於抗體，它也同樣具有能夠被其他抗體識別和結合的抗原決定基，這被稱為獨特型（Idiotype）抗原決定基或獨特位（Idiotope，Id）；該理論將能夠識別和結合抗體上獨特型抗原決定基的抗體稱為抗獨特型（Anti-idiotype，Aid）抗體。通常抗體表面的受體，即對位（Paratope），抗體識別抗原，抗體與抗體之間的相互識別，合起來便形成了獨特型免疫網絡。

在獨特型免疫網絡中，被識別的抗體受到抑制，識別抗原及其他抗體的抗體得到刺激和擴增，這種機制構成了獨特型免疫網絡調節。這種調節不僅能使網絡中抗體的總數得到控制，而且能使其中各類抗體的數目也得到調節，以便使所有抗體的數目達到總體上的平衡。抗原入侵機體時，這種平衡會遭到破壞，應答抗原能力強的B細胞將擴增並產生免疫應答，依賴於免疫網絡調節功能，抗體數目會達到新的平衡。

1.2.4.3　危險模型

1994年，美國免疫學家 Matzinger 提出了危險模型（Danger model）。現代免疫學認為免疫回應的觸發是由於免疫細胞檢測到了非自體抗原；與之不同，危險模型則認為免疫回應的觸發是由於免疫細胞檢測到了機體內的危險信號（Danger signals）。危險模型消除了自體與非自體的界線，認為無論是自體抗原還是非自體抗原，只要它們損傷了機體內的細胞，就會由這些受損細胞發出危險信號，讓免疫系統知道哪裡有問題，需要免疫應答；檢測到危險信號後，被激活的免疫系統會利用特異性免疫應答功能識別並消滅這些抗原。

1.2.5　生物免疫系統的主要特徵

生物免疫系統具有良好的多樣性、分佈性、學習與認知能力、適應性、魯棒性等主要特徵。

免疫系統多樣性的本質是產生盡可能多樣的抗體以對抗千變萬化的抗原。為了實現對機體內的眾多抗原的識別，免疫系統需要有效的抗體多樣性生成機制，這種機制主要通過兩種方法實現：一是抗體庫的基因片段重組方法，經過基因片段的重組過程，能夠產生多樣性的抗原識別受體；二是抗體的變異機制，通過變異，新生的抗體可以隨機均勻地散布在抗原空間中，進而覆蓋整個抗原空間，完成對所有抗原的識別。

免疫系統的各個組成部分分佈在機體的各個地方，使得它可以對付散布在整個機體內的抗原。由於免疫應答機制是通過局部細胞的交互作用來實現的，不存在集中控制，從而有利於加強免疫系統的健壯性，使得免疫系統不會因為局部組織損傷而使整體功能受到很大影響，同時分佈性所隱含的並發性使得免疫系統的工作效率較高。

免疫學習是指免疫系統能夠通過某些機制改進它的性能。免疫學習包括提高與病原體高親和力的淋巴細胞的群體數量，清除與病原體低親和力的淋巴細胞。免疫學習可以使優秀淋巴細胞的群體規模得以擴大，同時個體親和力也得以提高。1988 年，Varela 指出免疫系統具有認知能力，能識別抗原決定基的形狀，記住反應過的抗原，具體包括對自體抗原的識別（利用免疫耐受機制）和對非自體抗原的識別。

通過免疫細胞的不斷更新換代，免疫系統能通過學習來識別新的抗原，並保存對這些抗原的記憶，從而能很好地適應抗原動態變化的自然環境。這種適應性一方面體現在對新出現的病原體的識別和回應上，另一方面也體現在對新出現的自體抗原的耐受上。

免疫系統中的許多元素獨立作用，沒有集中控制和單點失敗。個體的失敗對系統影響很小，少量識別和應答錯誤並不會導致災難性後果，這使得免疫系統具有極強的魯棒性。魯棒性也可看作是免疫系統多樣性、分佈性、學習與認知能力等綜合起來產生的自然結果。

1.3　人工免疫系統研究概況

人工免疫系統（Artificial immune systems，AIS）是受生物免疫系統啓發的一種仿生智能系統，它已經成為繼遺傳算法、神經網絡、支持向量機和模糊邏輯之後人工智能領域中的又一研究熱點。2008 年，Timmis 等人將人工免疫系統定義為：一個自適應系統，其受理論免疫學、已有的免疫功能、原理和模型等啓發，並被用於解決相關應用問題。莫宏偉等人將人工免疫系統定義為：是基於免疫系統機制和免疫學理論而發展的各種人工範例的統稱，該定義涵蓋受免疫啓發的算法、技術、模型等。目前，人工免疫系統的研究和應用領域已經涉及醫學、免疫學、計算機科學、人工智能、計算智能、模式識別、機器學習、控制理論和工程等多種學科，是一種比較典型的交叉性學科。

1986年，Farmer等人首次提出了基於免疫網絡理論的免疫系統動態模型，並探討了該模型與其他人工智能方法的相關性，認為人工智能可以從免疫系統中得到啓發。1991年，中國學者靳蕃教授等指出：「免疫系統所具有的信息處理與肌體防衛功能，從工程角度來看，具有非常深遠的意義。」Forrest等人於1994年提出用於檢測器生成的否定選擇算法，並提出了計算機免疫系統概念。1996年，在日本舉行的關於免疫性系統的國際專題討論會首次提出「人工免疫系統」概念。研究人員對人工免疫系統的研究興趣始於1998年WCCI（World congress on computational intelligence，世界計算智能大會）第一次在美國召開的人工免疫專題會議。隨後，人工免疫系統得到空前發展，並逐漸成為人工智能領域中的一個研究熱點。許多國際權威雜誌相繼開闢專欄用於報導人工免疫系統的相關研究與工作進展，同時，一些國際會議也開闢了專題會議用於討論人工免疫系統。從2002年在英國舉行的第一屆人工免疫系統國際會議（International conference on artificial immune systems，ICARIS）開始，該會議已經成功舉行了11屆，其為人工免疫系統的研究和發展提供了一個交流平臺，使眾多從事人工免疫系統研究的學者積極投入到人工免疫系統的理論和應用研究中。在國外，研究人工免疫系統的主要代表有：英國的J. Timmis，U. Aickelin和P. Bentley；美國的S. Forrest和D. Dasgupta；以及巴西的L. de Castro和F. von Zuben；等等。國內從事人工免疫系統研究的主要代表有：李濤教授、焦李成教授、丁永生教授、肖人彬教授、黃席樾教授、楊孔雨教授和莫宏偉教授等帶領的學術團隊。目前，已有的人工免疫系統研究主要集中於免疫模型、免疫機理、免疫算法和免疫應用等。人工免疫系統的主要研究過程包括抽取免疫機制、設計算法以及實驗仿真，並且其理論分析通常與所需解決的具體問題或所應用的工程領域有關。下面我們簡要介紹一下受生物免疫系統啓發的典型人工免疫算法的原理、模型和應用。

1.3.1 人工免疫系統的主要算法

1.3.1.1 克隆選擇算法（CLONALG）

對基於克隆選擇原理的人工免疫算法的研究，已經達到了一個成熟的階段。這方面湧現出了很多研究論文，最具有代表性的是De Castro和Kim等提出的算法。

De Castro等人在前人研究和應用的基礎上，對免疫系統的克隆選擇機理進行概括和濃縮，提出了基於克隆選擇機理的函數優化和模式識別的基本結構CLONALG。計算步驟包括：

(1) 生成一個初始種群 $P=M$（記憶個體集合，即親和力比較高的元素組成）+ Pr（剩餘個體組成的集合）；

(2) 選擇 n 個具有較高親和力的個體；

(3) 對這 n 個個體執行克隆操作，構成臨時克隆集合 C；

(4) 對克隆集合執行一定概率變異操作，使之成為成熟的抗體集合 $C*$；

(5) 再選擇，將 $C*$ 與記憶集合 M 組合，選出一些最好的個體加入 M，然後用 M 中的一些個體去替換 P 中的一些個體；

(6) 用隨機產生的新個體去替換 Pr 中的一定量低親和力的個體，保持種群多樣性；

(7) 若終止條件不滿足，則繼續返回循環計算。

由於 CLONALG 具有群體計算、隨機搜索等特點，我們可以認為它也是一種進化算法，因此 CLONALG 具有以下特點：

(1) 因為全部進化算法都是通過群體來進行計算操作的，這種計算方式隱含了並行性。

(2) 進化算法是採用隨機搜索方式來搜索解空間的，因此可以擺脫局部極值。

(3) 進化算法對種群個體的評價是直接使用適應度函數，對問題表達式的可微性和連續性不做要求。

Kim 等人提出了一種動態克隆選擇算法（Dynamic clonal selection algorithm, dynamiCS），它擴充了原始系統。第一，在學習正常的行為時，它一次只針對自體集的一個小子集；第二，它生成的檢測器能夠在正常行為變成非正常行為時被替換掉。該算法可以解決連續變化的環境中的對異常的探測問題。DynamiCS 試圖提取使系統產生適應性的關鍵變量（即減少系統參數的數量以保證系統可用）。

只採用變異的克隆算子被稱為單克隆算子，而交叉和變異都採用的稱為多克隆算子。劉若辰等提出了僅採用單克隆算子的單克隆選擇算法和採用多克隆算子的多克隆選擇算法。Reda Younsi 將克隆選擇原理用於聚類分析。Ciccazzo 等提出了一種新的克隆選擇算法，稱為精英免疫規劃（Elitist immune programming, EIP），是免疫規劃的擴展，該算法引入了精英的概念和十種不同的基於網絡的高頻變異操作，並成功應用於拓撲綜合分析及模擬電路調整。Halavati 等在克隆選擇算法的基礎上加入了合作思想，把該算法應用於多模函數優化和組合優化問題，顯示了優於 CLONALG 的性能。May 等提出了一種克隆選擇算法的變種，可用於軟件變化測試。Wilson 等提出了趨勢評估算法（Trend evaluation algorithm，TEA）來評價價格時間序列數據。

1.3.1.2　免疫網絡（AINE）

目前關於免疫網絡的研究均基於 Jerne 的免疫網絡理論，即獨特性免疫網絡學說，它是生物免疫學中具有很大影響的理論學說。獨特性免疫網絡學說認為，種群中的免疫細胞不是孤立存在的，細胞之間存在相互作用，可以相互交流信息，因此對抗原的識別是在抗原、抗體為網絡作用的系統層次上的識別。獨特性免疫網絡理論可以概括模擬淋巴細胞的活動，抗體的產生、選擇、耐受，自體與非自體的識別，免疫記憶，等等，使免疫系統被定義為，包含了大量的複雜的可以識別抗原決定基以及抗體決定基的獨特性構成的集合網絡。在免疫系統中，重要的元素不僅是分子、細胞，還包括它們之間的相互作用。後來 Perelson、Farmer、Varela、Bersini 等人又相繼對該模型進行了完善。關於免疫網絡理論，具有最大影響力的是 Timmis 等提出的 RLAIS 和 de Castro 等的 aiNet。

aiNet 可以看作一幅圖，該圖是帶權的且不完全連接的。其中包括一系列節點，就是抗體；同時還包括很多節點對集合，表示節點間的相互作用（聯繫），每個聯繫都賦有一個權值（連接強度），表示節點間的親和力（相似程度）。系統目的為：對於給定的抗原集合（訓練數據集合），要求找出這個集合中冗餘的數據，實現數據壓縮。其基本機制為人工免疫系統中的高頻變異、克隆擴增、克隆選擇和免疫網絡理論。aiNet 現已成功應用於很多領域，如數據壓縮、數據挖掘、數據聚類、數據分類、特徵提取及模式識別等。

RLAIS 由一定量的人工識別球（ARB）和識別球之間的相互聯繫構成。每個 ARB 通過競爭可以獲取數量不定的 B 細胞（B 細胞數目有上限值）。系統中的 B 細胞數量是有限的，ARB 獲得 B 細胞是通過刺激水平（由一定函數計算）來競爭的，如果 ARB 沒有獲得 B 細胞，那麼這個 ARB 將會被消除。系統持續不斷地訓練數據，最終獲得數據代表（記憶 ARB），這相當於獲得了數量的分類或壓縮形式。系統採用了克隆選擇和高頻變異，能夠在某個特定條件下結束，也可以持續不斷地進行學習。新數據進入網絡，能夠被系統記憶，而舊數據集合出現在當前系統中，不會影響當前壓縮的數據形式。

1.3.1.3　否定選擇算法（NSA）

受到免疫耐受機制的啓發，Forrest 等 1994 年提出了陰性選擇算法（也常譯為否定選擇算法或非選擇算法），圖 1.9 為 Forrest 等給出的經典陰性選擇算法框架。算法分為兩個階段：訓練階段和檢測階段。

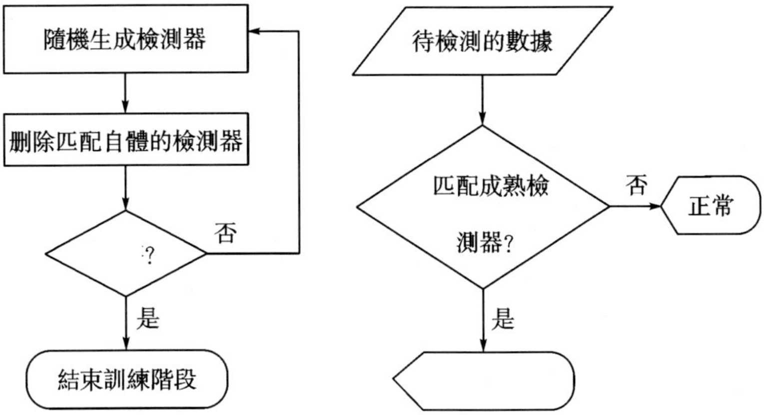

(a) 訓練階段　　(b) 檢測階段

圖 1.9　陰性選擇算法框架

在陰性選擇算法的訓練階段：在免疫耐受過程中，首先定義自體為從被保護的計算機系統中所提取的特徵串，而檢測器為用於檢測對系統安全有影響的非己的特徵串；然後由系統搜集自體集合和生成檢測器集合，其中檢測器集合中的各檢測器為未成熟的檢測器；最後通過模擬生物免疫系統中 T 細胞的免疫耐受機制獲取成熟檢測器，一個未成熟檢測器，如果不能匹配自體集合中的任意自體，則成為成熟檢測器，反之，則從檢測器集合中刪除該檢測器。

在陰性選擇算法的檢測階段：免疫耐受階段結束後，保留下來的檢測器將用於保護計算機系統安全。在系統運行過程中，檢測器不斷監測與安全事件相對應的非己特徵串，一旦待檢數據和任一成熟檢測器匹配，該數據就會被認為是異常數據。

陰性選擇算法的思想來源於免疫耐受中 T 淋巴細胞在胸腺中的陰性選擇行為，對此行為的一種解釋為：在胸腺耐受期，識別自身抗原的 T 淋巴細胞將凋亡或失活，而未識別自身抗原的 T 淋巴細胞經過一段耐受期後將成熟並進入外周淋巴組織行使其免疫功能。陰性選擇算法的提出，極大地促進了人工免疫系統在異常檢測領域的研究和應用。在具體應用上，陰性選擇算法的思想常用於故障檢測、病毒檢測、網絡入侵檢測等異常檢測領域。

1.3.1.4　*危險理論和樹突細胞算法*

危險理論認為，在生物免疫系統中，細胞死亡有兩種方式：凋亡和壞死。兩種死亡方式的主要區別是：細胞凋亡是一種自然過程，它符合事先設置好的高度控制機制，是機體內的環境調節導致的結果；細胞壞死則是無規律的一種死亡方式，可能是細胞壓迫或其他原因引起的，這種死亡方式會導致機體產生特別的生化反應，且會產生不同程度的危險信號，這些危險信號就形成了免疫應答基礎。當系統遭遇外來入侵時，細胞壞死，產生危險信號，危險信號被抗原提呈細胞識別，這時會產生信號 1；與此同時，危險信號在它周圍建立一個危險區域，只有該區域內的免疫細胞即 B 細胞才會被活化，發生克隆增殖，參與免疫應答。當同時具備信號 1 和危險信號時，APC（抗原提呈細胞）會給 T 細胞提供第二信號，產生免疫應答，來清除抗原。

危險理論的應用最早是由 Aickelin 和 Cayzer 提出的，他們還指出了危險理論與人工免疫系統的類比：

- 需要 APC 來發出適當的危險信號；
- 危險信號也許與危險無關；
- 合適的危險信號是多種多樣的，可能是積極的（信號發出），也可能是消極的（信號缺失）；
- 可採用親和力度量來判斷危險區域；
- 對危險信號的免疫回應不能引發更多的危險信號。

Prieto 等將危險理論應用於機器人足球中的守門員策略，提出了一種危險理論算法（Danger theory algorithm，DTAL）。該算法考慮了危險信號、淋巴細胞和危險區域，包括兩個版本——動態危險區域和固定危險區域，在仿真中達到了 90%以上的有效性。Iqbal 和 Maarof 在數據處理中引入了危險理論，取得了較好的效果。Secker 等把危險理論應用到電子郵件分類系統中，也得到了較好的效果。

Julie Greensmith 等人在 2005 年第 4 屆國際人工免疫學會議上提出一種基於「危險理論」的全新算法——樹突狀細胞算法（Dendritic cell algorithm，DCA），並應用於端口掃描檢測和僵屍網絡（Botnet）檢測，具有較高的檢測率。從外界環境攝取複雜抗原並將其表達在自身表面以被淋巴細胞識別的過程就是抗原提呈，樹突狀細胞（Dendritic cell，DC）就是目前所知功能最強大的專職抗原提呈細胞。相對於傳統的免疫算法，DCA 算法具有簡單、快速、不需要大量訓練樣本等優點，開創了免疫算法的新思路。

1.3.2 人工免疫系統的基本模型

早在 20 世紀 90 年代初，Perelson、Bersini、Varela 等理論免疫學家就開始嘗試建立人工免疫系統模型。與免疫算法往往只借鑑部分生物免疫機制不同，人工免疫系統模型對生物免疫機制的借鑑較為完整。免疫系統由眾多的分子、細胞和免疫器官組成，各個部分相互作用，共同完成免疫功能。針對各個應用領域，學術界目前已經提出了多種人工免疫系統模型，比較有代表性的有：Hofmeyr 和 Forrest 提出的人工免疫系統通用模型 ARTIS，P. E. Seiden 和 F. Celada 提出的基於克隆選擇原理的 IMMSIM 模型，Dasgupta 等提出的用於分佈式入侵檢測的 MAIDS，Harmer 等提出的用於計算機安全防護的 CDIS，等等。以下對這些模型進行簡要介紹。

1.3.2.1　IMMSIM 模型

免疫系統的關鍵任務是識別外來抗原，並且這種識別是完備的。也就是說，只要是外來抗原，免疫細胞就一定能識別。通過簡單的一對一的匹配是不行的，因為面對龐大的抗原群體，免疫細胞再多也不行。克隆選擇理論（簡稱克隆原理）很好地解釋了這一問題。克隆原理認為：對抗原識別度越高的免疫細胞，越有可能被選擇參與繁殖過程，使免疫更有針對性；同時從骨髓和腺體中隨機產生的新免疫細胞，保證了免疫系統的完備性。

IMMSIM（Immune simulator）是 P. E. Seiden 和 F. Celada 引入的一個免疫系統模擬器。設計它的主要目的是在計算機上進行免疫應答的試驗。IMMSIM 採用了克隆選擇原理的基本觀點，認為免疫細胞和免疫分子獨立地識別抗原，免疫細胞在競爭中被選擇，以產生更好的識別抗原的克隆種類。這與 N. K. Jeme 引入的獨特性網絡性理論有所不同。另外，IMMSIM 可以同時模擬體液應答（Humoral response）和細胞應答（Cellular response）。IMMSIM 使用了細胞自動機模型，下面首先簡要介紹細胞自動機的原理，然後再詳細分析 IMMSIM。

1. 細胞自動機

細胞自動機（Cellular automata，CA）方法是 Von Neumann 等人創立的研究動力學系統的計算方法。同傳統的偏微分方程方法相比，CA 更加簡單有效。CA 的基本出發點是「不用複雜的方程式去描述複雜系統，而用遵守簡單規則的簡單個體間的交互來實現複雜性」。

CA 系統由一個 N 維的柵格組成（通常是一維或二維），其中每個格子可以包含一個細胞。細胞有若干種有限的狀態，它臨近細胞（包括它自身）的狀態決定了細胞將在下一步達到的狀態，這就是規則。下面給出一種 CA 系統的數學定義。

柵格 L 是二維的 $n \times m$ 矩陣，即

$$L = \{(i, j) \mid i, j \in N, 0 \leqslant i < n, 0 \leqslant j < m\} \tag{1.1}$$

細胞（i, j）的鄰近細胞集合為

$$N_{i,j} = \{(k, l) \in L, |k - l| \leqslant 1, |l - j| \leqslant 1\} \tag{1.2}$$

規則：細胞的下一狀態取決於它的鄰近細胞的狀態的和，細胞的狀態 Z 僅為 0 或 1，即

$$Z_{i,j}(t+1) = \begin{cases} 1, & \sum\limits_{(k,l) \in N_{i,j}} Z_{k,l}(t) = C \\ 0, & otherwise \end{cases} \tag{1.3}$$

上面的模型比較簡單，但基本表達了細胞自動機模型的主要特徵。更為實際的模型包括氣體模型和 Ising 模型。這些模型已被用於描述許多現實中的複雜現象。細胞自動機的數學描述能力比較強，這也是為什麼它能和傳統的偏微分方法並駕齊驅的原因。下面討論如何用一種改進的 CA 模型來描述免疫系統。

2. IMMSIM 模型

（1）基本特徵。

IMMSIM 基本數學機制是一種加強的細胞自動機。所謂加強，是指 IMMSIM 用的自動機加了一些特別約定，主要是：

- 規則的執行是概率事件，通過引入隨機數實現。
- 柵格的每一個位置包含若干個體，且個體的鄰近集合只包括同一位置的其他個體。
- 個體可以從一個位置移動到其他位置。

基於 IMMSIM 模型的可運行的軟件已被開發出來，如 CIMMSIM、IMMSIM3 等。下面以 CIMMSIM 的實現介紹其基本原理。

（2）模型構成。

①柵格。

模型使用一張平面的柵格來模擬淋巴結，柵格每個位置有 6 個鄰居，類似蜂巢的形狀，如圖 1.10 所示。

②個體定義。

個體包括免疫細胞、免疫分子和抗原分子。IMMSIM 定義了如下的細胞個體：B 細胞，Th（T helper），Tk（T killer），APC，EP（上皮細胞），PLB（免疫漿細胞）。還定義了如下的分子個體：兩種免疫因子（lymphokines）IFN（interferon-γ）和 danger signal，Ag，Ab，IC（Ag-Ab 綁定）。另外，MHC 包含於免疫細胞（B、APC、EP）中。

③狀態定義。

IMMSIM 根據生物免疫原理，為每種細胞個體規定了相應的狀態。細胞個

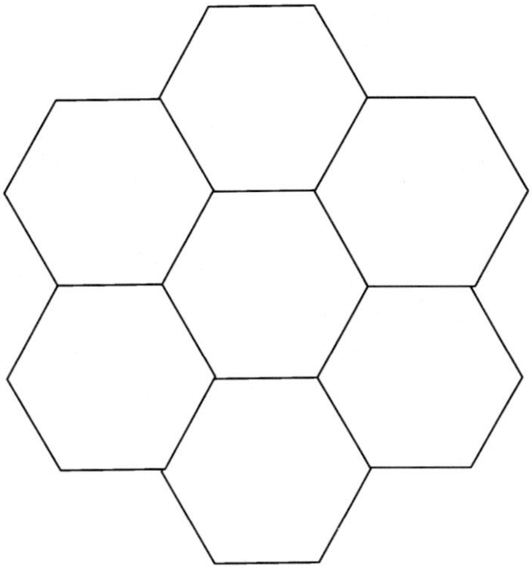

圖 1.10　柵格

體根據與其他細胞或分子的交互作用，隨機決定是否改變狀態。共有 8 種狀態：ACT（初始態），INT（APC 捕獲抗原後），INF（病毒入侵細胞），EXP（APC 將第二類 MHC 分子與抗原決定位綁定），LOA（細胞將第二類 MHC 分子與抗原決定位綁定），RES（不活動），STI（被激發後），DEA（死亡）。

④指令表達和親和力表達。

IMMSIM 用相同長度的二進制串表達受體、抗原決定位及 MHC。整個指令空間由串的長度決定。兩個串的親和力由漢明距離來換算，其中 m_c 為閾值，$m < m_c$，則無任何交互發生。即

$$V(m) = \begin{cases} \dfrac{V_c(l - m)}{l - m_c}, & m \geq m_c \\ 0, & m < m_c \end{cases} \tag{1.4}$$

⑤交互規則。

交互規則定義了個體的狀態轉移。交互分為兩種，外部的交互即細胞間或細胞與分子間，以及細胞內部的交互，如 MHC 與 peptide 的結合。有特定的交互，如 B 細胞與 T 細胞間；也有非特定的交互，如與 APC 相關的交互。每一個交互規則定義了參與的個體、產生交互的先決條件，以及交互後個體達到的新狀態。儘管任何一個個體與同一位置的許多個體都滿足交互條件，但是否真的產生交互作用，是一個隨機事件，由引入的一個隨機數決定。

⑥克隆選擇。

為了保證識別的完整性，激活後的 B 細胞必須經過高頻變異。克隆選擇採

用類似自然選擇的競爭機制，以親和力為標準產生同一克隆的下一代。下一代又不能與父代完全相同，必須對受體的二進制串做相應的變異，使其更好地識別抗原。在 IMMSIM 中，變異頻率作為參數，而變異是對二進制串的一些位做隨機的改變。

(3) 免疫應答的模擬。

模擬前應定義好可選參數，如柵格的大小、二進制串的長度等。

典型的模擬是兩次注入抗原分子，從而觀察系統的變化。首先在柵格的每一個位置注入適量的免疫細胞和分子，它們處於初始態。在某個時刻注入抗原。在這一步內，同一位置的所有交互都隨機地進行，然後一些細胞和分子會死亡，一些細胞會出生。細胞和分子可以擴散到別的位置。依此過程周而復始。比如，處於 ACT 態的 B 細胞的受體若識別出抗原的抗原決定基 (Epitope)，可能進入 INT 態，B 細胞吞噬抗原，將抗原的 peptide 於 MHC 結合後呈現給 Th。一旦這一交互成功，B 細胞和 Th 細胞都會被激活，進入 STI 態。部分 B 細胞分泌出抗體，並參與高頻變異，以期獲得更大的識別度。親和力達到一定程度的 B 細胞成為記憶細胞。然後可以注入同樣的抗原，觀察免疫的二次應答，因為記憶細胞能很快識別出這種抗原的模式，通常抗原會很快被消滅。

圖 1.11 為一次模擬的結果。最粗的曲線表示 T 細胞變化，次粗的表示 B 細胞變化，最細的表示抗原。在時刻 0 和時刻 100 兩次注入了抗原，可以觀察到後一次 B 細胞和 T 細胞的反應明顯要快許多。

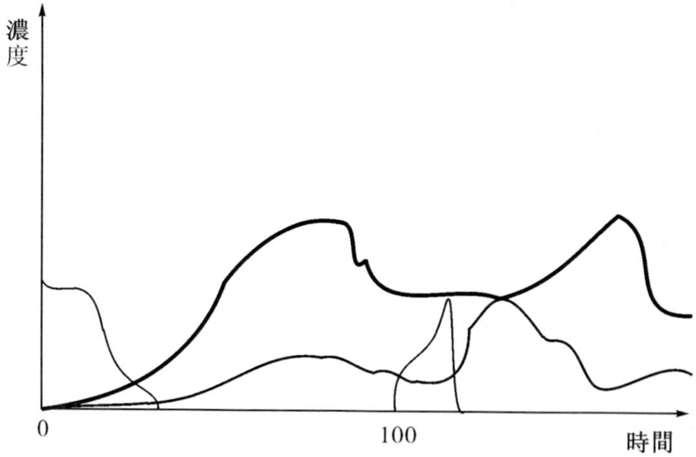

圖 1.11　IMMSIM 的一次試驗結果

1.3.2.2　ARTIS 模型

ARTIS（Artificial immune system）是 Hofmeyr 提出的一種分佈式人工免疫

系統模型，它具有多樣性（Diversity）、分佈式（Distributed）、錯誤耐受（Error tolerance）、動態學習（Dynamic learning）、適應性（Adaptation）及自我監測（Self-monitoring）等特性。ARTIS 是一個一般性的分佈式可調節模型，可以應用於各種工程領域。

下文將闡述模型的整體結構，然後再詳細地描述模型組件和一些相應功能的實現方法。主要內容包括：模型的整體結構、環境定義、匹配規則、訓練檢測系統、免疫調節和記憶、受動器應答、檢測器的生存週期、協同刺激和敏感性、孔洞的存在和解決方法等。

1. 模型的整體結構

ARTIS 模型是一個分佈式的系統，它由一系列模擬淋巴結的節點構成，每個節點由多個檢測器構成。每個節點都可以獨立完成免疫功能。

模型涉及的免疫機制包括識別（匹配）、抗體多樣性（檢測器的多樣性）、調節（檢測器的調節）、自體耐受（檢測器的自體耐受）、細胞的生存週期（檢測器的生存週期），以及其他的一些高級機制如協同刺激、MHC 和多樣性（孔洞彌補）等。

2. 模型的環境的定義

（1）問題的定義。

在免疫系統中，蛋白質鏈的不同形態可用來區分自體和非自體。在這個模型中，用固定長度的二進制串構成的有限集合 U 來表示蛋白質鏈。U 可以分為兩個子集：N 表示非自體，S 表示自體，滿足 $U=N\cup S$ 且 $N\cap S=\varnothing$。

（2）檢測器。

生物免疫系統由許多不同種類的免疫細胞和分子構成。該模型只使用一種基本類型的檢測器，它模擬淋巴細胞，融合了 B 細胞、T 細胞和抗體的性質。淋巴細胞表面有成百上千個同種類型的抗體，這些抗體可以結合抗原決定基。在 ARTIS 模型中，檢測器、抗體決定基和抗原決定基都用長度 l 的二進制串來表示，抗體和抗原的親和力就用二進制串之間的匹配度表示。

（3）節點。

幾個檢測器的集合形成一個節點（Location），它模擬生物免疫系統的淋巴結，但是它又與生物免疫系統不同：在 ARTIS 模型中，每一個節點可以獨立地產生和訓練檢測器；而在生物免疫系統中，檢測器的自體耐受訓練是統一在胸腺中完成的。

每個節點是一個獨立的檢測系統 D_l。它由 3 部分構成，即 $D_l=(D, M_l, h_l)$。其中 D 是檢測器的集合；M_l 是一個二進制串的集合，代表自體集合，用於自體耐受訓練，$M_l \subset U$；h_l是一個二進制串的匹配函數。節點中的檢測器數目是可調節的。

定義一個函數f_l，用於識別自體和非自體。f_l是一個從記憶集合M_l，以及一個待識別的二進制串 $s \in U$ 到一個分類 {0，1} 的映射，其中 1 表示 s 為自體，0 表示 s 為非自體。f_l是這樣一個函數：

$$f_l = \begin{cases} 1, & \exists\, s_1 \in M_l, \ | h_l(s_1, s) = 1 \\ 0, & otherwise \end{cases} \tag{1.5}$$

每個節點檢測系統都有兩個獨立、有先後順序的階段：訓練階段和識別階段。在訓練階段，每一個檢測器 d 都要在自體集合 M_l 下進行自體耐受訓練；在識別階段，各個小的檢測系統 D_l 各自獨立地檢測外來抗原。

ARTIS 分類識別可能發生兩種錯誤：把一個原來是自體的字符串識別為一個非自體時發生錯誤肯定（False positive），把一個原來為非自體的字符串識別為一個自體時發生錯誤否定（False negative），如圖 1.12 所示。它們可以定義為：給定一個測試的集合 $U_{\text{test}} \in U$，測試集合中有自體 S_{test} 和非自體 N_{test} 兩種集合。識別時發生錯誤肯定的模式集合 ε^+ 可以定義為

$$\varepsilon^+ = \{ s \mid s \in S_{test} \wedge f_l(M_l, s) = 0 \} \tag{1.6}$$

同樣，識別時發生錯誤否定的模式集合 ε^- 可以定義為

$$\varepsilon^- = \{ s \mid s \in N_{test} \wedge f_l(M_l, s) = 1 \} \tag{1.7}$$

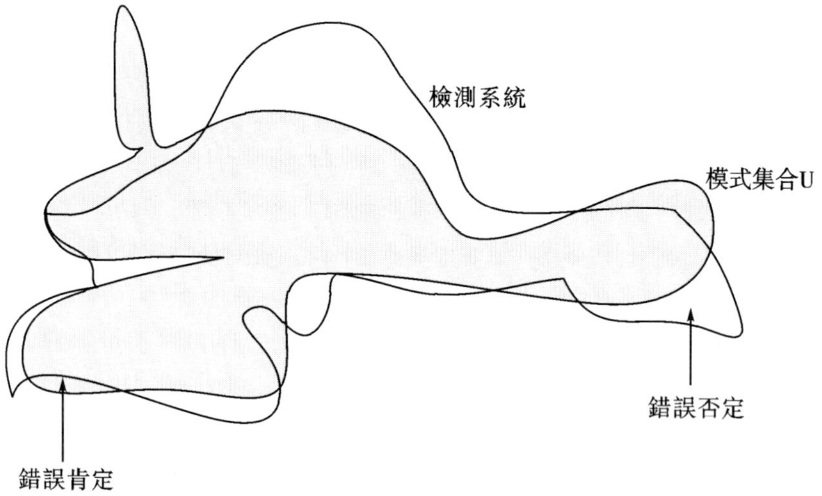

圖 1.12　用二維圖形表示字符串識別時發生的錯誤

生物免疫系統同樣存在這兩種錯誤，都會對人體造成傷害，但免疫系統可以通過一定的機制來減少這樣的錯誤發生。同樣，在 ARTIS 模型中，也使用相同的機制使錯誤最小化，這些機制將在後面詳細敘述。在實際問題中，自體和非自體集合可能是交互的，在這個模型中沒有考慮這種情況。

（4）分佈式系統。

整個分佈式系統可以定義為一個有限節點的集合 L。可變數目的節點構成整個 ARTIS 系統，各個節點相對獨立地工作，它們之間不共享自體集合，但是檢測器可以在各個節點之間遊動共享，各個節點之間可以相互刺激。獨立的自體集合可以減少全局的錯誤否定的發生。全局的分類函數 g（相對於一個節點中的 f_l 函數）可以定義為

$$g(\{M_L\}, s) = \begin{cases} 0, & \exists l \in L \mid \exists s \in U_l, \ |f_l(M_l, s) = 0 \\ 1, & otherwise \end{cases} \tag{1.8}$$

由式（1.8）可以看出，只要有一個節點認為某個模式是非自體，那麼整個系統就認為它是非自體；而只有全部的節點都認為某個模式是自體時，系統才認為它是自體。這樣就減少了非自體入侵的可能性，減少了錯誤否定的概率，增加了錯誤肯定的概率。但錯誤肯定的概率可以通過完善的自體耐受訓練來降低，所以 ARTIS 系統採用這種策略。

ARTIS 系統具有可擴展性，可以增加節點數目而不會使識別的錯誤率呈指數級增加；同時還具有魯棒性，在一些節點失效的情況下，整個系統能夠正常工作。

3. 匹配規則

匹配規則有多種選擇：漢明距離、編輯距離、r-連續位匹配，還有基於結合能量的匹配方式等。各種匹配規則有各自的優點和缺點，根據應用的不同，可以選擇不同的匹配規則。在這個模型中，採用 r-連續位匹配的方法。如果兩個字符串 a 和 b 有連續的 r 位是相同的，那麼這兩個字符串匹配，如圖 1.13 所示。r 值可以確定檢測器的覆蓋，也就是單個檢測器可能匹配的字符串的子集大小。如 r=l，其中 l 為檢測器字符串的長度，那麼這個檢測器就只能匹配它自身；而如果 r=0，那麼檢測器可以匹配任意的長度為 l 的字符串。

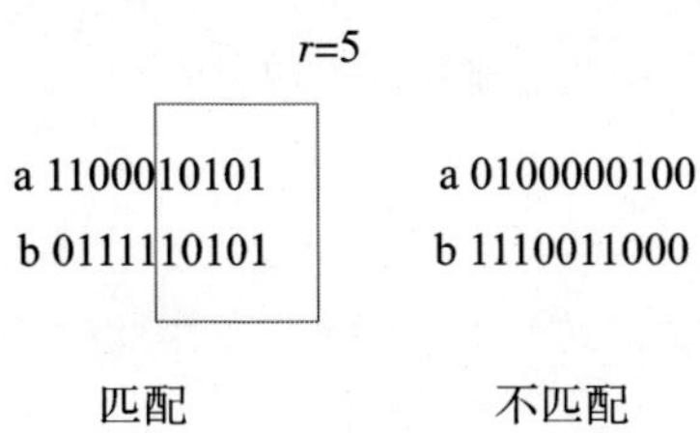

圖 1.13　連續位匹配規則

使用 r-連續位規則時，需要選取最優化的 r 值。因為在固定的識別能力的需求下，檢測器的個數和它的特殊性之間是相互排斥的。這裡的特殊性指的是這個檢測器的覆蓋範圍，範圍越小就越特殊。最佳的 r 值是能夠在最小化檢測器數目的同時獲得良好的識別能力。

在生物免疫系統中，當抗體抗原的結合達到一定的閾值時，淋巴細胞就會被激活。這會改變淋巴細胞的狀態，同時會引發一系列的反應，最終導致病原體的消除。因為抗體和抗原的結合不是持久性的，所以必須在短時間內結合充分數量的抗原，才能引起免疫反應。在 ARTIS 系統中，匹配值同樣通過累積實現，即通過檢測器一段時間內匹配的字符串數目來計算匹配值；但是一旦超過一定的時間，匹配值將開始減小。一旦檢測器被激活，那麼匹配值就被設置為零。

4. 訓練檢測系統

ARTIS 系統在運行中要經歷訓練階段和檢測階段。訓練階段主要是訓練檢測器的自體耐受能力。生物免疫系統中的自體耐受訓練有兩個：一個是細胞產生階段的中心耐受訓練，一個是識別階段的協同刺激。在這裡只討論中心耐受訓練在 ARTIS 中的實現。T 細胞在胸腺中完成自體耐受訓練：如果某一個 T 細胞在自體耐受階段被激活，那麼它就被殺死。人體中大多數的蛋白質都在胸腺中存在，所以在胸腺中通過自體耐受訓練的檢測器可以認為是自體耐受的（在後面提到的協同刺激是測試階段的自體耐受訓練，是對胸腺訓練的補充），這個過程就是否定選擇。

ARTIS 系統中的自體耐受訓練就是使用生物免疫系統中的否定選擇算法，如圖 1.14 所示。不同的是：在這個模型中，每一個節點各自獨立地進行自體耐受的訓練，在每一個節點中都有獨立的訓練集合（也就是前面所說的自體集合），各個節點不共享訓練集合。

首先每個節點都保存一個自體集合，這個集合是事先收集的。然後隨機產生（也可以用一定的策略產生，以減少重複率）一個檢測器，這個檢測器經歷一段時間為 T 的耐受期。在這段時間內，檢測器將試圖匹配訓練集合，如果能夠匹配，則認為這個檢測器要匹配自體，它會被消除。

如果在耐受期內沒有匹配自體集合，那麼這個檢測器就成為一個成熟的檢測器。成熟的檢測器進入檢測階段。如果成熟檢測器被刺激達到一定的閾值，那麼檢測器就會被激活，並且會被記憶，同時會發送一個檢測到非自體的信號，引發一系列調節反應。

顯然，如同生物免疫系統一樣，未成熟的檢測器可能接觸自體和非自體，

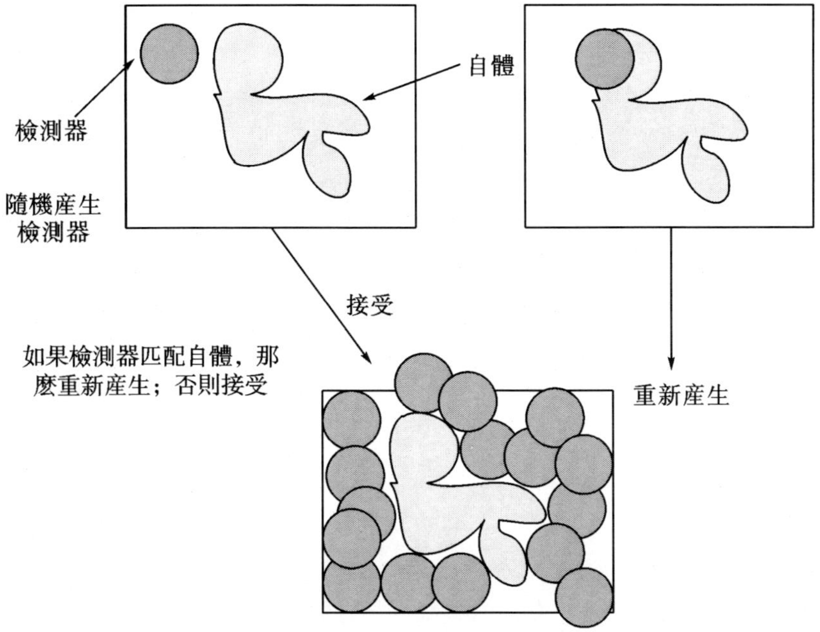

圖 1.14　否定選擇算法

也就是說，它可能對某些非自體也耐受。但是可以假定在未成熟階段，檢測器遇到自體的概率非常高，而遇到非自體的概率要低得多。

5. 免疫調節和記憶

生物免疫系統中的檢測是一種基於記憶的檢測，有兩種應答：初次應答和二次應答。前面敘述了免疫應答的詳細內容，這裡首先簡要回顧一下應答的主要內容，然後描述 ARTIS 系統對這些功能的實現。

當免疫系統遇到以前沒有見過的抗原時會進行初次應答，此時只有很少的淋巴細胞能夠結合這種抗原，免疫系統的運作符合克隆選擇原理：和抗原親和力越高的淋巴細胞越容易克隆擴張；與此同時，系統還通過重排基因序列等手段進行突變，產生親和力高的新的淋巴細胞。此時，突變和克隆擴張就是主要的調節手段。

當抗原消除後會有一定的淋巴細胞被保留下來，它們被稱為記憶細胞。這樣，在下次遇到相同的抗原時，免疫系統就可以快速地做出反應，這就是二次應答。免疫記憶的一個特點是相關性。比如有兩種結構相似的抗原，一種沒有毒性或者毒性很弱，而另一種具有很強的毒性。那麼就可以通過使用第一種抗原使免疫系統進行一次應答，記住抗原模式。當另一種抗原入侵時，就可以根據第一次抗原的記憶細胞，對該抗原進行二次應答。總體來說，相關性就是指一種免疫記憶細胞可以對一類抗原起作用。

ARTIS 採用類似的基於記憶的檢測。當某個節點中的多個檢測器被同一種非自體字符串激活時，這些檢測器就進入競爭狀態。這些檢測器和非自體字符串的匹配都超過了閾值，然後在這些檢測器中選擇和非自體字符串最匹配的檢測器，使其成為記憶檢測器；與此同時，可以選擇一定的檢測器進行字符串重排（模擬變異），變異產生的檢測器也參與競爭。被選中的記憶檢測器進行克隆增擴，複製自己用於識別入侵的非自體串。在消除非自體串以後，記憶檢測器就發散到系統中的鄰近節點中去，使整個系統都具有對這種非自體的記憶。記憶檢測器比一般的檢測器具有更低的激活閾值，更容易被激活，所以可以借此提高對特定非自體的反應速度，這就相當於生物免疫系統的二次反應。

6. 受動器應答

在不同的應用中，有許多不同的方法來處理非自體，像模式識別等應用可以不需要受動處理。在這裡僅僅討論選擇的策略而不涉及處理方法本身。在抽象的模型受動器選擇中，假定有幾種不同的受動器應答，分別與不同的受動器相關聯。受動器的選擇是由檢測器的字符串的一個固定部分決定的，它模擬抗體的固定部分。當檢測器被激活並複製時，它經歷一個類似同型特異性（isotype）的轉化過程。檢測器在各節點之間移動，不僅僅傳播異體模式的信息，同時還攜帶了有關如何消除異常的特異性信息，這樣可以保持一定的魯棒性和靈活性。

7. 檢測器的生存週期

前面分別論述了 ARTIS 系統的訓練、識別、調節和記憶，以及異體模式的受動器的選擇方式，免疫系統的主要功能已經論述完畢。下文將從另一個角度來描述系統的工作過程：檢測器的生存週期。它模擬淋巴細胞的生存週期。檢測器的生存與系統的識別過程相關，但又是一個可以獨立進行的過程。

如果檢測器無限地存在下去，只有在協同刺激失敗時死亡，那麼大多數的檢測器僅僅成熟一次。這會造成兩個後果：

（1）檢測器會不斷地增加，而系統資源是有限的；

（2）任何發生在訓練階段的非自體字符串都不會被識別。

在生物免疫系統中，淋巴細胞的生命週期是非常短的，一般只有幾天的時間，過幾周人體全身的淋巴細胞就可以全部更新。這就是淋巴細胞的動態性，它很好地解決了前面所提到的問題。ARTIS 系統也引入了相同的機制：每個檢測器成熟以後，都有一個 P_{death} 的生命週期，如果在這個時期內檢測器沒有被激活，那麼它將死亡，用一個隨機產生的不成熟的檢測器代替它。最後除了記憶檢測器，其他的檢測器都要死亡。這樣，一個非自體串將被消除，除非它持續地出現在自體耐受期間，持續地對新的檢測器耐受。

一個例外是記憶檢測器的週期。在生物免疫系統中，記憶細胞是長期存在的，因此抗原的模式將被長期記住。與此相類似，在 ARTIS 系統中，記憶檢測器也是長期存在的，它們僅僅在協同刺激失敗時被消除。限制檢測器的生命週期，可以很好地防止上文提到的後果（2）的產生。但是對於後果（1），即有限資源的情況，短的生命週期只能緩解而不能徹底解決這個問題。因為不管在人體中還是在各種應用系統中，非自體都要比自體多得多，所以記憶檢測器會不斷增加，這會對資源提出很高的要求。在 ARTIS 系統中，使用最近最少使用（LRU）的策略來置換：如果一個新的記憶檢測器產生，而總共的記憶檢測器數目已經達到了限制值 m_d，那麼就用 LRU 方法置換出一個最近最少被激活的檢測器，使它成為一個一般的成熟的檢測器，重新進行生命循環。

動態檢測器的方法除瞭解決前面提到的兩個問題外，還有一個好處就是可以動態地調節自體集合。如果自體集合得到調節，那麼新產生的成熟檢測器就會對新的自體集合耐受，而那些舊的檢測器會因為協同刺激的失敗而死亡。如果自體集合變化不快，那麼最後所有的檢測器都會對新的自體集合免疫；而如果自體集合不斷地變化，那麼成熟的檢測器會變得非常少，因為成熟的檢測器很快就會因為協同刺激的失敗而死亡。

綜上所述，這裡可以對檢測器的生存週期做一個概括，結果如圖 1.15 所示。首先，檢測器隨機產生，進入耐受期，這時的檢測器是不成熟的。然後，如果檢測器在訓練期間匹配任何字符串，那麼檢測器死亡，用一個新的隨機產生的檢測器代替；如果沒有匹配，那麼檢測器就成熟，進入一個時間為 P_{death} 的生命週期。在這段時期內，如果檢測器沒被激活，那麼檢測器死亡，用一個新的隨機產生的檢測器代替；如果檢測器被激活，但是協同刺激失敗，那麼它同樣會死亡，用新的檢測器代替；一旦檢測器被激活，且協同刺激成功，檢測器就成為一個記憶檢測器。一旦成為記憶檢測器，只需要單個的匹配它就能被激活。除非記憶檢測器的數目達到最大值，否則記憶檢測器將長期存在。

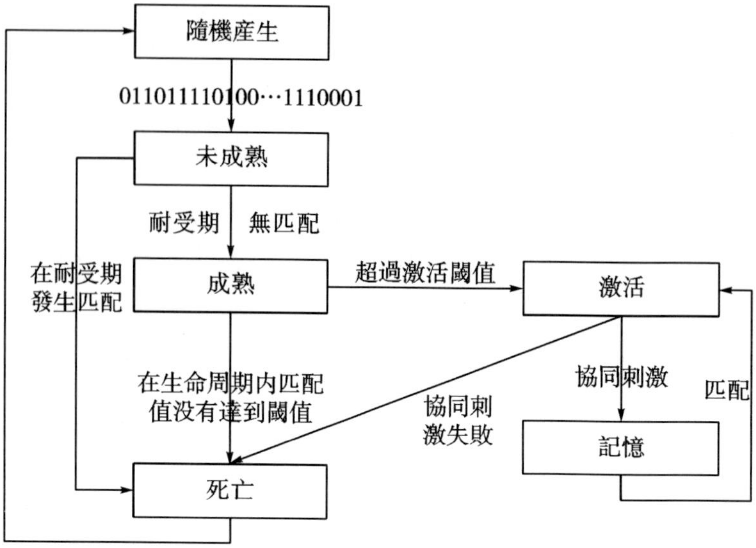

圖 1.15　檢測器的生存週期

8. 協同刺激和敏感性

協同刺激是胸腺自體耐受訓練的補充，是識別階段的自體耐受訓練；而敏感性是模擬細胞因子的濃度，用來調節局部節點的激活閾值，用於識別短時期內入侵的幾種抗原。

在 ARTIS 系統中，同樣不能假定檢測器在自體耐受訓練中對所有的自體耐受，也就是說，檢測器可能會識別一些自體。如同生物免疫系統一樣，這可以通過第二個信號來決定是否自體耐受。在理想情況下，第二個信號應該由系統的其他部分提供，一種比較接近的方法是通過人來提供第二個信號。當一個檢測器被一個串激活時，它就發送一個信號給管理員，在一個給定時間內，由管理員決定是否是真的非自體。如果是非自體，就不用發送信號；如果是自體，那麼管理員就發送一個信號到相應的檢測器。這個檢測器協同刺激失敗、死亡，並用一個新的不成熟的檢測器代替。一般的情況下，系統可以自動地自我完善，以阻止錯誤肯定的發生。

在生物免疫系統中，當一個區域發生了檢測事件，這個區域就會發送信號到鄰近的區域，從而提高鄰近區域的敏感性。這樣可以提高免疫系統的反應速度，防止短時期內受到相同的或者不同的病原體的攻擊。在 ARTIS 系統中，使用局部繼承（Locality inherent）的概念來模擬。每一個檢測節點 D_i（$i=1$，2，3，…）都有一個局部的敏感性水平 W_i，模擬人體中的局部細胞因子的濃度。在 D_i 中的檢測器的激活閾值為（$T-W_i$）（T 為最高激活閾值）。這表明：局部的敏感性越高，則局部的激活閾值就越低。如果節點 i 中的成熟檢測器的匹配數目由 0 增加到 1，那麼這個節點的敏感性值就增加 1。同時，敏感性也有一定的時間範圍，超過一定的時間，敏感性值就會以一定的速度 γ_w 減少，γ_w 表示 W_i 遞減 1 的概率。這樣就能保證，即使在短時間內有幾種完全不同的抗原入侵，也可以檢測到。

9. 孔洞的存在和解決方法

在生物免疫系統中可能存在孔洞（Hole）。生物免疫系統中的孔洞是指那些隱藏在細胞內部的抗原，它無法被 B 細胞直接識別。生物免疫系統中，MHC 可以在不破壞細胞的前提下把細胞內部的抗原提到細胞的表面，從而被 B 細胞識別。

在人工免疫系統中，同樣存在著孔洞。在 ARTIS 系統中，孔洞是一些無法被檢測器識別的非自體串。對於一個非自體字符串 $a \in N$，N 為非自體串的集合，當滿足 $\forall u \in U$，如果 u 和 a 匹配，那麼 u 就必定和某個自體串 s 匹配，即 $s \in S$，那麼 a 就是一個無法被檢測的孔洞，如圖 1.16 所示。

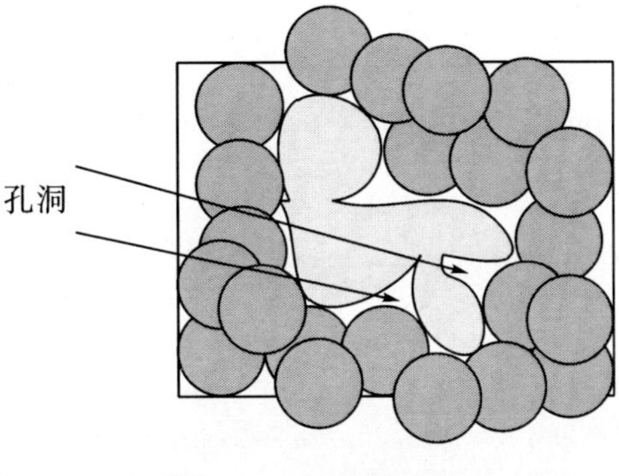

圖 1.16　孔洞的存在

用一個例子來描述 ARTIS 中的孔洞。假設有 3 個字符串 $s_1=001101$，$s_2=111111$，$s_3=001111$。對於 r-連續位匹配（r=3），匹配 s_3 的子集有 $D_3=001{*}{*}{*} \cup {*}011{*}{*}{*} \cup {*}{*}111{*} \cup {*}{*}{*}111$，其中，「＊」表示 0 或 1 中的任意一個。那麼對所有在集合 D_3 中的檢測器，都與 s_1 或者 s_2 中的一個匹配。現在如果 s_1、s_2 是自體集的一部分，而 s_3 是非自體集，那麼任何匹配 s_3 的檢測器都要匹配自體集，所以都不可能通過耐受訓練。最終不可能有識別 s_3 的檢測器，s_3 就成為一個孔洞。

在生物免疫系統中，每一種 MHC 都可以看成是一種表示蛋白質的方式，也就是說，一種蛋白質可用多種形式表達出來。生物免疫系統就是採用多種形式的方法來消除或者減少孔洞。在 ARTIS 系統中，同樣採用多種形式來消除孔洞，如圖 1.17 所示。它通過一個隨機產生的掩碼來過濾引入的字符串。例如，給定兩個字符串 $s_1=01101011$，$s_2=00010011$，以及一個掩碼 τ，通過隨機產生，如 $\tau=1-6-2-5-8-3-7-4$（置換順序，新串相應位置對應原串中的位置），那麼 $\tau(s_1)=00111110$，$\tau(s_2)=00001011$。使用連續位規則 $r=3$，那麼 s_1 匹配 s_2，而 $\tau(s_1)$ 不匹配 $\tau(s_2)$。對不同的檢測節點用不同的掩碼，那麼相當於改變了檢測器的形態。這樣，如果某個非自體串是某個節點的孔洞，它可能在別的節點被檢測到。

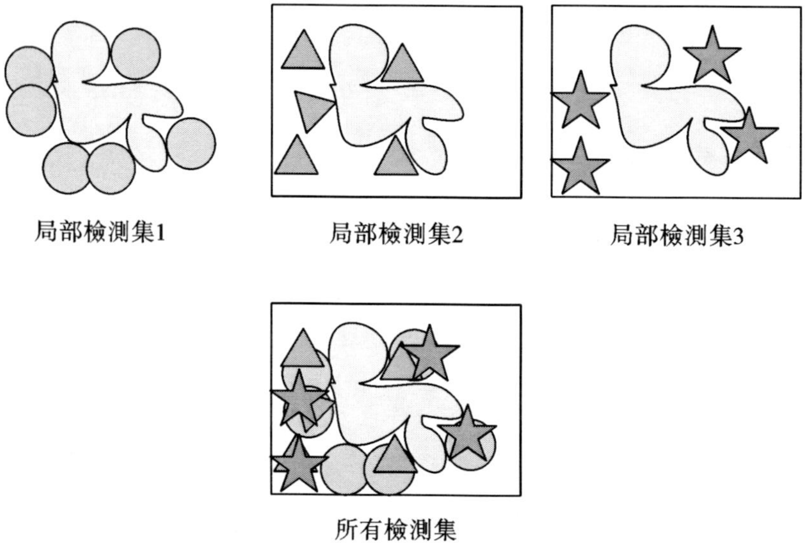

圖 1.17　孔洞問題的解決

10. 小結

作為小結，表 1.1 給出了免疫系統與 ARTIS 的綜合對比。

表 1.1　免疫系統和 ARTIS 的比較

免疫系統	ARTIS
蛋白質/縮氨酸	二進制串
受體	二進制串
抗體的可變區域	檢測器串
抗體的固定區域	檢測器串的一部分

表1.1(續)

免疫系統	ARTIS
記憶細胞	記憶檢測器
抗原	非自體二進制串
綁定	部分串匹配
淋巴結	節點
免疫循環	活動檢測器
中心耐受系統	(沒有)
胸腺	(沒有)
MHC	掩碼
細胞因子濃度	敏感性水平
外圍耐受系統	分佈式否定選擇
信號 1	匹配達到閾值
信號 2	人為操作
淋巴細胞克隆	檢測器複製
抗原檢測	檢測事件
抗原消除	受動反應
親和力成熟	記憶檢測器競爭

1.3.2.3 Multi-Layered 模型

Multi-Layered 模型是由 T. Knight 和 J. Timmis 提出的一種可用於數據壓縮、數據聚合、數據挖掘的免疫工程模型。它具有持續學習、動態調節、特性記憶等特性，可以把輸入數據分類、壓縮。

下文首先簡要介紹該模型所借鑑的生物免疫系統的組件和機制，然後對模型的體系結構進行闡述，並具體分析該模型的構成機制，最後給出該模型的一些實驗數據。

1. 相關的生物免疫機制

生物免疫系統是一個龐大的系統，它涉及很多細胞分子，採用了許多種機制，在這裡僅介紹與本模型相關的一些組件和機制。本模型借鑑了適應性免疫系統的一部分機制。涉及的免疫細胞和免疫分子有 B 細胞、抗體、抗原，採用克隆選擇機制。抗原進入適應性免疫系統後，與 B 細胞接觸，B 細胞通過表面的抗體識別抗原，抗原識別後 B 細胞會被激活（實際上需要 T 細胞的合作），被激活的 B 細胞分化出膠質細胞，膠質細胞會產生抗體，最終導致抗原被清除。在這個過程中，一些被激活的 B 細胞會成為記憶細胞，從而提高下次免疫應答的速度；系統同時使用克隆變異，產生更具有親和力的細胞。模型簡化了免疫系統，將它分層，各層內部細胞（或分子）相互作用（競爭），層與層之間也有相互作用（反饋）。

2. 體系結構

總體來說，該模型可以分成 3 層：自由抗體層、B 細胞層、記憶細胞層。抗原進入系統，首先和自由抗體相互作用，這個相互作用發生在自由抗體層，自由抗體層的抗體由 B 細胞層的 B 細胞分泌產生。經過第一層相互作用後，抗原進入第二層即 B 細胞層，與 B 細胞相互作用。最後經過在 B 細胞層的克隆選擇競爭，一部分 B 細胞成為記憶細胞，進入記憶細胞層。整個模型還採用了一定的細胞數量控制機制，如圖 1.18 所示。

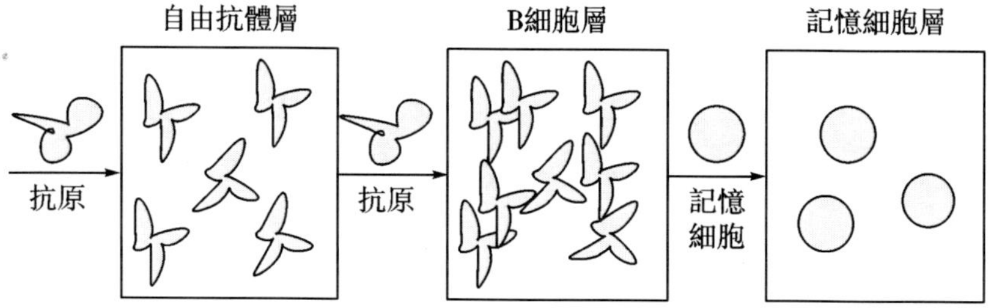

圖 1.18　Multi-Layered 模型的 3 個層次

在這個模型中，抗原、抗體、B 細胞、記憶細胞在實際的應用中都是具有相同的形態空間結構的數據。比如，向量、字符串、數值串等。

3. 具體結構

(1) 自由抗體層。

這一層由可變數量的抗體組成，抗體由 B 細胞層的 B 細胞分泌產生。抗原進入這一層後，並不是和整體系統相互作用，而只與一定比例的抗體相互接觸。接觸抗原的抗體中，有些抗體可以識別這個抗原，有些抗體不能識別這個抗原。其中，識別就發生於抗體和抗原之間的親和力超過一個事先設定的閾值之後。這裡的親和力可以根據不同的形態空間定義，採用不同的定義。一旦抗原和這一層中一定比例的抗體接觸以後，就進入 B 細胞層，這裡的比例與採用的定義有關。在接觸過程中，需要統計能夠識別抗原的抗體的數量。這個數量作為第二層中抗體對 B 細胞的刺激程度的衡量指標。

(2) B 細胞層。

B 細胞層由可變數量的 B 細胞構成。這些 B 細胞最初可以隨機產生，也可以通過一定的誘導機制產生。抗原進入這一層後，就隨機地和這一層的B細胞相互接觸，直到被一個B細胞識別，或者和所有的B細胞都接觸完畢。

這裡的識別和自由抗體層的識別是一樣的。而抗體對B細胞的刺激水平由在自由抗體層能夠識別這個抗原的抗體的數目來決定（因為抗體是由B細胞分泌產生的，能夠識別同一種抗原的抗體都是相似的，這些抗體是由一些相似的B細胞分泌的。也就是說，相當於有很多相似的B細胞識別了這種抗原，所以可以採用這個參數來表示刺激水平）。一旦這個數目超過了一個事先定義好的閾值，就觸發了免疫應答。

如果所有的B細胞都不能識別抗原，那麼就代表這是一個以前沒有出現過的抗原，系統將進行初次應答，複製抗原，產生一個新的B細胞加入到B細胞層中（因為抗原和B細胞、抗體具有相同的結構），同時把新的抗體反饋到自由抗體層。所以下次相似的抗原進入時就會被識別。對於具體的問題，這就相當於在系統中加入了新的數據。這個機制加上後面的細胞（分子）數量限制機制，就形成了系統的動態調節機制。

如果抗原能夠被識別，但是不能觸發免疫應答，那麼每次被識別後，B細胞就把一定數量的抗體反饋到自由抗體層。這樣，如果相類似的抗原不斷地進入這個系統，最終會觸發免疫應答。激活閾值的設定可以保證系統能夠對抗原做出應答，但又不過於敏感。

如果抗原能夠觸發免疫應答，這時候相應的B細胞就被激活。激活的B細胞會經歷一個免疫調節過程，也就是克隆選擇過程。在這個過程中，B細胞層需要完成3件事。

①B細胞複製產生一個自身的克隆，這個過程涉及克隆變異。這相當於克隆增擴。②與此同時，B細胞再複製一個自身的克隆，把它作為一個新的記憶細胞，並將其加入記憶細胞層。③B細胞分泌自由抗體（對於實際的數據就是複製自己），加入自由抗體層。其中，產生的自由抗體數目由式（1.9）決定。

$$n_f = [S_{max} - a(ag, bcell)] * k \tag{1.9}$$

其中，n_f代表產生的自由抗體的數量；S_{max}是形態空間中兩個B細胞之間的可能的最遠距離（也就是可能的最大差異），它表明某個B細胞越特殊，越需要更多的自由抗體保證下次還能被觸發；$a(ag,\ bcell)$是B細胞和抗原之間的親和力，它表明在觸發免疫應答並產生記憶細胞以後，就要限制自由抗體層中這種抗體的濃度；k是一個常數。

（3）記憶細胞層。

新的記憶細胞進入記憶細胞層後，就與記憶細胞層中的每個細胞結合，計算親和力。如果某個原來的記憶細胞和新的記憶細胞的親和力大於一個固定的值（δ_{mem}），且新的記憶細胞和產生它的抗原有高的親和力，那麼原來的記憶細胞就被新的記憶細胞代替。也就是說，如果兩個記憶細胞過於相似，那麼就保留與抗原親和力更好的一個。如果沒有找到這樣的記憶細胞，那麼就在記憶細胞層增加一個新的記憶細胞。

（4）數量控制。

數量控制應用於每一層。每一層的細胞（抗體）都有一個死亡的週期，如果在 T_{death} 這段時間內沒有被激活，那麼這個細胞（抗體）就會被消除。

（5）試驗結果。

K. Night 用 3 組數據測試了系統的功能，如表 1.2 所示。使用模擬數據、三圈圖和圓環圖 3 組數據集合，系統對這 3 組數據進行識別和壓縮。其中三圈圖是用二維坐標集合表示的 3 個同心圓，圓環圖是用三維坐標集合表示的立體圖。實驗結果如表 1.3 所示。

表 1.2　　用於測試的 3 組數據

名字	類型	維數（維）	數據集大小（個）	數據類數（個）
模擬數據	數字	2	30	3
三圈圖	數字	2	600	3
圓環圖	數字	3	221	2

試驗結果表明，系統對三圈圖數據的壓縮率達到了 91.6%，對圓環圖數據的壓縮率達到了 66.5%，並且系統運行 500 次循環以後，沒有出現信息丟失現象。

表 1.3　　測試結果

	模擬數據		三圈圖		圓環圖	
	δ	x	δ	x	δ	x
自由抗體層	14.341	62.315	77.499	1,143.492	6.684	1,441.08
B 細胞層	3.503	51.639	43.346	1,126.834	18.054	387.755
記憶細胞層	1.027	4.86	3.860	50.34	5.185	74.72

註：δ 為各層中偏離原數據的記憶數據數，x 為各層中平均的數據數。

1.3.2.4 基於 Multi-Agent 的免疫模型

Multi-Agent 系統和人工免疫系統有許多相似的地方，Multi-Agent 系統的一些機制可以用來建立免疫模型。Sathyanath Srividhya、Dipankar Dagupa、P. Baller、Paul K. Harmer、N. Foukia 等人提出了一系列基於 Multi-Agent 的免疫模型。

下文首先介紹 Multi-Agent 系統的一些特點，以及 Multi-Agent 系統和免疫系統的一些相似點，然後重點介紹 Sathyanath Srividhya 的 AISIMAM 模型：包括模型的整體架構和工作過程、模型的流程和數學表示。

1. Multi-Agent 系統和免疫系統的關係

（1）Multi-Agent 系統。

Multi-Agent 系統是管理一定數量和種類的 agent 來完成特定的目標的系統。其中的 agent，總的來說是這樣的一些實體：它們有事先設定好的目標，有固定的活動準則，同時可以瞭解所處環境的信息，並且能夠根據環境信息進行判斷、交流、合作、學習並且做出決策。

每個 agent 可以單獨存在（具有自主性），也可以存在於一個由很多的 agent 構成的整體系統中。每個 agent 都有設定好的個體目標，不同的 agent 有不同的目標。同時，所有的 agent 合作完成一個系統的整體目標。每個 agent 都努力使自己的目標最大化。

agent 通過一種叫強化學習的方法（Reinforcement learning）來改變系統的狀態，達到最終的系統目標。agent 有一組事先設定好的規則，這些規則定義了 agent 的自治、友好、推理、學習、交流和合作等機制。agent 的活動機制就是根據這些規則和一些環境信息而制定的。不同的環境需要不同的規則，一般來說，Multi-Agent 系統都是開放的、分佈式的。

（2）agent 的特性。

agent 具有以下的特性：

- 自主性：就是 agent 的自主能力。如果一種 agent 可以脫離它所處的系統，由別的系統或者人來指導它的行為，這種 agent 就是控制 agent。
- 社會性：是 agent 活動的一種衡量，也是判斷一種 agent 是考慮自己多一點還是別的 agent 多一點的標準。比如，altruistic agent 就是一種只考慮別的 agent 的利益的 agent，而 egoistic agent 是一種只考慮自己的 agent。
- 友好性：agent 可以和別的 agent 友好相處，但同時在一定的條件下，又會和別的 agent 相互競爭。
- 敏感性：agent 可以分為反應性的和協商性的。前者對環境的變化可以快速地感知同時會很快地做出反應，而後者在做出決定以前會經過一些推理和思考。

- 活動性：有些 agent 靜止在一個固定的地方不動，而有些 agent 可以在各個據點之間移動，比如一些巡迴（Itinerant）agent。
- 適應性：agent 可以主動適應環境，從環境中學習。

agent 系統最重要的是 agent 的學習和決策過程，這些過程和系統的開放程度是密切相關的。如果一個系統是完全開放的，那麼只要瞭解到足夠多的信息，就可能做出正確的決定，這種系統稱為可訪問系統。然而事實上，一般複雜物理系統都不可能是全部開放的。但從某些角度出發，可以把系統分成可訪問的系統和不可訪問的系統。從另外一些角度還可以有不同的分法。比如，可以根據 agent 活動的確定性，分為確定性（Deterministic）系統和非確定性（Non-deterministic）系統。

（3）Multi-Agent 系統和免疫系統比較。

在實際的應用中，許多能夠用 Multi-Agent 系統解決的問題都可以用人工免疫系統來解決。免疫系統模型能夠用 Multi-Agent 系統的一些方法和機制來生成是因為它們之間有許多類似的地方。下面列出的是它們的一些相似之處。

- 它們都由許多自治的實體構成。免疫系統中的免疫細胞及 Multi-Agent 系統中的 agent 都具有自治性。
- 都有個體目標和全局的目標。免疫細胞的個體目標是生存（識別一定範圍內的抗原），而全局目標是消除抗原。
- 都有學習的能力。例如，免疫系統的免疫調節和記憶，Multi-Agent 系統的學習算法，等等。
- 都具有可調節性。都能夠根據環境的變化來調節自己的活動。
- 系統中的實體都具有交流能力及競爭力。
- 兩個系統都有一定的機制來維持整個系統的工作。例如，免疫系統中的競爭克隆選擇算法，Multi-Agent 系統的學習算法和決策過程，等等。

2. AISIMAM 模型

幾乎所有的基於 Multi-Agent 的免疫模型的構建思路都大致相同，都是用免疫的一些機制來改進 Multi-Agent 系統的一些學習和決策過程。這裡選取具有代表性的 AISIMAM 模型來進行闡述。

AISIMAM 系統由兩種 agent 構成：一種是模擬抗原的非自體 agent（NAG）；一種是模擬淋巴結細胞的自體 agent（SAG）。外部環境可以看成是由許多系統信息構成的一個表，或者說是矩陣。SAG 的個體目標就是識別它的識別範圍內的 NAG，而系統的整體目標就是識別所有的 NAG。系統通過 5 個步驟來完成最終的工作。其決策過程採用了克隆選擇的思想，交流和學習過程採用了一些免疫網絡模型的思想。

（1）基本思想。

每一個 NAG 都有一個相關的信息字符串，在實際應用中，這個串可以代表進程擾動、非法操作，或者是計算機病毒等一系列相關的信息。這個信息串相當於抗原的抗原決定基。類似地，每一個 SAG 都有一個信息串來定義個體目標，信息串可以包括一個或多個數據。例如，這個信息串可以是位置信息（如果某個 SAG 的目標是某一個地點）、鑑別數據（比如病毒的鑑別數據）、文本信息，或者其他各種信息。它與實際的應用密切相關。這些信息被看成抗體決定簇。整個系統根據個體的合作來完成系統的最終目標，在這個系統中，就是最終消滅 NAG。具體的方法與具體的應用相關。

不同的 SAG 的信息串各不相同，這相當於不同的抗原有不同的抗原決定基，不同的淋巴細胞有不同的受體部分。SAG 根據行為決策器（Action generator）來產生個體的活動和目標，決策過程要受到 SAG 所帶的信息串和系統的全局信息的影響。系統的整體目標由所有的 SAG 的聯合行動產生。這裡的個體活動相當於是 B 細胞受體部分形態的變化；而全局目標相當於許多淋巴細胞合作產生能夠識別抗原的形態來消除抗原。

一個 SAG 可以識別它所在的稱為 sensory neighborhood（可感知領域）區域內的 NAG。這裡的 sensory neighborhood 不同於形態空間中的識別球，識別球代表一旦抗原進入這個區域就能被抗體識別，而 sensory neighborhood 是指一個抗原的信息能夠被這個抗體讀取，但不一定能夠被識別。比如，一個用於病毒查詢的 agent 的 sensory neighborhood 是一個主機範圍，這代表一旦一個病毒進入這個主機，這個 agent 就可以感知並讀取它的信息，但是不一定可以識別它是哪種病毒（可能是未知病毒）。同時，SAG 還可以把一些 NAG 的信息傳遞給其他的 SAG。這個模型中的信息傳播類似於計算機網絡中的信息傳播，個體可以給全局範圍內的 SAG 發送信息，這裡 SAG 的交流區域（Communication neighborhood）比較大。定義可以根據不同的應用而變化。

整個模型環境可以定義為一個由許多的系統信息構成的矩陣或者表。它可以包括所有 agent 的信息，還有一些數據庫。比如一個病毒的檢測系統，它可能包括一些病毒的特徵庫，還可能有一些系統狀態的信息，以及當前正在運行的進程的信息等。

（2）工作過程。

整個系統通過 5 個步驟來完成最後的全局目標：模式識別（Pattern recognition)，綁定過程（Binding process），激活過程（Activation process），後激活過程（Post activation process），記憶過程（Memory process）。

模式識別階段，也就是信息讀取階段。SAG 首先用刺激函數感知 NAG 的存在（Sensory neighborhood 內，比如，進入一個主機就被感知，或調用一個函數就被感知，在這個模型中，假定不同的 SAG 的感知區域是不重疊的）。然後 SAG 用鑑別函數（Identifier function）來鑑別信息，相當於讀取 NAG 的信息串。通過傳播把 NAG 信息傳送給所有的 SAG，可以讓別的 SAG 也來識別 NAG（因為一個 NAG 可能要許多的 SAG 合作才能識別），如果它能夠被記憶 SAG 識別，那麼就可以直接用記憶的行為處理。

綁定過程，也就是親和力的計算階段。在這個階段，系統用一個親和力函數來計算 SAG 和 NAG 的信息串的信息之間的親和力。比如，病毒檢測時，系統會比較 SAG 和 NAG 之間是不是有相類似的系統函數調用序列。同時，使用一個行為產生器（Action generator）來產生一些類似的信息串，比如系統調用的重新排序。這些串經歷一個固定時間的耐受階段。用親和力函數計算所有這些新的行為或者信息串與 NAG 行為或者信息串的親和力值。這裡的行為可以是信息串本身，也可以是信息串的變化。如果是信息串的變化，那麼 SAG 還需要一個相應的行為記憶向量。

在激活過程中，首先在所有的新的信息串中，用一定的閾值選取其中親和力高於固定值的信息串的集合。如果需要選擇最好的，那就只選其中親和力最高的一個。然後，需要等待其他的 SAG 來綁定同一個 NAG。如果在一定的綁定時間內，有一定數量的 SAG 來綁定這個 NAG，那麼 SAG 就會被激活。

後激活過程，也就是克隆增擴過程。這個過程中，帶有信息向量（可以說矩陣）的 SAG 會進行克隆。然後，如果必要還可以進行高頻變異。

在記憶過程中，在系統的全部目標達到後，克隆增擴出來的一部分細胞成為一般的膠質細胞，另一部分稱為記憶 SAG。

這個系統還採用了免疫網絡模型中的抑制機制。如果一個 SAG 在它的感知範圍內沒有可以感知的 NAG，它就應該被抑制。對一個感知到的 NAG，首先是記憶 SAG 做出應答；如果不行，再用調節 SAG 應答。

（3）算法流程。

①環境參數。

在模型中定義自體 agent（SAG）集合為 S，而非自體 agent 集合定義為 N。問題域可以定義為：$E = S \cup N$。對每一個 $S_i \in S$，都有一個相對於 m 維的信息向量 $B^i = [b_1, b_2, b_3, \cdots, b_m]$。同樣對每一個 $N_i \in N$，都有一個相對於 n

維的信息向量 $A^i = [a_1, a_2, a_3, \cdots, a_n]$。對環境，還需要定義它的一個信息矩陣，或者信息表。定義一個閾值 T。

②算法描述。

模型的算法流程如表 1.4 所示，算法中的感覺矩陣計算公式為

$$M_{ij} = f_1(B^i, A^j) = \begin{cases} 0, & A^i \notin D^i_s \\ 1, & A^i \in D^i_s \end{cases} \tag{1.10}$$

式中，B^i 和 A^i 分別是 S_i 和 N_i 的信息向量，而 D^i_s 表示 S_i 的感知範圍。

表 1.4 **AISIMAM 算法**

```
Procedure AISIMAM 算法
Begin
  初始化所有相關參數;
  計算一個感覺矩陣 M_{m×n};
  For (矩陣 M 的每一行) do
  Begin
      If (這一行 i 中所有數都為 0) then
      Else Begin
          把感知的所有 NAG 的信息串傳遞到所有的 SAG;
          If (能夠用記憶 SAG 來處理) then 用記憶 SAG 處理;
          Else For (這一行中所有能夠被感知的串, M_{ij}=1) do
          Begin
              用鑑別函數 I^j=f_2 (A^j) 鑑別提取信息;
              用函數 U^j_q=f_3 (I^j) 產生新的行為或信息串 U^j_1, …, U^j_k;
              計算所有的新串 U^j_q 的親和力;
              選擇一些親和力高的串集合;
              If (這個時間內這個 NAG 同時被其他 SAG 識別) then
                  激活這個 SAG;
              If (這個 SAG 被激活) then
                  它就連同這個串集合一起複製自體;
              克隆的 SAG 的一部分加入記憶 SAG, 一部分加入集合 S;
          End
      End
  End
End
```

(4) 實用實例。

一個單機的病毒檢測系統的 AISIMAM 解決方案，對病毒將通過一定的系

統調用來識別。

病毒就是 NAG，它的信息串可以是它的系統調用的序列，再加上一些其他的信息。而 SAG 就是一些檢測器，它的信息串可以是一個系統調用或幾個系統調用。這樣的 SAG 的感知範圍就是 SAG 信息串裡的那幾個系統調用，一旦某個程序調用這個函數時，就能被它感知。不同的 SAG 感知不同的函數調用。系統信息可以定義為一些病毒特徵庫（一些典型的病毒系統調用序列）、一些合法程序的特徵庫，以及其他一些系統狀態信息。

鑑別函數被定義為在病毒信息串裡提取的系統調用序列。行為產生函數就相當於一些新的系統序列（重新排序或加入、替換幾個新的系統調用等）。親和力相當於 SAG 的系統調用序列和 NAG 的系統調用序列的相似程度。而被激活就是一段程序在一段時間內被幾個 SAG 識別綁定（如果顆粒度比較大，也可以用在一段時間內綁定的 NAG 個數來作為激活水平），因為一個病毒的系統調用序列要長一點，而一個 SAG 只負責少數幾個系統調用的識別，這樣可以提高多樣性。如果綁定的個數達到一定的值，就激活所有綁定在上面的 SAG。這時就可以直接提交給用戶決定，然後把這個病毒的系統調用序列提交到病毒特徵庫裡保存，這就相當於記憶。然後可以讓所有的被激活的 SAG 進行克隆增擴，如果必要的話，還可以在病毒庫裡進行高頻變異，然後和自體調用相比較進行自體耐受訓練。

1.3.2.5 動態免疫網絡模型

動態免疫網絡模型是由 Ishida 提出的一種可用於動態即時診斷的免疫網絡模型。它源於免疫網絡理論中抗體與抗原之間的相互關係，可用於工程中的各種異常檢測。

1. 基本思想

生物免疫系統是一種自組織系統。消除非自體並不是免疫系統的目的，它僅僅是免疫系統維持身體各器官平衡和穩定的輔助行為。所以這種識別和維持自體的行為與動態錯誤診斷相類似。由此產生了用於錯誤診斷的免疫網絡模型。在診斷錯誤的網絡模型中，不考慮免疫系統中 B 細胞數目的動態控制，也不考慮克隆選擇和否定選擇。

動態免疫網絡模型所使用的免疫機制主要來自免疫網絡理論。該模型通過 B 細胞之間的相互識別、刺激和抑制來達到某些平衡狀態，其所使用的機制可以總結成下面 3 個方面。

- 免疫網絡中的 agent（B 細胞）分佈式工作，它們之間可以相互作用（識別、刺激、抑制等）。每個 agent 都帶有一定的信息。

- 每一個 agent 只通過它自己攜帶的信息進行相應的工作。
- 記憶是通過動態免疫網絡的一種平衡狀態表示的。在進行抗原識別時，可以從一種平衡狀態轉換到另一種平衡狀態。

2. 構成和工作原理

（1）模型構成。

該網絡由多個 agent 構成，具體數目根據具體的應用而定。每個 agent 都帶有一個表示 agent 特徵的變量 r_i 和它的標準化值 R_i，R_i 用來表示正常和不正常。每個 agent 都試圖識別與其相聯繫的 agent，它們之間的關係有刺激和抑制。R_i 值在 0 和 1 之間變化，0 表示不正常，1 表示正常。

在這個模型中，每一個 agent 代表一個傳感器和它的一些工作處理機制。單個 agent 不能決定錯誤的發生，但是它可以對相互作用的某個 agent 進行錯誤（或不正常）評估。通過所有網絡 agent 的刺激和抑制，系統最終可以識別錯誤的 agent。

（2）工作原理和實現。

在錯誤識別過程中，首先，一些變化（比如對某個傳感器的特徵值的修改）會對原來的穩定狀態造成影響。然後經過一定時間的調節，系統會重新達到一個新的平衡（各個 agent 的特徵值在幾次循環中都保持不變）。這時的各個特徵值就表明了某個 agent（也就是傳感器）是否有問題，如果這個傳感器的特徵值為 0，就代表傳感器有問題。例如，所有的傳感器都是正常的，這時候它處於一種平衡狀態，所有的特徵值都是 1。如果錯誤地修改某個傳感器的特徵值使其為 0，那麼平衡就被破壞，但是經過一段時間的調整以後，又會回到原來的所有的特徵值都為 1 的平衡狀態。如果這個時候有一個傳感器出問題，那麼平衡就被破壞（因為現在的平衡狀態是表示所有的傳感器都正常的狀態）。通過一定時間的動態平衡，系統就會達到另外一種狀態，這時候出問題的傳感器的特徵值就變成 0。任何時候只需要查看系統處於哪種平衡狀態，就能夠知道哪些傳感器出了問題。

在整個模型的識別過程中，主要機制就是系統的調整過程，也就是某個 agent 的特徵值的調整過程。對於某個 agent 來說，它的特徵值與 3 個因素有關。①與它相連的 agent 對它的評價。也就是與它相連的 agent 認為它是否正常，認為正常相當於刺激，認為不正常相當於抑制。②它對別的 agent 的評價。如果它對某個 agent 的評價與別的 agent 對這個 agent 的整體評價有差別，那麼可以假設這個 agent 是不正常的。③它原來的特徵值。對特徵值的調整是一個連續的過程，而不是跳躍的過程。

其調整過程如式（1.11）所示，這裡採用了一種稱為灰色模型（Gray model）的調整。另外還有其他的調整模型，如黑白模型（Black and white model）等。

$$\frac{d\,r_i(t)}{dt} = \sum_j T_{ji}^{+} R_j(t) - r_i(t) \tag{1.11}$$

$$R_j(t) = \frac{1}{1 + exp[-r(t_i)]} \tag{1.12}$$

$$T^{+}_{ij} = \begin{cases} T_{ij} + T_{ji} - 2, & i \text{ 到 } j \text{ 以及 } j \text{ 到 } i \text{ 的聯繫存在} \\ T_{ij} + T_{ji} - 1, & i \text{ 到 } j \text{ 或者 } j \text{ 到 } i \text{ 的聯繫存在} \\ 0, & i \text{ 到 } j \text{ 和 } j \text{ 到 } i \text{ 之間沒有聯繫} \end{cases} \tag{1.13}$$

$$T_{ij} = \begin{cases} -1, & i \text{ 正常 } j \text{ 不正常} \\ 1, & i \text{ 和 } j \text{ 都正常} \\ -1/1, & i \text{ 不正常} \\ 0, & i \text{ 和 } j \text{ 之間沒有聯繫} \end{cases} \tag{1.14}$$

圖 1.19 為由 5 個 agent 構成的一個動態免疫網絡的結構。其中 agent 1、2、3 正常，4、5 不正常。在最終的狀態時，前面 3 個 agent 的特徵值應為 1，而後面的兩個 agent 特徵值為 0。調整過程如式（1.15）所示。

$$\frac{d\,r_1(t)}{dt} =- 4R_4 - r_1(t) \tag{1.15}$$

$$\frac{d\,r_2(t)}{dt} =- 4R_4 - 4R_5 - r_2(t)$$

$$\frac{d\,r_3(t)}{dt} =- 4R_4 - 4R_5 - r_3(t)$$

$$\frac{d\,r_4(t)}{dt} =- 4R_1 - 4R_3 - 4R_2 - r_4(t)$$

$$\frac{d\,r_5(t)}{dt} =- 4R_2 - 4R_3 - r_5(t)$$

首先可以假設所有的特徵值為 1，即（R_1，R_2，R_3，R_4，R_5）=（1，1，1，1，1）。經過一定時間的調整後，狀態就變成（1，1，1，0，0），也就是表示 4、5 是不正常的。

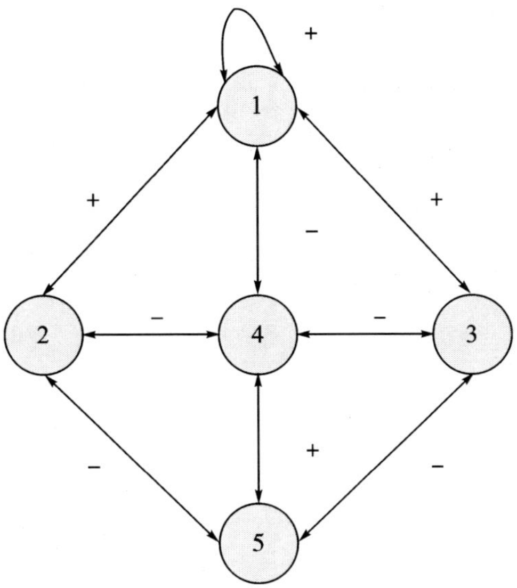

圖 1.19 5 個 agent 構成的動態免疫網絡

1.3.2.6 多值免疫網絡模型

1. 概述

多值（Multi-valued）免疫網絡是由 Zhang Tang 提出的一種基於免疫應答的免疫網絡模型，理論基礎是 Jerne 的免疫網絡理論，認為免疫系統具有許多的獨特性或者抗獨特性的抗體，從而形成各種免疫細胞之間的相互刺激和制約關係。其中包括 B 細胞和 T 細胞之間的相互反應和調節。多值免疫網絡就是模擬這兩種細胞之間的相互作用，它模仿了免疫系統的一些特性。該模型使用一種基於多值特徵集合的（0 到 $m-1$ 表示不同的特徵）學習機制，使用多值特徵集合來分類輸入數據。

生物免疫系統包括許多免疫細胞和免疫分子，該模型僅僅模擬 T 細胞和 B 細胞之間的關係。模型中包括的免疫細胞或分子有：抗體、抗原、B 細胞、輔助性 T 細胞（Th）和抑制性 T 細胞（Ts）。模型中每一個細胞都具有一定的功能，一個輸入通過一個細胞（確切地說是由這類細胞構成的一層，這個層可以實現一定的功能），然後該細胞給出一個輸出，而這個輸出又可以作為另外一個細胞的輸入，這些細胞就通過這種關係形成一個網絡。具體描述如下，所有的細胞都採用同一個功能模式：輸入—細胞—輸出。下面給出所涉及的細胞的功能模式。

（1）抗原被 B 細胞識別，被綁定在細胞的表面（抗原提呈）：抗原—B 細胞—抗原提呈。

（2）提呈的抗原被輔助性 T 細胞發現，Th 細胞分泌白細胞介素（IL_+），用來激活免疫應答：抗原提呈—Th 細胞—IL_+。

（3）IL_+成為 B 細胞的第二個信號，B 細胞在得到這個信號後合成抗體，最後分泌（複製）抗體：IL_+—B 細胞—抗體。

（4）如果抗原被清除，就必須調節免疫細胞和抗體的濃度，停止免疫應答。這時抑制細胞受刺激，分泌白細胞介素（IL_-），抑制免疫應答（事實上，從抗體產生開始，就開始受刺激，即使抗原沒有清除，如果抗體濃度達到一定的值，也要開始抑制抗體的過度擴張）：抗體—Ts 細胞—IL_-。

整個免疫應答過程可以用一個網絡來表示，如圖 1.20 所示。這個免疫網絡具有以下 3 個特點。

- B 細胞接受抗原輸入、輸出對應的抗體，但是抗體輸出不是由 B 細胞決定的，因為只有在得到 Th 細胞的第二個信號以後，B 細胞才能進行抗體的生產和複製。
- 用於調節 B 細胞和 Th 細胞所構成的子系統的 Ts 細胞具有非常重要的作用，它可以有效地控制系統資源。
- 最後一個需要說明的是：圖中的一個細胞實際代表了一類細胞的集合，相當於一個由某種類型的細胞構成的層次。

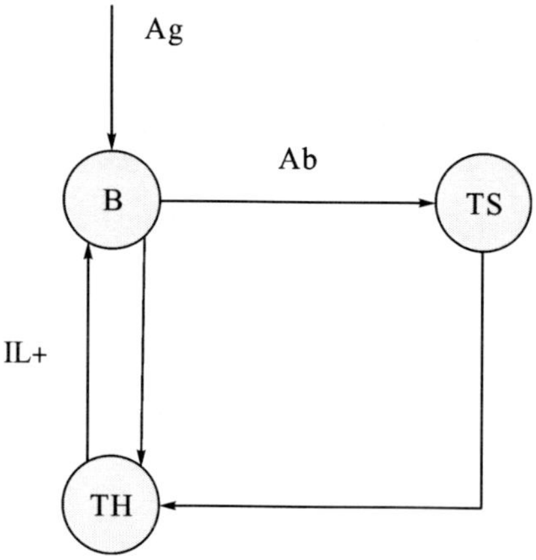

圖 1.20　免疫應答網絡

2. 基本原理

圖 1.21 為工程上的網絡模型，也就是 multi-valued 免疫網絡模型的模型圖。輸入的數據表示抗原，輸入層相當於 B 細胞層，記憶層相當於 Th 細胞層，

抑制層相當於 Ts 細胞層，而抗體相當於輸入數據與記憶層中的數據的差值。

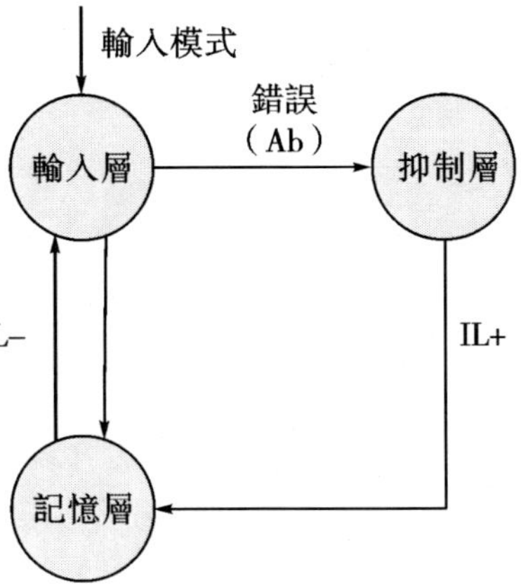

圖 1.21　網絡模型圖

首先，數據輸入到輸入層，其中輸入數據是一個實數向量。輸入層把輸入的數據轉化成權值向量輸入到記憶層，如圖 1.22 所示（可以直接把輸入向量作為權值向量，也可以經過一些轉換）。這就是抗原提呈。對於一個 N 值，輸入向量為 N 維，可以得到 M（也就是記憶層中 Th 細胞的數量）個 N 維的向量 W_j，即

$$W_j = (W_{1j}, W_{2j}, \cdots, W_{Nj}) \tag{1.16}$$

式中，$j=1, 2, 3, \cdots, N$，這個權值表示某個輸入模式對不同的 Th 細胞的刺激。

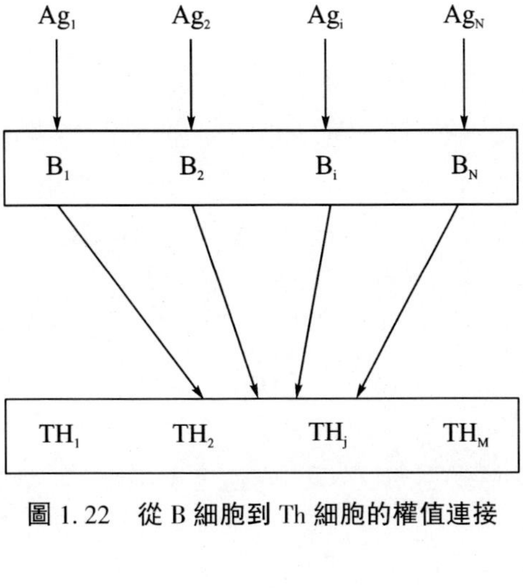

圖 1.22　從 B 細胞到 Th 細胞的權值連接

記憶層中的 Th 細胞接受權值輸入，計算所有的權值總和，其中總和最大的那個 Th 細胞作為激活的細胞，並分泌白細胞介素 IL_+。然後 IL_+ 產生相應權值向量反饋給 B 細胞層。在這裡同時產生 N 維反饋向量（如圖 1.23 所示），即

$$T_j = (t_{1j}, t_{2j}, \cdots, t_{Nj}) \tag{1.17}$$

式中，$t_{ij}=0, 1, 2, \cdots, m-1$，$i=1, 2, \cdots, M$。

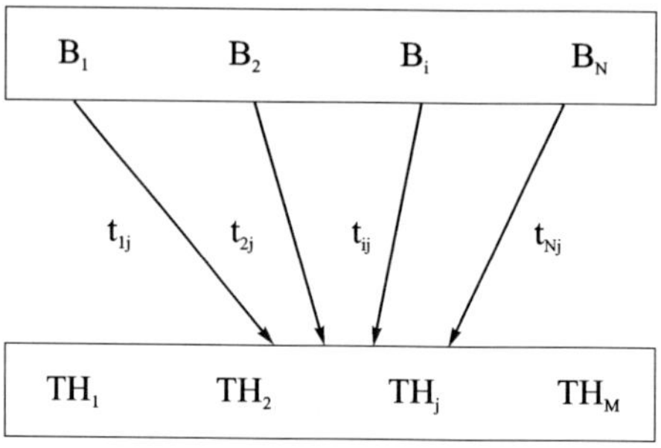

圖 1.23　從 Th 細胞到 B 細胞的權值連接

該反饋就相當於記憶模式。在這個免疫網絡中，用一個實數向量來表示記憶模式。

反饋回 B 細胞層（輸入層）後，輸入模式和記憶模式相互比較。輸入模式和記憶模式之間的差值作為抗體向量被輸入到 Ts 細胞層中。

在 Ts 細胞層中（抑制層），計算輸入模式和記憶模式之間的誤差總和。這個總和會與一個事先設定的值相比較，這個值就是輸入模式和記憶模式之間允許的誤差。如果在誤差允許的範圍內，那麼就相當於識別率輸入模式，修改記憶層中 Th 細胞的一些參數，記憶輸入模式。如果這個值在這個限定的值之外，那麼 Ts 細胞就分泌 IL_-，抑制那個被激活（也就是分泌 IL_+）的 Th 細胞。從而造成 Th 細胞層中的再一次競爭。這個過程不斷地循環，直到找到一個比設定值小的細胞為止。如果最後所有的 Th 細胞都受抑制，那麼就產生一個新的 Th 細胞，加入到 Th 細胞層中作為新的一個模式存在。

3. 具體實現

（1）從 B 細胞層到 Th 細胞層的權值計算。

為避免激活沒有被記憶的 Th 細胞，在初始化的時候，需要把從 B 細胞層到 Th 細胞層的權值設置得比較低。它通過式（1.18）計算。

$$W_{ij} < \frac{L}{L-1+N} \tag{1.18}$$

式中，L 是一個比 1 大的常數，N 是輸入的 B 細胞數量，也就是輸入模式的維數。然後這些權值通過循環調整，第 k 個 Th 細胞的權值用式（1.19）計算。

$$W_{ik}(t+1)=\frac{t_{ik}(t)\cdot x_i}{T_k\cdot X+\varepsilon} \tag{1.19}$$

式中，$i=1, 2, \cdots, N$，t_{ik} 是第 i 個 Th 細胞到 B 細胞的反饋權值，x_i 是 i 個輸入值，X 是輸入向量，ε 是調整常數。

（2）從 Th 細胞層到 B 細胞層的權值計算。

在初始化時，所有的 t_{ik} 都設為能夠取得最大值 $m-1$。然後同樣通過一個即時調節函數，第 k 個 Th 細胞的調節如式（1.20）所示。

$$t_{ik}(t+1)=\frac{[t_{ik}(t)+x_i]}{2} \tag{1.20}$$

式中，$i=1, 2, \cdots, N$，$[x]$ 表示不比 x 小的最小整數。也就是說，如果某一個模式被分到某個類中，這個類的參數就根據新的輸入做出調節。同時具有原來的記憶模式和輸入的新的模式一些特徵。

（3）抗體的產生。

模型中的抗體就是輸入模式和記憶模式之間的誤差，通過式（1.21）計算

$$Ab_i=|x_i-t_{ik}(t)|,\ i=1, 2, \cdots \tag{1.21}$$

1.3.3 人工免疫系統的應用

根據人工免疫系統已有的理論研究成果與應用方向，人工免疫系統的應用領域可大致劃分為三個方面：免疫優化、免疫學習和異常檢測。其中異常檢測主要涉及計算機與網絡安全和故障檢測等，免疫優化主要涉及函數優化和組合優化等，免疫學習主要包括分類、聚類、模式識別、機器人技術和控制等應用。

1.3.3.1 免疫優化

AIS 作為一種智能優化搜索策略，在函數優化、組合優化、調度問題等方面得到應用並取得了很好的效果。在函數優化方面，大部分算法都基於克隆選擇原則，如 CLONALG 算法、B 細胞算法等。免疫算法在求解組合優化問題上，如二次分配問題（QAP）、旅行商問題（TSP）、調度問題、裝箱問題等，顯示出了優勢。總之，在很多情況下，免疫算法在求解結果問題上，特別是求解效率上，比現有啓發式算法更具有優勢，顯示出 AIS 在優化領域的前景是非常廣

關的。

1.3.3.2 免疫學習

通常，學習包括兩個方面：一是從經驗中獲取知識，二是對這些知識進行抽取並用於解決一些新的或從未出現過的問題。Tarakanov 和 Skormin 提出一種免疫計算方法用來描述基於蛋白質模型和免疫網絡的免疫系統運行，並將其用於解決模式識別問題。Krishnakumar 等人提出了免疫計算系統概念，並把免疫系統的自適應性能力應用到智能控制中。Ishiguro 等人針對機器人研究中如何建立恰當的行為仲裁和能力模塊的問題提出了一種基於免疫網絡理論的解決方法。Timmis 和 Neal 提出一種有限資源人工免疫系統，用於無監督數據的聚類學習。Hunt 和 Cooke 應用監督免疫學習機制進行機器學習研究，將 DNA 分子序列分為兩類：promoter 和 non-promoter。Watkins 在 de Castro 和 Timmis 的研究基礎上提出了一種有限資源人工免疫分類器模型，用於有監督數據的分類學習。Hart 建立了一個自組織的可應用於動態聚類的人工免疫系統，且該系統採用了記憶機制，但只測試了人工數據集。Secker 等開發了一種動態的監督學習算法用於郵件過濾。Nasraoui 等為了提高 AIS 模型的可擴展性，融合了 k-means 算法。Yue 等提出了一種利用時間窗提取數據特徵的動態算法。

1.3.3.3 異常檢測

免疫系統的防禦機理可以用於設計網絡安全及入侵檢測系統。這是人工免疫系統研究和應用中最為成功和活躍的領域。Forrest 提出了著名的否定選擇算法，通過監控 UNIX 進程來檢測計算機系統是否遇到有害侵入。Okamoto 提出一種分佈式的基於 Agent 的方法，通過計算機網絡來對付計算機病毒。IBM 公司的 Kephart 利用免疫系統機制構建了病毒防護系統並設計了商用化計算機安全系統；Hofmeyr 等設計了最早的人工免疫入侵檢測系統 Lisys；美國空軍技術大學的 Williams 等研發了一個分佈式計算機免疫系統 CDIS；Kim 等提出了主從結構的網絡入侵檢測模型。國內許多學者也提出了非常有價值的基於人工免疫的網絡安全模型。河北大學的王鳳先等提出了一種仿生物免疫的計算機安全系統模型；武漢大學的梁意文等提出了一種基於免疫原理的防火牆模型；四川大學的李濤教授提出了基於免疫的網絡監控、入侵檢測、網絡風險評估及病毒檢測等模型。免疫系統的分佈式、自適應特性使其在故障診斷領域得到較好的應用。Ishida 將免疫網絡應用於在線設備的故障診斷和故障的特徵識別。人工免疫網絡模型在交流驅動和 UPS 的控制和診斷中也得到了應用。

1.4 本書的研究內容與組織結構

人工免疫系統是繼人工神經網絡、進化計算之後的新的計算智能研究方向，是生命科學和計算科學相交叉而形成的交叉學科研究熱點。人工免疫算法具有生物免疫系統的若干特點，如隱含並行性、魯棒性強、多樣性好等，和其他的啓發式的優化算法比較，具有獨特的優勢和特點，並廣泛應用於計算機安全、故障診斷、模式識別等領域，引起了許多研究員的關注。但是，現有的人工免疫優化算法和其他新型的智能算法一樣，同樣也存在不足之處，如局部搜索的能力不足，存在迂迴搜索、早熟收斂等問題；現有的人工免疫系統的模型大都是針對某一具體問題提出的，沒有統一的框架；現有的人工免疫的主要算法缺乏數學形式的基礎，缺乏理論指導；等等。因此，智能計算領域的研究課題的焦點之一就是深入研究以及改進人工免疫算法。

互聯網的爆炸式發展給人們的日常生活帶來了非常高的便捷性，但是隨著互聯網技術的發展和互聯網應用的普及，人們面臨的網絡安全威脅越來越嚴重。傳統網絡安全技術的基本特點是：被動防禦網絡、定性描述網絡和靜態處理風險等。由於現在的網絡安全攻擊大多表現為大規模性、多變性和多途徑性等特點，傳統網絡安全技術不能適應新一代網絡發展對安全的需求。近年來，中國網絡信息安全專家何德全院士、沈昌祥院士和方濱興院士等，從戰略高度上提出建立對網絡攻擊者有威懾力作用的主動防禦系統。基於主動防禦的網絡安全技術將改變以往僅僅依靠殺毒軟件、防火牆、漏洞掃描和入侵檢測系統（IDS）等傳統網絡安全產品進行被動防禦的局面。目前，網絡安全態勢感知研究已經成為網絡安全領域中的一個熱點研究內容。

雲計算（Cloud computing）是一種新興的計算模型，它將計算任務分佈在大量計算機構成的資源池上，使各種應用系統能夠根據需要獲取計算能力、存儲空間和各種業務服務。在已經實現的雲服務中，信息安全和隱私保護問題一直令人擔憂，並已經成為阻礙雲計算普及和推廣的主要因素之一。虛擬機系統作為雲計算的基礎設施，其安全性是非常重要的。目前關於雲計算環境中虛擬機系統安全的研究較少，而且目前的方法還不能準確地判斷出客戶虛擬機中應用程序的即時狀態，也不能系統地反應 VMM（虛擬機監控器）漏洞所引發的安全問題；同時所提出的防禦方法大多針對特定的攻擊及漏洞，不能有效地處理其他攻擊對系統安全帶來的威脅。

在工程實踐中，往往需要解決各種各樣的複雜優化問題，如多模態優化、高維繫統優化和參數時變的動態優化等，通常為極大或極小某個多變量函數並滿足一系列等式和（或）不等式約束，在形式上則表現為能耗、費用、時間、風險的極小化及質量、利潤和效益的極大化等。為瞭解決此類問題，最優化理論和技術得到了迅速發展，對社會的影響也日益增加。

聚類可看作一種特殊的優化，它是在解空間中指導性地搜索特定的中心點和數據點，使這些點滿足這樣的條件：以這些中心點和數據點作為劃分依據得到的類簇最能反應數據集合的內在模式，即類簇中的各個點到聚類中心的距離之和最小。因此，聚類也是一個重要的研究方向，它可以識別並抽取數據的內在結構，應用非常廣泛，是數據挖掘、模式識別等研究方向的重要研究內容之一。目前，沒有任何一種聚類技術（聚類算法）能夠普遍適用於提取各種數據集內在的各種各樣的結構。人工免疫技術被當作一種新的數據挖掘技術，在很多方面取得了一定的成績，但對於增量的或者動態的數據集，其處理效果還有待改進。

本書從人工免疫系統原理入手，在對免疫網絡理論與算法進行分析的基礎上，提出了對異常檢測有重要啓發作用的基於網格的否定選擇算法、應用於雲計算環境的人工免疫入侵檢測模型，及基於免疫的網絡安全態勢感知模型，並提出新的算法來解決函數優化問題、聚類問題。

具體來說，本書研究的內容包括以下幾個方面：

1. 基於免疫網絡的優化算法研究

通過閱讀大量資料，並進行廣泛的調研論證與深入的思考、研究，筆者在本書中對生物免疫系統的機理及人工免疫的研究和現狀做了更加系統化的總結。本書通過對免疫網絡的研究，提出了基於免疫網絡的優化算法的基本流程，構建了基於免疫網絡的優化算法的一般框架，分析了流程特點——該流程利用人工免疫系統中的自學習、自組織和自適應等免疫特性對優化問題進行建模、執行免疫應答和免疫記憶；並在 Markov 鏈的基礎上，證明了基於免疫網絡的優化算法的收斂性；同時在模式定理的基礎上，分析了基於免疫網絡的優化算法的進化機制，給出了基於免疫網絡的優化算法的模式定理。本書通過仿真實驗對基於免疫網絡的優化算法的優化過程和優化性能進行了驗證，並與遺傳算法 GA、粒子群優化算法 PSO、克隆選擇算法 CSA 等其他智能優化算法進行比較。結果表明基於免疫網絡的優化算法是一種很有優勢的智能優化算法，在解決實際優化問題方面有著廣泛的應用前景。

2. 基於網格的實值否定選擇算法

否定選擇算法是人工免疫系統產生檢測器的重要算法。然而傳統的否定選擇算法存在時間複雜度過高、檢測器數量較多、存在大量冗餘覆蓋等問題，從而導致檢測器的生成效率過低，限制了免疫算法的應用。本書提出了一種基於網格的實值否定選擇算法 GB-RNSA。該算法首先分析了自體集在空間中的分佈，並採用一定的方法把空間劃分為若干個網格。然後，隨機生成的候選檢測器只需要與它所在的網格及相鄰網格內的自體進行耐受。最後，候選檢測器通過耐受後，在加入成熟檢測器集合前，將採用一定的方法來減少冗餘覆蓋。理論分析和實驗結果表明，相比傳統的否定選擇算法，GB-RNSA 有更高的時間效率及檢測器質量，是一種有效的生成檢測器的人工免疫算法。

3. 基於免疫的網絡安全態勢感知模型

迄今為止，儘管網絡安全態勢感知研究取得了豐碩的科研成果，但是由於網絡自身的複雜性、多元性和不定性等特性，該領域的研究工作仍處於探索階段，離理論模型的成熟和實用模型的應用推廣還有一定的距離。本書將人工免疫和雲模型技術應用於網絡安全態勢感知領域，提出了一種新的網絡安全態勢感知模型。該模型的特點表現在以下幾個方面：①利用基於危險理論和雲模型的入侵檢測技術，即時地監測網絡面臨的攻擊，能夠更為精確地檢測網絡所受到的威脅；②給出了網絡安全態勢的定量評估算法，可以即時定量地計算網絡當前所面臨攻擊的安全態勢指標等；③利用雲模型技術，對網絡安全態勢進行預測，為制定合理準確的回應策略提供依據。理論分析和實驗結果表明，該模型具有即時性和較高的準確性，是網絡安全態勢感知的一個有效模型。

4. 基於免疫的雲計算環境中虛擬機入侵檢測技術

在已經實現的雲服務中，信息安全和隱私保護問題一直令人擔憂，並已經成為阻礙雲計算普及和推廣的主要因素之一。虛擬機系統作為雲計算的基礎設施，其安全性是非常重要的。本書提出了一種基於免疫的雲計算環境中虛擬機入侵檢測模型 I-VMIDS，來確保客戶虛擬機中用戶級應用程序的安全性。此模型提取程序執行過程中所使用的系統調用序列及其參數，把它們抽象成抗原，將客戶虛擬機中的程序執行的環境信息進行融合併抽象成危險信號，通過免疫機制實現入侵檢測。模型能夠檢測應用程序被靜態篡改的攻擊，而且能夠檢測應用程序動態運行時受到的攻擊，具有較高的即時性。在檢測過程中，該模型引入了信息監控機制對入侵檢測程序進行監控，保證檢測數據的真實性，使模型具有更高的安全性。實驗結果表明模型沒有給虛擬機系統帶來太大的性能開銷，且具有良好的檢測性能，將 I-VMIDS 應用於雲計算平臺是可行的。

5. 基於危險理論的免疫網絡優化算法

通過對免疫網絡的研究，針對人工免疫優化算法的一些不足，如存在早熟收斂、局部搜索能力不強等，本書提出了一種基於危險理論的免疫網絡優化算法 dt-aiNet。危險理論強調以環境變動產生的危險信號來引導不同程度的免疫應答，危險信號周圍的區域即為危險區域。該算法通過定義危險區域來計算每個抗體的危險信號值，並通過危險信號來調整抗體濃度，從而引發免疫反應的自我調節功能，保持種群多樣性，並採用一定機制動態調整危險區域半徑。實驗表明該算法優於 CLONALG、opt-aiNet 和 dopt-aiNet，具有較小的誤差值及較高的成功率，能夠在規定的最大評價次數範圍內，找到滿足精度的解，在保持種群多樣性方面具有較大優勢。

6. 基於危險理論的動態函數優化算法

針對動態優化問題與靜態問題的不同之處，本書提出了一種基於危險理論的動態函數優化算法 ddt-aiNet，該算法具有動態追蹤能力。該算法引入探測機制，在解空間中設置特殊探測抗體，通過監測探測抗體的危險信號來感知環境的變化，並對環境發生的小範圍變化和大範圍變化分別進行回應，能準確、快速地跟蹤到極值點的變化。Angeline 動態函數測試和在 DF1 函數動態環境下的測試，驗證了算法的有效性。結果表明該算法優於 dopt-aiNet。dopt-aiNet 在大範圍變化時不能跳出局部極值點，誤差較大，而 ddt-aiNet 通過環境探測，能夠區分大範圍變化及小範圍變化，能更快地跟蹤到極值點。

7. 基於流形距離的人工免疫增量數據聚類算法

針對人工免疫理論在增量聚類問題上的不足，如不具有擴展性、適應新模式較慢等，本書提出了一種基於流形距離的人工免疫增量數據聚類算法 md-aiNet。該算法引入了流形距離並將其作為全局相似性度量，將歐式距離作為局部相似性度量，提出了一種基於免疫回應模型的增量數據聚類方法，模擬了免疫回應中的首次應答和二次應答。本書通過在人工數據集和 UCI 數據集上的仿真實驗，將該算法與基於人工免疫的較有影響的增量聚類算法 MSMAIS、ISFaiNet 分別進行了比較，驗證了 md-aiNet 算法的有效性。結果表明該算法優於 MSMAIS 和 ISFaiNet，能夠對具有複雜分佈、較高維的數據集進行有效聚類，並提取內在模式。尤其對於非球形分佈的數據集，其聚類準確率相比 MSMAIS 和 ISFaiNet 提高了 40%。

參考文獻

[1] JIN Z Z, LIAO M H, XIAO G. Survey of negative selection algorithms

[J]. Journal on communications, 2013, 34 (1): 159-170.

[2] DASGUPTA D, YU S, NINO F. Recent advances in artificial immune systems: Models and applications [J]. Applied soft computing, 2011, 11: 1574-1587.

[3] STIBOR T, TIMMIS J, ECKERT C. On the appropriateness of negative selection defined over hamming shape-space as a network intrusion detection system [M]. Edinburgh: IEEE Computer Society Press, 2005: 995-1002.

[4] TIMMIS J, HONE A, STIBOR T, et al. Theoretical advances in artificial immune systems [J]. Theoretical computer science, 2008, 403: 11-32.

[5] BRETSCHER P, COHN M. A theory of self-nonself discrimination [J]. Science, 1970, 169: 1042-1049.

[6] HAESELEER P D, FORREST S, HELMAN P. An immunological approach to change detection: algorithms, analysis, and implications [C] // Proceedings of the 1996 IEEE Symposium on computer security and privacy. Washington DC: [s. n.], 1996: 110-120.

[7] SOBH T S, MOSTAFA W M. A cooperative immunological approach for detecting network anomaly [J]. Applied soft computing, 2011, 11: 1275-1283.

[8] DASGUPTA D, GONZALEZ F. An immunity-based technique to characterize intrusions in computer networks [J]. IEEE Transactions on evolutionary computation, 2002, 6 (3): 281-294.

[9] FORREST S, PERELSON A S, ALLEN L, et al. Self-nonself discrimination in a computer [C] // Proceeding of the IEEE symposium on research in security and privacy. Oakland: IEEE Computer Society Press, 1994: 202-212.

[10] OU C M. Host-based intrusion detection systems adapted from agent-based artificial immune systems [J]. Neuro computing, 2012, 88: 78-86.

[11] CASTRO L N D, TIMMIS J. An artificial immune network for multimodal function optimization [C] // IEEE World congress on evolutionary computation. [S. l.: s. n.], 2002: 699-704.

[12] CASTRO L N D, FERNANDO J. Learning and optimization using the clonal selection principle [J]. IEEE transactions on evolutionary computation, 2002, 6 (3): 239-251.

[13] MATZINGER P. The danger model: a renewed sense of self [J]. Science, 2002, 296 (5566): 301-305.

[14] 李濤. 計算機免疫學 [M]. 北京：電子工業出版社，2004.

[15] 陳希孺. 概率論與數理統計 [M]. 北京：科學出版社，2000.

[16] 莫宏偉. 人工免疫系統原理與應用 [M]. 哈爾濱：哈爾濱工業大學出版社，2002.

[17] DASGUPTA D. Artificial immune systems and their applications [M]. Berlin：Springer-Verlag，1999.

[18] HAEBERLEN A，ADITYA P，RODRIGUES R，et al. Accountable virtual machines [C] // 9th USENIX Symposium on Operating Systems Design and Implementation (OSDI'10)，[S. l.：s. n.]，2010.

[19] 高曉明. 免疫學教程 [M]. 北京：高等教育出版社，2006.

[20] 莫宏偉，左興權. 人工免疫系統 [M]. 北京：科學出版社，2009.

[21] BURNET F M. The clonal selection theory of acquired immunity [M]. Cambridge：Cambridge University Press，1959.

[22] DASGUPTA D，KRISHNAKUMAR K，WONG D，et al. Negative selection algorithm for aircraft fault detection [C] // Proceedings of the 3rd international conference on artificial immune systems. Catania：[s. n.]，2004.

[23] JERNE N K. Towards a network theory of the immune system [J]. Annual immunology，1974 (125c)：373-389.

[24] CASTRO L N D，ZUBEN F J V. The clonal selection algorithm with engineering applications [C] // Proceedings of GECCO '00，Workshop on Artificial Immune Systems and Their Applications. San Fransisco：Morgan Kaufman Publisher，2000：36-37.

[25] CASTRO L N D. Learning and optimization using the clonal selection principle [J]. IEEE Transactions on evolutionary computation，2002，6 (3)：239-251.

[26] CASTRO L N D. An evolutionary immune network for data clustering [J]. Sixth brazilian symposium on neural networks，2000 (1)：84-89.

[27] CASTRO L N D. An artificial immune network for multimodal function optimization [J]. Congress on evolutionary computation，2002 (1)：699-704.

[28] TIMMIS J，NEAL M，HUNT J. An artificial immune system for data analysis [J]. Biosystems，2000，55 (1)：143-150.

[29] CASTRO L N D，ZUBEN F J V. aiNet：An Artificial Immune Network for Data Analysis [M]. [S. l.]：Idea Group Publishing，2001.

[30] CASTRO L N D，TIMMIS J I. Artificial immune systems as a novel soft

computing paradigm [J]. Soft computing, 2003, 7 (8): 526-544.

[31] KIM J, BENTLEY P J. Towards an artificial immune system for network intrusion detection: an investigation of dynamic clonal selection [C] // Proceeding of Congress on Evolutionary Computation. New York: IEEE, 2002: 1015-1020.

[32] 劉若辰，杜海峰，焦李成. 免疫多克隆策略 [J]. 計算機研究與發展，2004，41 (4): 571-576.

[33] YOUNSI R, WENJIA W. A new artificial immune system algorithm for clustering [J]. LNCS, 2004, 3177: 58-64.

[34] CICCAZZO A, CONCA P, NICOSIA G, et al. An advanced clonal selection algorithm with ad hoc network-based hypermutation operators for synthesis of topology and sizing of analog electrical circuits [J]. International conference on artificial immune systems, 2008 (9): 60-70.

[35] HALAVATI R, SHOURAKI S B, HERAVI M J, et al. An artificial immune system with partially specified antibodies [J]. Genetic and evolutionary computation, 2007 (1): 57-62.

[36] MAY P, TIMMIS J, MANDER K. Immune and evolutionary approaches to software mutation testing [J]. International conference on artificial immune systems, 2007 (2): 336-347.

[37] CUTELLO V, NICOSIA G, PAVONE M, et al. An immune algorithm for protein structure prediction on lattice models [J]. IEEE Transactions on evolutionary computation, 2007, 11: 101-117.

[38] WILSON W O, BIRKIN P, AICKELIN U. Price trackers inspired by immune memory [J]. International conference on artificial immune systems, 2006, 4163: 362-375.

[39] TIMMIS J, NEAL M, HUNT J. An artificial immune system for data analysis [J]. Biosystems, 2002, 55 (1/3): 143-150.

[40] 郇嘉嘉，黃少先. 基於免疫原理的蟻群算法在配電網恢復中的應用 [J]. 電力系統保護與控制，2008，36 (17): 28-31.

[41] KIM J, BENTLEY P J, AICKELIN U, et al. Immune system approaches to intrusion detection-a review [J]. Natural computing, 2007, 6 (4): 413-466.

[42] 李濤. Idid: 一種基於免疫的動態入侵檢測模型 [J]. 科學通報，2005，50 (17): 1912-1919.

[43] LI T, LIU X, LI H. A new model for dynamic intrusion detection [C] //

The 4th International Conference of Cryptology And Network Security. Berlin: Springer, 2005.

[44] 李濤. 基於免疫的計算機病毒動態檢測模型 [J]. 中國科學 F 輯: 信息科學, 2009, 39 (4): 422-430.

[45] JAMIE T, AICKELIN U. Towards a conceptual framework for innate immunity [C] // The 3rd International Conference on Artificial Immune Systems. Berlin: Springer, 2004.

[46] AICKELIN U, CAYZER S. The danger theory and its application to artificial immune systems [C] // The 1st International Conference on Artificial Immune Systems. Canterbury: [s. n.], 2002.

[47] PRIETO C E, NINO F, QUINTANA G. A goalkeeper strategy in robot soccer based on danger theory [C] // IEEE Congress on Evolutionary Computation 2008. Hong Kong: [s. n.], 2008.

[48] IQBAL A, MAAROF M A. Danger theory and intelligent data processing [J]. World academy of science engineering and technology, 2005, 3: 110.

[49] SECKER A, FREITAS A, TIMMIS J. Towards a danger theory inspired artificial immune system for webmining [M] // SCIME A. WebMining: Applications and Techniques, Idea Group. [S. l.: s. n.], 2005: 145-168.

[50] GREENSMITH J, AICKELIN U, TWYCROSS J. Articulation and clarification of the dendritic cell algorithm [C] // The 5th International Conference on ArtificialImmune Systems. Berlin: Springer, 2006.

[51] LAY N, BATE I. Applying artificial immune systems to real-time embedded systems [C] //Proc. of CEC'07. Singapore: [s. n.], 2007.

[52] GREENSMITH J, AICKELIN U, CAYZER S. Introducing dendritic cells asa novel immune-inspired algorithm for anomaly detection [C] //Proc. of the 4th International Conference on Artificial Immune Systems. Banff: Springer, 2005: 153-167.

[53] GREENSMITH J. The dendritic cell algorithm [D]. Nottingham, UK: University of Nottingham, 2007.

[54] GREENSMITH J, AICKELIN U. Dendritic cells for SYN scan detection [C] //Proc. of GECCO'07. London: ACM Press, 2007: 49-56.

[55] AL-HAMMADI Y, AICKELIN U, GREENSMITH J. DCA for bot detection [C] //Proc. of CEC'08. Hong Kong: [s. n.], 2008: 1807-1816.

[56] HOFMEYR S, FORREST S. Immunity by design: An artificial immune system [C] // Proceedings of the Genetic and Evolutionary Computation Conference. [S. l.: s. n.], 1999.

[57] HOFMEYR S, FORREST S. Architecture for an artificial immune system [J]. Evolutionary computation, 2000, 8 (4): 443-473.

[58] DASGUPTA D. Immunity-based intrusion detection system: A general framework [C] // The 22nd National Information Systems Security Conference. [S. l.: s. n.], 1999.

[59] HARMER P K, WILLIAMS P D. An artificial immune system architecture for computer security applications [J]. IEEE Transaction on evolutionary computation, 2002, 6 (3): 252-280.

[60] TIMMIS J, EDMONDS C, KELSEY J. Assessing the performance of two immune inspired algorithms and a hybrid genetic algorithm for optimization [C] // Proceedings of Genetic and Evolutionary Computation Conference. Berlin: Springer, 2004: 308-317.

[61] 曹先彬, 鄭振, 劉克勝, 等. 免疫進化策略及其在二次佈局求解中的應用 [J]. 計算機工程, 2000, 26 (3): 1-10.

[62] 曹先彬, 劉克勝, 王煦法. 基於免疫遺傳算法的裝箱問題求解 [J]. 小型微型計算機系統, 2000, 21 (4): 361-363.

[63] MORI K, TSUKIYAMA M, FUKUDA T. Adaptive scheduling system inspired by immune system [C] // Proceedings of 1998 IEEE International Conference on Systems, Man, and Cybernetics. New York: IEEE Press, 1998: 3833-3837.

[64] ENDOH S, TOMA N, YAMADA K. Immune algorithm for n-TSP [C] //Proceedings of IEEE International Conference on Systems, Man and Cybernetics. New York: IEEE Press, 1998: 3844-3849.

[65] TARAKANOV A O, SKORMIN V A. Pattern recognition by immunocomputing: IEEE world congress on computational intelligence [C]. Hawaii: [s. n.], 2002.

[66] KRISHNAKUMAR K, SATYADAS A, NEIDHOEFER J. An immune system framework for integrating computational intelligence paradigms with applications to adaptive control [M]. New York: IEEE Press, 1995.

[67] ISHIGURO A, WATANABLE Y, KONDO T, et al. Immunoid: A robot with a decentralized consensus-making mechanism based on the immune system

[C] // Proc. Of ICARCV'96. Singapore: [s. n.], 1996.

[68] WATKINS A B. AIRS: A resource limited artificial immune classifier [EB/OL]. [2017-03-11]. http:// kar.kent.ac.uk/13790/1/ResourceAndrew.pdf.

[69] HUNT J E, COOKE D E. Learning using an artificial immune system [J]. J. of Network and Computer Appl., 1996, 19 (4): 189-212.

[70] HART E, ROSS P. Exploiting the analogy between the immune system and sparse distributed memories [J]. Genetic programming and evolvable machines, 2003 (4): 333-358.

[71] YUE X, MO H W, CHI Z X. Immune-inspired incremental feature selection technology to data stream [J]. Applied soft computing, 2008, 8 (2): 1041-1049.

[72] NASRAOUI O, GONZALEZ F, CARDONA C, et al. A scalable artificial immune system model for dynamic unsupervised learning [C] //Proceedings of International Conference on Genetic and Evolutionary Computation. San Francisco: Morgan Kaufmann, 2003: 219-230.

[73] SECKER A, FREITAS A, TIMMIS J. AISEC: an artificial immune system for email classification [C] // Proceedings of the Congress on Evolutionary Computation. New York: IEEE, 2003: 131-139.

[74] OKAMOTO T, ISHIDA Y. A distributed approach to computer virus detection and neutrilization by autonomous and heterogeneous agents [C] //Fourth International Symposium Autonomous Decentralized Systems. Tokyo: [s. n.], 1999: 328-331.

[75] KEPHART J O, SORKIN G B, SWIMMER M, et al. Blueprint for a computer immune system [C] // Proceedings of the Seventh International Virus Bulletin Conference. [S. l.: s. n.], 1997: 159-173.

[76] WILLIAMS P D, ANCHOR K P, BEBO J L, et al. Cdis: Towards a computer immune system for detecting network intrusions [C] // Proceedings of the 4th International Symposium. Davis, USA: [s. n.], 2001: 117-133.

[77] 王鳳先，劉振鵬. 一種仿生物免疫的計算機安全系統模型 [J]. 小型微型計算機系統, 2003, 24 (4): 698-701.

[78] 毛新宇，梁意文. 基於免疫原理的防火牆模型 [J]. 武漢大學學報(理學版), 2003, 49 (3): 337-340.

[79] 李濤. 基於免疫的網絡監控模型 [J]. 計算機學報, 2006, 29 (9):

1515-1522.

[80] 李濤. 基於免疫的網絡安全風險檢測 [J]. 中國科學：E 輯, 2005, 35 (8): 798-816.

[81] ISHIDA Y, ADACHI N. An immune network model and its application to process diagnosis [J]. Systems and computers in Japan, 1993, 24 (6): 38-45.

[82] TANG Z, YAMAGUCHI T, TASHIMA K, et al. Multiple - valued immune network model and its simulations [C] // Proceedings of the Twenty - Seventh International Symposium on Multiple - Valued Logic. New York: IEEE, 1997: 519-524.

[83] ALEXANDER C, CELLUAR A. Http://www.ifs.tuwien.ac.at/~aschatt/info/ca/ca.html. Digital Worlds, 1999.

[84] FORREST S, HOFMEYR S A, SOMAYAJI A. A sense of self of unix processes [C] // Proceedings of the 1996 IEEE Symposium on Research in Security and Privacy. Los Alamitos: [s. n.], 1996.

[85] KNIGHT T, TIMMIS J. A multi-layered immune inspired approach to data mining [C] // Proceedings of the 4th International Conference on Recent Advances in Soft Computing. Nottingham: [s. n.], 2002.

[86] SATHYANATH S, SAHIN F. AISIMAM - An artificial immune system based intelligent multi agent model and its application to a mine detection problem [C] // Proceedings of the 1st International Conference on Artificial Immune Systems. Kent: [s. n.], 2002.

[87] DASGUPTA D. An artificial immune system as a multi - agent decision support system [C] // Proceedings of the IEEE International Conference on Systems, Man and Cybernetics (SMC). San Diego: [s. n.], 1998.

[88] BALLET P, TISSEAU J, HARROUET F. A multi-agent system to model a human humoral response [C] // The proceedings of the 1997 IEEE International Conference on Systems. Orlando: [s. n.], 1997.

[89] BALLET P, RODIN V. Immune mechanisms to regulate multi-agents systems [C] // GECCO 2000. Las Vegas: [s. n.], 2000.

[90] HARMER P K, LAMONT G B. An agent based architecture for a computer virus immune system [C] // Proceedings of the Genetic and Evolutionary Computation Conference. Orlando: [s. n.], 1999.

[91] FOUKIA N, BILLARD D, HARMS P J. Computer system immunity using

mobile agents [C] // 8th HP OpenView University Association WS. Berlin: [s. n.], 2001.

[92] ISHIDA Y. Active diagnosis by immunity-based agent approach [C] // Proc. International Workshop on Principle of Diagnosis. Val-Morin: [s. n.], 1996.

[93] ISHIDA Y. The immune system as a prototype of autonomous decentralized systems: An overview [C] // Proc. of International Symposium on Autonomous Decentralized Systems. Berlin: [s. n.], 1997.

[94] TANG Z, YAMAGUCHI T, TASHIMA K, et al. Multiple-valued immune network model and its simualtions [C] // Proc. 27th Int. Symposium on Multiple-valued Logic. Autigonish: [s. n.], 1997.

[95] EOGHAN C. Handbook of computer crime investigation [M]. Pittsburgh: Academic press, 2002.

[96] JOSEPH G, CHESTER M. Cyber forensics: A military operations perspective [J]. International journal of digital evidence, 2002 (2): 1.

[97] GARCIA K A, MONROY R, TREJO L A, et al. Analyzing log files for postmortem intrusion detection [J]. IEEE Trans. Syst. Man Cybern., 2012, 42 (6): 1690-1704.

[98] CHENG T S, LIN Y D, LAI Y C, et al. Evasion techniques: Sneaking through your intrusion detection/prevention systems [J]. IEEE Commun. surveys tutorials, 2012, 14 (4): 1011-1020.

[99] KEUNG G Y, LI B, ZHANG Q. The intrusion detection in mobile sensor network [J]. IEEE/ACM Trans. Netw. (TON), 2012, 20 (4): 1152-1161.

[100] WANG Y, FU W, AGRAWAL D P. Gaussian versus uniform distribution for intrusion detection in wireless sensor networks [J]. IEEE Trans. Parallel Distrib. Syst., 2013, 24 (2): 342-355.

[101] SHAKSHUKI E, KANG N, SHELTAMI T. EAACK- A secure intrusion detection system for MANETs [J]. IEEE Trans. Ind. Electron., 2013, 60 (3): 1089-1098.

2 基於網格的實值否定選擇算法

2.1 引言

在過去的十年間，人工免疫系統作為一種解決複雜計算問題的新方法引起了廣泛的關注。當前，對人工免疫的研究主要集中在四個方面：否定選擇算法、免疫網絡、克隆選擇、危險理論和樹突狀細胞算法。否定選擇算法通過模擬生物系統的T細胞成熟過程中的免疫耐受機制，刪除自反應候選檢測器來識別非自體抗原，並成功應用於模式識別、異常檢測、機器學習、故障診斷等。

否定選擇算法是由Forrest等提出的。該算法採用字符串或二進制串來編碼抗原（樣本）和抗體（檢測器），採用r-連續位匹配方法來計算抗原和檢測器間的親和力，被稱為SNSA。Forrest等提出的否定選擇算法中，採用二進制字符串表示抗原和抗體，並採用r連續位匹配算法計算抗體與抗原的匹配程度，成功應用於異常檢測系統。之後，Balthrop等指出了r-連續位匹配存在的漏洞並提出了改進的r-chunk匹配機制。張衡等提出了r-可變否定選擇算法，何申等提出了檢測器長度可變否定選擇算法。

Li指出，在SNSA算法中，檢測器的生成效率是非常低的。候選檢測器通過否定選擇變為成熟檢測器。假定N_s為訓練集大小，P'為任意抗原和抗體之間的匹配概率，P_f為失敗率；則候選檢測器的數量為$N = -\ln(P_f)/[P'(1-P')N_s]$，與$N_s$成指數關係，且SNSA的時間複雜度為$O(N \cdot N_s)$。

在實際應用中，很多問題都是在實值空間定義和研究的，Gonzalez等提出了實值否定選擇算法（RNSA）。該算法採用實值空間$[0, 1]^n$的n維向量對抗體和抗原進行編碼，採用Minkowski距離計算親和力。Ji等提出了一種變半徑的實值否定選擇算法（V-Detector），得出了更好的結果。該算法通過計算候選檢測器的中心與自體抗原的最近距離，來動態決定一個成熟檢測器的半徑。

同時，該算法提出了一種基於概率的方法來計算檢測器的覆蓋率。Gao 等提出了一種基於遺傳原理的否定選擇算法，Gao、Chow 等提出了一種基於克隆優化的否定選擇算法。這兩種算法的檢測器通過優化算法的處理，來獲得更多的非自體空間覆蓋率。Shapiro 等在否定選擇算法中引入了超橢圓體檢測器，Ostaszewski 等引入了超矩形檢測器。這些檢測器相比球形檢測器，可以以較少的檢測器達到同樣的覆蓋率。Stibor 等提出了自體檢測器分類方法。在該方法中，自體被看成是有初始半徑的自體檢測器，而且在訓練階段自體的半徑可以通過 ROC（接收工作特徵）分析動態確定，提高了檢測率。Chen 等提出了一種基於自體集層次聚類的否定選擇算法。該算法通過對自體集進行層次聚類預處理來改進檢測器的生成效率。Gong 等將檢測器分為自體檢測器和非自體檢測器，分別覆蓋自體空間和非自體空間，用自體檢測器代替自體元素從而減少計算代價。

還有一些研究將其他人工智能算法引入否定選擇算法中，來提高檢測器的生成效率。Gao 等和 Abdolahnezhad 等提出了一種基於遺傳原理的否定選擇算法，Idris 將粒子群優化策略與否定選擇算法結合起來，Lima 等將小波變換引入否定選擇算法中。

由於成熟檢測器的生成效率較低，否定選擇算法的時間代價嚴重限制了它們的實際應用。本書提出了一種基於網格的實值否定選擇算法，記為 GB-RNSA。該算法分析了自體集在形態空間的分佈，並引入了網格機制，來減少距離計算的時間代價和檢測器間的冗餘覆蓋。理論分析和實驗結果表明，GB-RNSA 降低了檢測器的數量、時間複雜度及誤報率。

2.2 RNSA 的基本定義

SNS（self/nonself）理論表明機體依靠抗體（T 細胞和 B 細胞）來識別自體抗原和非自體抗原，從而消除外來物質並維持機體的平衡和穩定。受此理論激發，在人工免疫系統中抗體被定義為檢測器，用以識別非自體抗原，它們的質量決定了檢測系統的準確率和有效性。但是，隨機生成的候選檢測器能夠識別自體抗原並引發免疫自反應。依據生物免疫系統中的免疫耐受機制和免疫細胞的成熟過程，Forrest 提出了否定選擇算法來清除可以識別自體的檢測器。本書討論的否定選擇算法是基於實值的算法。RNSA 的基本概念表述如下。

定義 2.1 抗原。$Ag=\{ag \mid ag=<x_1, x_2, \cdots, x_n, r_s>,\ x_i \in [0,\ 1],\ 1 \leqslant i \leqslant n, r_s$

$\in [0, 1]\}$，為問題空間的全部樣本。ag 是集合中的一個抗原；n 為數據維度；x_i 是樣本 ag 的第 i 個屬性的歸一化值，同時代表了實值空間的位置；r_s 是 ag 的半徑，代表了 ag 的變化閾值。

定義 2.2 自體集。$Self \subset Ag$ 代表了抗原集合中的全部正常樣本。

定義 2.3 非自體集。$Nonself \subset Ag$ 代表了抗原集合中的全部異常樣本。自體和非自體在不同的領域有不同的含義。對網絡入侵檢測來說，非自體代表網絡異常，自體代表正常的網絡活動；對病毒檢測來說，非自體代表病毒特徵碼，自體代表合法的代碼。

$$Self \cap Nonself = \emptyset, \quad Self \cup Nonself = Ag \tag{2.1}$$

定義 2.4 訓練集。$Train \subset Self$ 是自體集的一個子集，是檢測的先驗知識。N_s 是訓練集的大小。

定義 2.5 檢測器集合。$D = \{d \mid d = <y_1, y_2, \cdots, y_n, r_d>, y_j \in [0,1], 1 \leqslant j \leqslant n, r_d \in [0,1]\}$。$d$ 是集合中的一個檢測器，y_j 是檢測器 d 的第 j 維屬性，r_d 是檢測器的半徑，N_d 是檢測器集合的大小。

定義 2.6 匹配規則。$A(ag, d) = dis(ag, d)$，$dis(ag, d)$ 是抗原 ag 和檢測器 d 之間的歐式距離。在檢測器的生成過程中，若 $dis(ag, d) \leqslant r_s + r_d$，那麼檢測器 d 引發了免疫自反應，不能成為成熟檢測器。在檢測器的檢測過程中，若 $dis(ag, d) \leqslant r_d$，那麼檢測器 d 識別該抗原 ag 為非自體。

定義 2.7 檢測率。DR 為非自體樣本被檢測器正確識別的數量占全部非自體的比例，表示為式（2.2）。TP 為 true positive，表示被檢測器正確識別的非自體數量。FN 為 false negative，表示被檢測器錯誤識別的非自體數量。

$$DR = \frac{TP}{TP + FN} \tag{2.2}$$

定義 2.8 誤報率。FAR 為自體樣本被錯誤識別為非自體的數量占全部自體樣本的比例，表示為式（2.3）。FP 為 false positive，表示被檢測器錯誤識別的自體數量，TN 為 true negative，表示被檢測器正確識別的自體數量。

$$FAR = \frac{FP}{FP + TN} \tag{2.3}$$

檢測器的生成過程，即 RNSA 的基本思想如表 2.1 所示。

在 RNSA 算法中，隨機生成的候選檢測器需要與訓練集中的全部元素進行距離計算 $dis(d_{new}, ag)$。隨著自體數量 N_s 的增加，執行時間將呈指數增長，同時檢測器間的冗餘覆蓋率也將增長，導致大量無效檢測器出現且效率低下。前面提到的問題極大地限制了否定選擇算法的實際應用。

表 2.1　RNSA 算法的基本思想

RNSA（*Train*，r_d，*maxNum*，*D*） 輸入：自體訓練集 *Train*，檢測器半徑 r_d，需要的檢測器數量 *maxNum* 輸出：檢測器集合 *D*
步驟 1：初始化自體訓練集 *Train*。 步驟 2：隨機生成一個候選檢測器 d_{new}。計算 d_{new} 和自體訓練集中全部自體的歐式距離。如果存在至少一個自體抗原滿足 $dis(d_{new}, ag) < r_d + r_s$，執行步驟 2；否則，執行步驟 3。 步驟 3：將 d_{new} 加入檢測器集合 *D*。 步驟 4：如果檢測器集合的大小 $N_d > maxNum$，則返回 *D*，程序終止；否則，執行步驟 2。

2.3　GB-RNSA 的實現

2.3.1　GB-RNSA 算法的基本思想

本書提出了一種基於網格的實值否定選擇算法 GB-RNSA。該算法將變半徑的檢測器，以及檢測器對非自體空間的覆蓋率作為檢測器生成過程的結束條件。算法首先分析了自體集在實值空間的分佈，並把 $[0, 1]^n$ 視為最大的網格。然後，通過一步一步分割直到達到最小網格，並採用 2^n 叉樹才存儲網格，這樣一個有限數量的子網格就生成了，同時自體抗原被填入相對應的網格中。隨機生成的候選檢測器只需要與該檢測器所在的網格及鄰居網格中的自體進行匹配，而不是與全部自體匹配，這就減少了距離計算的時間代價。當把該候選檢測器加入成熟檢測器集合中時，其將與該候選檢測器所在網格及鄰居網格中的檢測器進行匹配，來判斷該檢測器是否已在其他成熟檢測器的覆蓋範圍內或者它的覆蓋範圍完全包含了其他檢測器。這一步過濾操作減少了檢測器間的冗餘覆蓋，實現了以較少的檢測器覆蓋盡可能多的非自體空間。GB-RNSA 算法的主要思想如表 2.2 所示。

表 2.2　　GB-RNSA 算法的基本思想

GB-RNSA（*Train*，C_{exp}，*D*）

輸入：自體訓練集 *Train*，期望覆蓋率 C_{exp}

輸出：檢測器集合 *D*

N_0：非自體空間的取樣次數，$N_0 > max\left[5/C_{exp},\ 5/(1-C_{exp})\right]$

i：非自體樣本的數目

x：被檢測器覆蓋的非自體樣本的數目

CD：候選檢測器集合 $CD = \{d \mid d = <y_1, y_2, \cdots, y_n, r_d>, y_j \in [0,1], 1 \leq j \leq n, r_d \in [0,1]\}$

步驟 1：初始化自體訓練集 *Train*，$i=0$，$x=0$，$CD=\varnothing$，$N_0 = ceiling\{max\left[5/C_{exp},\ 5/(1-C_{exp})\right]\}$

步驟 2：調用 *GenerateGrid*（*Train*，*TreeGrid*，*LineGrids*）來生成包含自體的網格結構，其中 *GreeGrid* 是網格的 2^n 叉樹存儲，*LineGrids* 是網格的線性存儲。

步驟 3：隨機生成一個候選檢測器 d_{new}。調用 *FindGrid*（d_{new}，*TreeGrid*，*TempGrid*）來查找 d_{new} 所在的網格 *TempGrid*。

步驟 4：計算 d_{new} 與 *TempGrid* 及其鄰居網格中的全部自體的歐式距離。如果 d_{new} 能被一個自體抗原識別，則捨棄 d_{new}，執行步驟 3；否則，增加 *i*。

步驟 5：計算 d_{new} 與 *TempGrid* 及其鄰居網格中的全部檢測器的歐式距離。如果 d_{new} 沒有被任何檢測器識別，則把它加入候選檢測器集合 *CD* 中；否則，增加 *x*，並判斷是否達到了期望覆蓋率 C_{exp}，是的話，返回 *D*，程序結束。

步驟 6：判斷 *i* 是否到達了取樣次數 N_0。如果 $i = N_0$，調用 *Filter*（*CD*）來執行候選檢測器的掃描過程，並把通過了此操作的檢測器加入集合 *D*，重置 *i*、*x* 和 *CD*；否則，執行步驟 3。

Iris 數據集是由 California Irvine 大學發布的經典的機器學習數據集之一，被廣泛應用於模式識別、數據挖掘、異常檢測等。我們選擇 Iris 數據集中的「setosa」類別的數據記錄作為自體抗原，選擇「sepalL」和「sepalW」作為第一維和第二維的屬性，並選擇自體抗原中的前 25 條記錄作為訓練集。這裡，我們只採用記錄的兩個屬性在二維空間中展示算法的思想，不會影響對比結果。圖 2.1 顯示了 GB-RNSA 算法與經典的否定選擇算法 RNSA 和 V-Detector 的對比。RNSA 生成固定半徑的檢測器；V-Detector 通過計算候選檢測器中心與自體抗原的最近距離，動態確定檢測器的半徑來生成變半徑檢測器。這兩種算法生成的檢測器需要與全部自體抗原進行耐受，隨著覆蓋率的上升將引起成熟檢測器間的冗餘覆蓋。GB-RNSA 首先分析自體集在空間中的分佈情況，形成網格。然後，隨機生成的候選檢測器只與該檢測器所在網格及鄰居網格內的自體進行耐受。通過耐受的檢測器將執行一定的策略來避免重複覆蓋，保證新檢測器能覆蓋之前未覆蓋的區域。

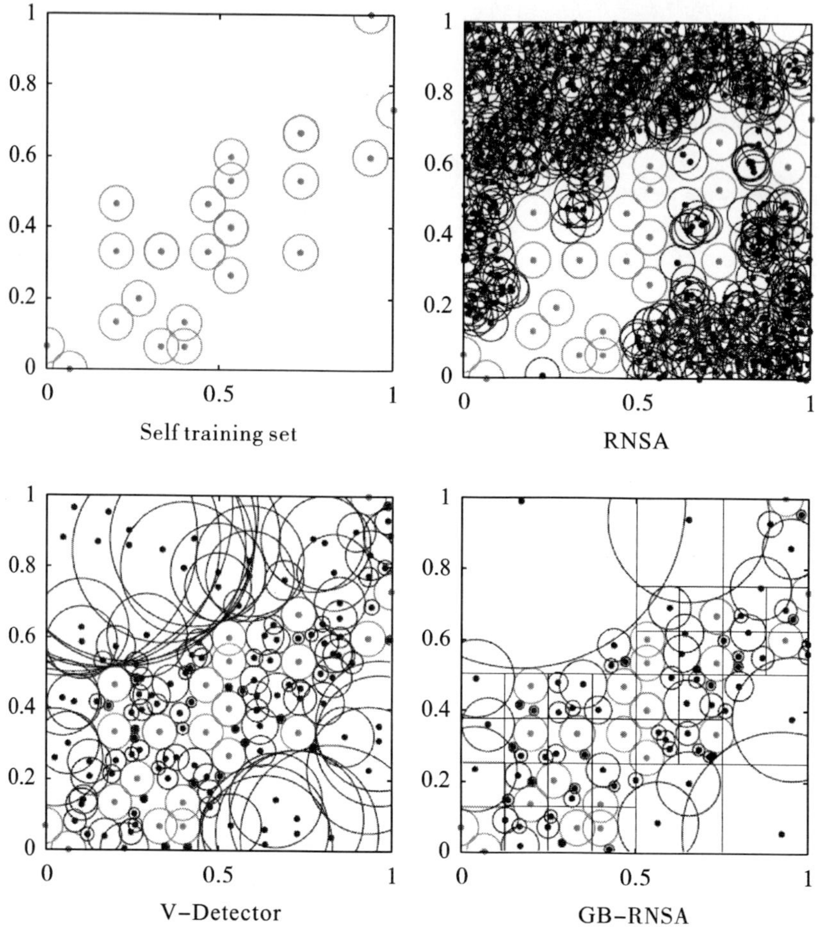

註：為達到期望覆蓋率 $C_{exp}=90\%$，三種算法各需要 561、129、71 個成熟檢測器，其中自體半徑為 0.05，RNSA 中檢測器半徑為 0.05，V-Detector 和 GB-RNSA 中最小檢測器半徑為 0.01

圖 2.1　RNSA、V-Detector 和 GB-RNSA 的對比

2.3.2　網格生成策略

在網格生成過程中，我們採用了從上到下的方法。首先，GB-RNSA 算法把 n 維［0, 1］空間當作最大的網格。如果在此網格中存在自體，那麼將每一維分成兩部分，得到 2^n 個子網格。然後，繼續判斷並劃分每個子網格，直到該網格不包含自體或者網格的直徑達到了最小值。最後，空間的網格結構就形成了，該算法搜索每個網格得到各自的鄰居節點。這個過程由表 2.3 和表 2.4 來說明。

表 2.3　網格生成過程

GenerateGrid（*Train*，*TreeGrid*，*LineGrids*） 輸入：自體訓練集 *Train* 輸出：*TreeGrid* 網格的 2^n 叉樹存儲，*LineGrids* 網格的線性存儲
步驟 1：以直徑 1 生成 *TreeGrid* 網格，並設置該網格的屬性，包括低維子網格、鄰居網格、包含的自體以及包含的檢測器。 步驟 2：調用 *DivideGrid*（*TreeGrid*，*LineGrids*）來劃分網格。 步驟 3：調用 *FillNeighbours*（*LineGrids*）來查找每個網格的鄰居。

表 2.4　網格劃分過程

DivideGrid（*Grid*，*LineGrids*） 輸入：*Grid* 需要劃分的網格 輸出：*LineGrids* 網格的線性存儲
步驟 1：如果該網格 *Grid* 不包含任何自體或直徑達到了 r_{gs}，那麼不再劃分，將網格加入 *LineGrids*，返回；否則，執行步驟 2。 步驟 2：劃分網格 *Grid* 的每一維為兩部分，得到 2^n 個子網格，並把網格 *Grid* 中的自體分佈到子網格中。 步驟 3：對每個子網格，調用 DivideGrid（*Grid.sub*，*LineGrids*）。

定義 2.9 網格的最小直徑。$r_{gs} = 4r_s + 4r_{ds}$。其中，r_s 為自體半徑，r_{ds} 為檢測器的最小半徑。假設一個網格的直徑小於 r_{gs}，劃分這個網格，那麼得到的子網格直徑小於 $2r_s + 2r_{ds}$。如果該子網格中存在自體，那麼不可能在該子網格中生成檢測器。所以，設網格的最小直徑為 $4r_s + 4r_{ds}$。

定義 2.10 鄰居網格。如果兩個網格至少在一個維度相鄰，那麼這兩個網格即為鄰居，被稱作互為基礎鄰居網格。如果鄰居網格中自體為空，則該鄰居網格的同一方向的基礎鄰居網格為附加鄰居網格。一個網格的鄰居包括基礎鄰居網格和附加鄰居網格。

鄰居網格的填充過程如表 2.5 所示。

表 2.5　鄰居網格的填充過程

FillNeighbours（*LineGrids*） 輸入：*LineGrids* 網格的線性存儲

表2.5(續)

步驟1：獲取存儲結構 linegrids 中每個網格的基礎鄰居網格。 步驟2：對每個網格的每個基礎鄰居，如果該鄰居中不包含自體，補充與該鄰居相同方向的鄰居作為網格的附加鄰居。 步驟3：對每個網格的每個附加鄰居，如果該鄰居中不包含自體，補充與該鄰居相同方向的鄰居作為網格的附加鄰居。

圖 2.2 描述了網格的劃分過程。自體訓練集仍然來自 Iris 數據集中的類別的數據記錄，被選擇作為抗原的第一維和第二維屬性。如圖 2.2 所示，在第一次劃分中二維空間被劃分為 4 個子網格。當子網格中自體不為空時，繼續劃分，直到子網格不能被劃分為止。

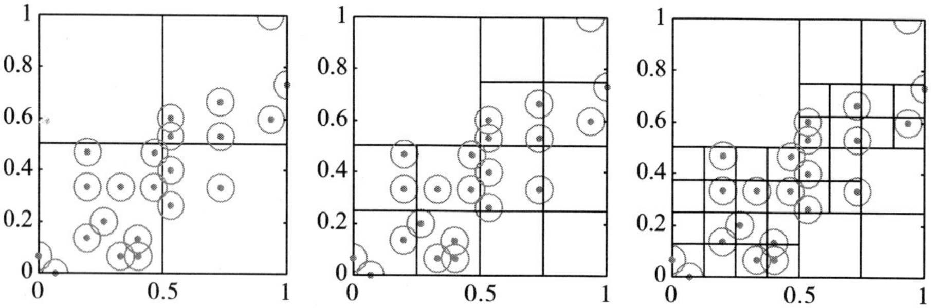

圖 2.2 網格的劃分過程

圖 2.3 描述了鄰居網格的位置。被斜杠覆蓋的網格為［0，0.5，0.5，1］網格的鄰居，分佈在空間的左下部分和右上部分。

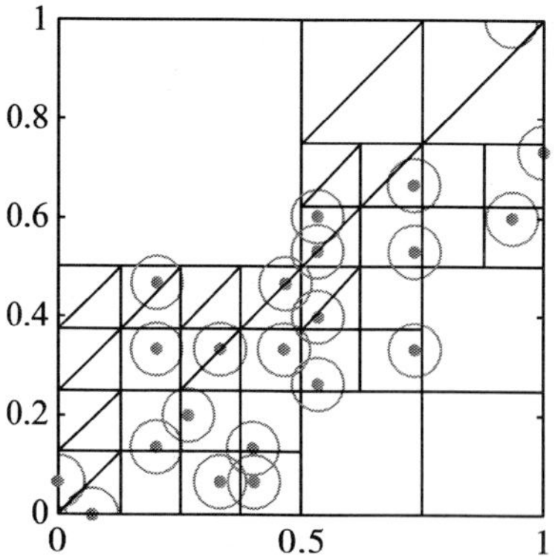

圖 2.3 鄰居網格

2.3.3 非自體空間的覆蓋率計算方法

非自體空間覆蓋率 P 等於檢測器覆蓋的空間 $V_{covered}$ 與全部非自體所占的空間 $V_{nonself}$ 的比值，如式（2.4）所示。

$$P = \frac{V_{covered}}{V_{nonself}} = \frac{\int_{covered} dx}{\int_{nonself} dx} \tag{2.4}$$

由於檢測器間存在冗餘覆蓋，所以直接計算（2.4）式是不可能的。本書採用概率估計的方法來計算檢測器覆蓋率 P。對檢測器集合 D 來說，在非自體空間採樣被檢測器覆蓋的概率服從二項分佈 b（1，P）。採樣次數 m 的概率服從二項分佈 b（m，P）。

定理 2.1 當持續採樣的非自體樣本數量 $i \leqslant N_0$ 時，如果 $\left[\frac{x}{\sqrt{N_0P(1-P)}}\right] - \sqrt{\frac{N_0P}{(1-P)}} > Z_\alpha$，那麼檢測器的非自體空間覆蓋率達到了 P。Z_α 是標準正太分佈的 α 位點，x 是持續採樣的非自體樣本被檢測器覆蓋的數目，N_0 是同時大於 $5/P$ 和 $5/$（$1-P$）的最小正整數。

證明 隨機變量 $x \sim B(i, P)$。設 $z = \frac{x - N_0P}{\sqrt{N_0P(1-P)}} = \left[\frac{x}{\sqrt{N_0P(1-P)}}\right] - \left[\sqrt{\frac{N_0P}{(1-P)}}\right]$。我們考慮兩種情況。

（1）如果持續採樣的非自體樣本的數量 $i = N_0$，由 De Moivre-Laplace 定理可知，當 $N_0 > 5/P$ 且 $N_0 > 5/$（$1-P$），$x \sim AN[N_0P, N_0P(1-P)]$。即，$\frac{x - N_0P}{\sqrt{N_0P(1-P)}} \sim AN(0, 1)$，$z \sim AN(0, 1)$。下面做假設。$H_0$：檢測器的非自體空間覆蓋率 $\leqslant P$。H_1：檢測器的非自體空間覆蓋率$> P$。給定顯著性水平 α，$P\{z > Z_\alpha\} = \alpha$。那麼，拒絕域 $W = \{(z_1, z_2, \cdots, z_n): z > Z_\alpha\}$。因此，當 $\left[\frac{x}{\sqrt{nP(1-P)}}\right] - \left[\sqrt{\frac{nP}{(1-P)}}\right] > Z_\alpha$，z 屬於拒絕域，拒絕 H_0，接受 H_1。即，非自體空間覆蓋率$>P$。

（2）如果持續採樣的非自體樣本的數量 $i < N_0$，$i \cdot P$ 不是太大，那麼 x 近似服從泊松分佈，λ 等於 $i \cdot P$。即 $P\{z > Z_\alpha\} < \alpha$。當 $\left[\frac{x}{\sqrt{N_0P(1-P)}}\right] -$

$\left[\sqrt{\dfrac{N_0P}{(1-P)}}\right] > Z_\alpha$，那麼非自體空間覆蓋率>$P$。證畢。

從定理 2.1 知，在檢測器生成過程中，只有持續採樣的非自體樣本數目 i 和被檢測器覆蓋的非自體樣本數目 x 需要被記錄。在非自體空間採樣後，確定該非自體樣本是否被檢測器集合 D 覆蓋。如果沒有被覆蓋的話，以該非自體樣本的位置向量生成一個候選檢測器，然後把它加入到候選檢測器集合 CD 中。如果被覆蓋的話，計算 $\left[\dfrac{x}{\sqrt{N_0P(1-P)}}\right] - \left[\sqrt{\dfrac{N_0P}{(1-P)}}\right]$ 是否大於 Z_α。如果大於，那麼非自體空間覆蓋率達到了期望覆蓋率 P，則停止採樣。如果不大於的話，增加 i。當 i 達到 N_0，把候選檢測器集合 CD 加入檢測器集合 D 來改變非自體空間覆蓋率，然後重置 $i = 0$，$x = 0$ 來開始新一輪的採樣。隨著候選檢測器的持續增加，檢測器集合逐漸增大，非自體空間覆蓋率逐漸增長。

2.3.4 候選檢測器的過濾方法

當在非自體空間的採樣次數達到了 N_0時，候選檢測器集合中的檢測器將加入檢測器集合 D。這個時候，並不是所有的候選檢測器都將加入 D，我們將對這些檢測器執行過濾操作。過濾操作包含兩個部分。

第一部分為減少候選檢測器間的冗餘覆蓋。首先，將候選檢測器集合中的檢測器按照半徑大小降序排列，然後判斷隊列中後面的檢測器是否包含在前面的檢測器覆蓋範圍內。如果是的話，此次非自體空間採樣是無效的，以該次採樣的位置向量生成的候選檢測器將被刪除。這一輪過濾操作後，候選檢測器間將不包含完全覆蓋。

第二部分為降低成熟檢測器與候選檢測器間的冗餘覆蓋。當把候選檢測器並入檢測器集合 D 中時，候選檢測器將與它所在網格及鄰居網格中的檢測器進行匹配，來判斷它是否包含了其他成熟檢測器。如果是的話，該成熟檢測器是冗餘的，應該被刪除。此步過濾操作保證了每一個成熟檢測器都覆蓋了一部分未被覆蓋的非自體空間。

候選檢測器的過濾操作過程如表 2.6 所示。

表 2.6　候選檢測器的過濾操作

Filter（*CD*） 輸入：*CD* 候選檢測器集合
步驟 1：將 CD 按照檢測器半徑降序排列。 步驟 2：確保隊列中後面的檢測器的中心沒有落入前面檢測器的覆蓋範圍。即 $dis(d_i, d_j) > r_{di}$，其中 $1 \leq i < j \leq N_{CD}$，r_{di} 是檢測器 d_i 的半徑，N_{CD} 是 *CD* 的大小。 步驟 3：將全部候選檢測器加入 *D* 中，確保它們沒有完全覆蓋 *D* 中的任何檢測器。即 $dis(d_i, d_j) > r_{di}$，或者 $dis(d_i, d_j) \leq r_{di}$ 且 $2r_{dj} > r_{di}$，其中，$1 \leq i \leq N_{CD}$，$1 \leq j \leq N_D$，r_{di} 和 r_{dj} 分別是檢測器 d_i 和 d_j 的半徑，N_{CD} 和 N_D 分別是集合 *CD* 和 *D* 的大小。

2.3.5 時間複雜度分析

定理 2.2　GB-RNSA 中檢測器生成過程的時間複雜度為 $O\{[|D|/(1-P')](N_s+|D|^2)\}$。其中 N_s 為訓練集的大小，$|D|$ 為檢測器集合的大小，P' 為檢測器的平均自反應率。

證明。在 GB-RNSA 中，生成一個成熟檢測器主要的時間代價包括調用 *FindGrid* 查找網格的時間消耗，候選檢測器自體耐受的時間消耗和調用 *Filter* 過濾檢測器的時間消耗。

由 2.3.2 節可知，2^n 叉樹的深度為 $Ceil\{log_2[1/(4r_s+4r_{ds})]\}$。因此，對一個新的檢測器來說，查找該檢測器所在網格 *grid'* 的時間複雜度為 $t1 = O(Ceil(log_2(1/(4r_s+4r_{ds})))^n)$。$n$ 為空間維度，r_s 為自體半徑，r_{ds} 為檢測器的最小半徑。因此，$t1$ 相對來說，是恒量。

計算新檢測器的半徑需要計算檢測器的中心與它所在網格及鄰居網格包含的自體的最小距離。時間複雜度為 $t2 = O(N_{s'})$，其中 $N_{s'}$ 為網格 *grid'* 及其鄰居內自體的數量。

計算新檢測器是否被已有檢測器覆蓋的時間複雜度為 $t3 = O(D')$。其中 D' 為 *grid'* 網格及其鄰居內檢測器的數量。

調用 *Filter* 掃描檢測器的時間複雜度包括對候選檢測器排序的時間消耗和判斷是否存在冗餘覆蓋的時間消耗，即，$t4 = O(N_0^2 + N_0 \cdot D')$。

設 N' 為生成檢測器集合 *D* 所需的候選檢測器的數量，那麼採樣的時間複雜度為 $N' \cdot (t1+t2) + N' \cdot (1-P) \cdot t3 + (\frac{N'}{N_0}) \cdot t4$。$N' \approx |D|/(1-P')$。因此，生成檢測器集合 *D* 的時間複雜度如下。

$$O\left[\frac{|D|}{1-P'}\left(t1+\sum N_{s'}\right)+|D|\left(\sum D'\right)+\frac{|D|(N_0+\sum D')}{1-P'}\right]$$

$$=O\left(\frac{|D|}{1-P'}N_s+|D|^2+\frac{|D|^2}{1-P'}\right)$$

$$=O\left[\frac{|D|}{1-P'}(N_s+|D|^2)\right]$$

因此，GB-RNSA 中檢測器生成過程的時間複雜度為 $O\{[|D|/(1-P')](N_s+|D|^2)\}$。證畢。

SNSA、RNSA 和 V-Detector 是主要的檢測器生成算法，且被廣泛應用於基於人工免疫的模式識別、異常檢測、免疫優化等。表 2.7 顯示了這些否定選擇算法與 GB-RNSA 的對比。從表 2.7 中可以看出，傳統算法的時間複雜度與自體集大小 Ns 呈指數關係。當自體元素增多時，時間複雜度將迅速增高。GB-RNSA 消除了指數影響，並降低了自體規模的增長對時間複雜度的影響。因此，GB-RNSA 降低了原始算法的時間複雜度並改進了檢測器生成的效率。

表 2.7　時間複雜度對比

算法	時間複雜度
SNSA	$O\left[\frac{-\ln(P_f)\cdot N_s}{P(1-P')N_s}\right]$ [7]
RNSA	$O\left[\frac{\|D\|\cdot N_s}{(1-P')N_s}\right]$ [11]
V-Detector	$O\left[\frac{\|D\|\cdot N_s}{(1-P')N_s}\right]$ [13]
GB-RNSA	$O\left[\frac{\|D\|}{1-P'}(N_s+\|D\|^2)\right]$

2.4　實驗結果與分析

本節將通過實驗來驗證 GB-RNSA 的有效性。實驗採用否定選擇算法研究中普遍使用的兩類數據集，包括 2D 綜合數據集和 UCI 數據集。其中，2D 綜合數據集是由 Memphis 大學的 Dasgupta 教授的研究小組提供的，是實值否定選擇算法性能測試的權威數據集。UCI 數據集是經典的機器學習數據集，廣泛應用於檢測器的性能測試和生成效率測試。在實驗中，我們會將 GB-RNSA 與兩種傳統的實值否定選擇算法 RNSA 和 V-Detector 做比較。

實驗採用成熟檢測器的數量 DN、檢測率 DR、誤報率 FAR 和檢測器生成的時間代價 DT 來衡量算法的有效性。由於傳統算法 RNSA 採用預設檢測器數量作為算法的終止條件，為了保證三種算法在相同的實驗條件下進行有效對比，本書修改了 RNSA 算法，採用對非自體空間的期望覆蓋率作為算法的終止條件。

2. 4. 1　2D 綜合數據集

這些數據集包含幾種不同的子數據集。我們選擇 Ring、Stripe 和 Pentagram 子數據集來測試 GB-RNSA 的檢測器生成性能。圖 2. 4 顯示了這三種數據集在二維實值空間的分佈。

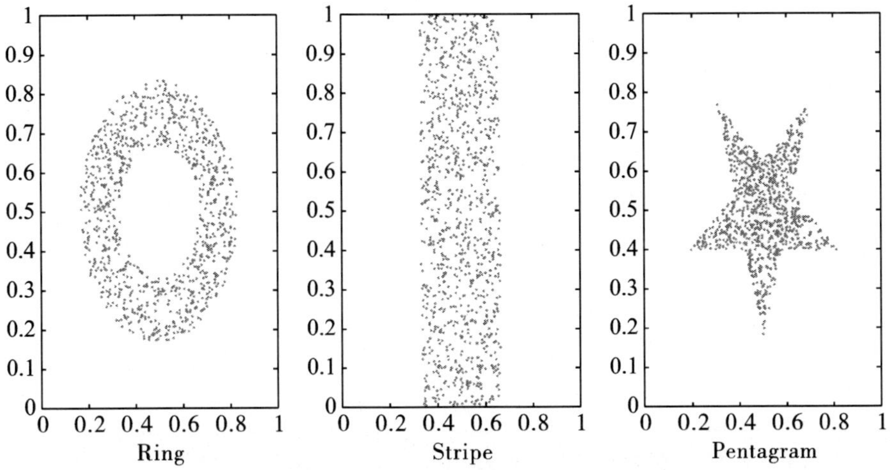

圖 2. 4　Ring、Stripe 和 Pentagram 數據集的分佈

這三種數據集的自體集合大小為 N_{self} = 1, 000。訓練集由自體集中隨機選擇的數據點組成，測試數據由二維［0, 1］空間中隨機選擇的點組成。實驗重複 20 次取平均值。表 2. 8 和表 2. 9 顯示了實驗結果，其中括號中的值為方差。表 2. 8 列出了 GB-RNSA 在三種數據集具有相同的期望覆蓋率（90%）、相同的訓練集大小（N_s = 300）、不同的自體半徑的情況下，檢測率和誤報率的對比。可以看出，算法在較小的自體半徑下，具有較高的檢測率和誤報率，同時在較大的自體半徑下，具有較低的檢測率和誤報率。表 2. 9 列出了 GB-RNSA 在三種數據集具有相同的期望覆蓋率（90%）、相同的自體半徑（r_s = 0. 05）、

不同的訓練集大小的情況下，檢測率和誤報率對比。可以看出，隨著訓練集增大，檢測率逐漸增大，誤報率逐漸減小。

表 2.8 **不同自體半徑的影響**

數據集	自體半徑 $r_s = 0.02$		自體半徑 $r_s = 0.1$		自體半徑 $r_s = 0.2$	
	DR%	*FAR%*	*DR%*	*FAR%*	*DR%*	*FAR%*
Ring	81.55(1.02)	62.11(2.14)	61.77(1.39)	12.04(1.24)	32.39(1.42)	0.00(0.00)
Stripe	80.21(1.24)	63.34(1.90)	58.52(1.18)	11.20(2.47)	25.93(1.88)	0.00(0.00)
Pentagram	77.09(1.38)	67.02(2.32)	57.65(2.31)	13.19(1.63)	22.78(1.59)	0.00(0.00)

表 2.9 **不同訓練集大小的影響**

數據集	訓練集大小 $N_s = 100$		訓練集大小 $N_s = 500$		訓練集大小 $N_s = 800$	
	DR%	*FAR%*	*DR%*	*FAR%*	*DR%*	*FAR%*
Ring	22.54(1.22)	76.26(2.05)	86.09(1.16)	8.21(1.21)	95.92(1.37)	0.00(0.00)
Stripe	18.25(1.98)	78.92(2.32)	80.13(1.87)	9.05(1.44)	87.63(1.78)	0.00(0.00)
Pentagram	12.20(1.55)	88.29(2.87)	72.33(1.91)	11.42(1.41)	82.18(1.49)	0.00(0.00)

2.4.2 UCI 數據集

實驗選取了三種標準的 UCI 數據集，包括 Iris、Haberman's Survival 和 Abalone，實驗參數如表 2.10 所示。對這三種數據集，自體集和非自體集都是隨機選擇的，訓練集和測試集也是隨機選擇的。實驗重複 20 次並取平均值。

表 2.10 **UCI 數據集的實驗參數**

數據集	記錄數量	屬性個數	類型	自體集	非自體集	訓練集及大小	測試集及大小
Iris	150	4	Real	Setosa:50	Versicolour:50 Virginica:50	Setosa:25	Setosa:25 Versicolour:25 Virginica:25
Haberman's Survival	306	3	Integer	Survived:225	Died:81	Survived:150	Survived:50 Died:50
Abalone	4,177	8	Real, integer	M:1,528	F:1,307 I:1,342	M:1,000	M:500 F:500 I:500

2.4.2.1　檢測器數量對比

圖 2.5、圖 2.6、圖 2.7 顯示了 RNSA、V-Detector 和 GB-RNSA 在三種數據集下的成熟檢測器數量的對比。從圖中可以看出，隨著期望覆蓋率的上升，三種算法所需的成熟檢測器數量相應上升。但是 GB-RNSA 的效率明顯優於其他兩種算法。對 Iris 數據集來說，為了達到期望覆蓋率 99%，RNSA 需要 13,527 個成熟檢測器，V-Detector 需要 1,432 個，而 GB-RNSA 需要 1,166 個，依次下降了 89.4%和 18.6%。對大數據集 Abalone 來說，為了達到期望覆蓋率 99%，RNSA 需要 11,500 個成熟檢測器，V-Detector 需要 620 個，而 GB-RNSA 需要 235 個，依次下降了 94%和 62.1%。因此，在相同的期望覆蓋率、不同的數據維度、不同的訓練集下，GB-RNSA 生成的成熟檢測器數量相比 RNSA 和 V-Detector 大大減少。

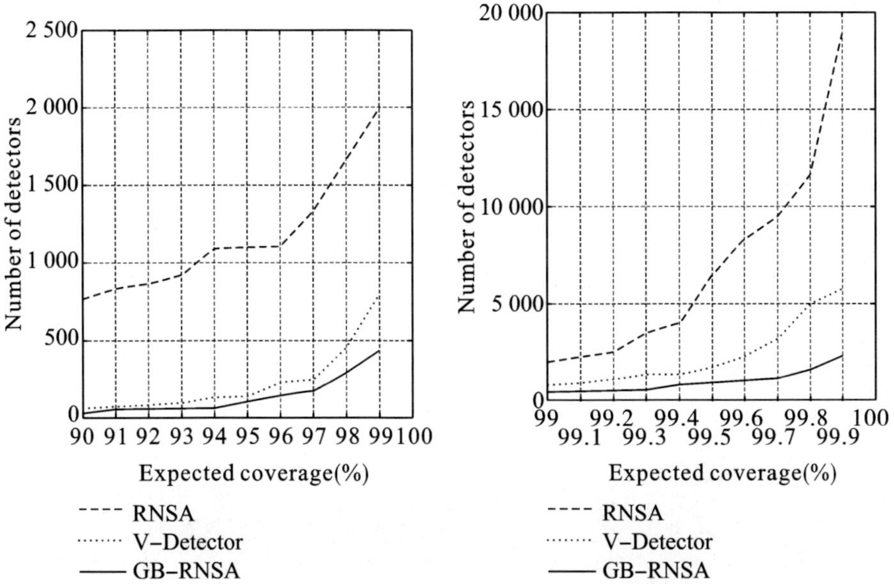

圖 2.5　RNSA、V-Detector 和 GB-RNSA 檢測器數量對比

（採用 Haberman's Survival 數據集，自體半徑為 0.1）

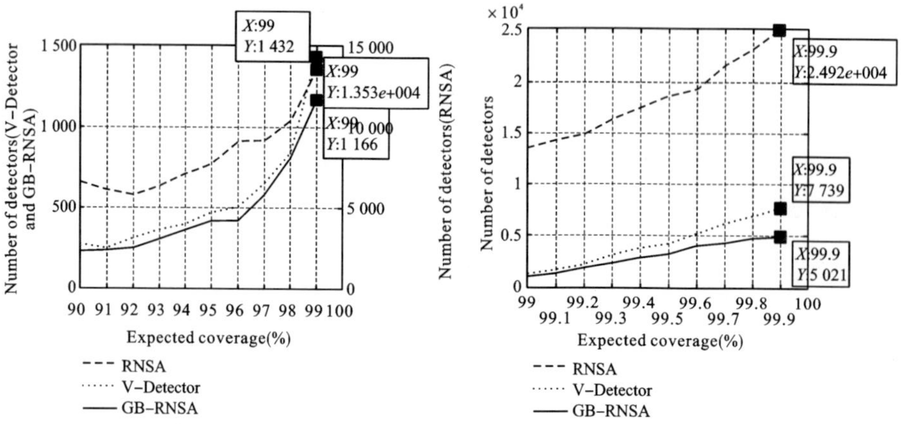

圖 2.6　RNSA、V-Detector 和 GB-RNSA 檢測器數量對比

(採用 Iris 數據集，自體半徑為 0.1)

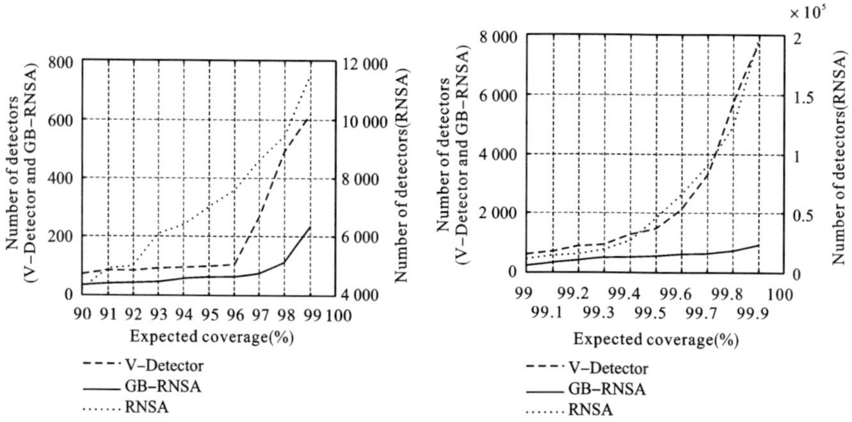

圖 2.7　RNSA、V-Detector 和 GB-RNSA 檢測器數量對比

(採用 Abalone 數據集，自體半徑為 0.1)

2.4.2.2　檢測器生成代價對比

圖 2.8、圖 2.9、圖 2.10 顯示了 RNSA、V-Detector 和 GB-RNSA 在三種數據集下的檢測器生成的時間代價的對比。從圖中可以看出，隨著期望覆蓋率的上升，RNSA 和 V-Detector 的時間花費上升非常快，而 GB-RNSA 上升較緩慢。對 Iris 數據集來說，為了達到期望覆蓋率 90%，RNSA 的時間消耗是 350.187 秒，V-Detector 是 0.347 秒，而 GB-RNSA 是 0.1 秒，依次降低了 99.9% 和 71.2%。當期望覆蓋率為 99% 時，RNSA 的時間消耗是 1,259.047 秒，V-Detector 是 40.775 秒，而 GB-RNSA 是 3.659 秒，依次降低了 99.7% 和 91.0%。

對其他兩種數據集，實驗結果是類似的。因此，相比 RNSA 和 V-Detector，GB-RNSA 的檢測器生成效率有了大幅提高。

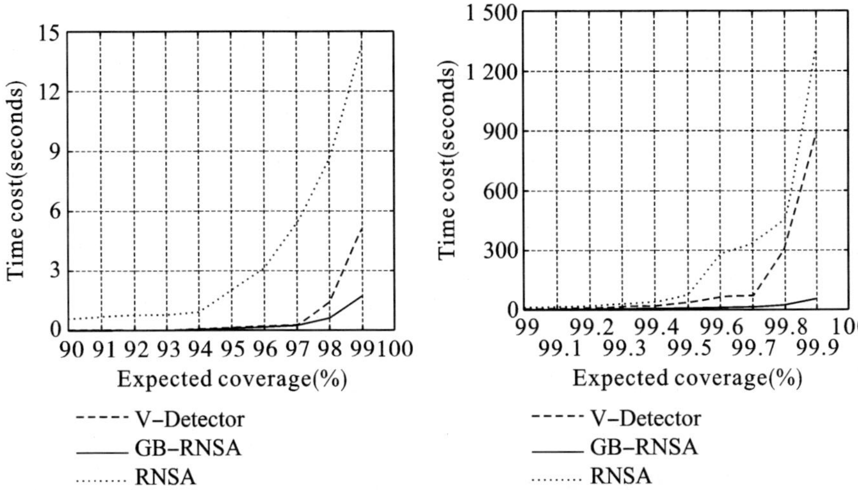

圖 2.8　RNSA、V-Detector 和 GB-RNSA 生成檢測器的時間消耗對比
(採用 Haberman's Survival 數據集，自體半徑為 0.1)

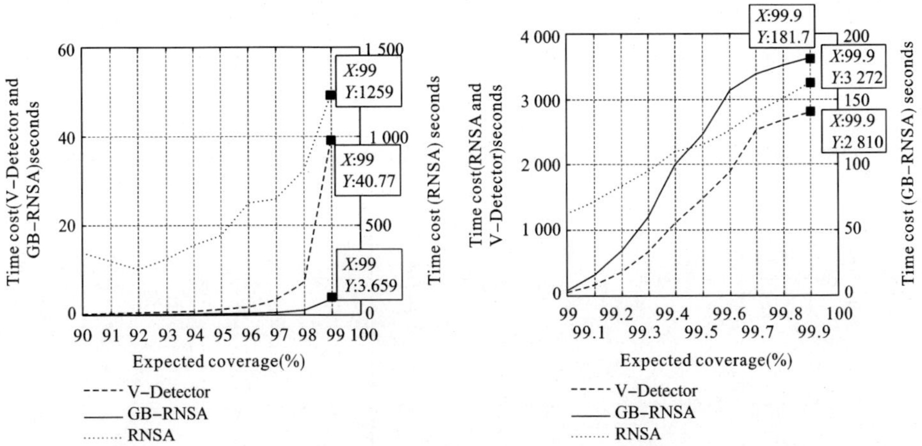

圖 2.9　RNSA、V-Detector 和 GB-RNSA 生成檢測器的時間消耗對比
(採用 Iris 數據集，自體半徑為 0.1)

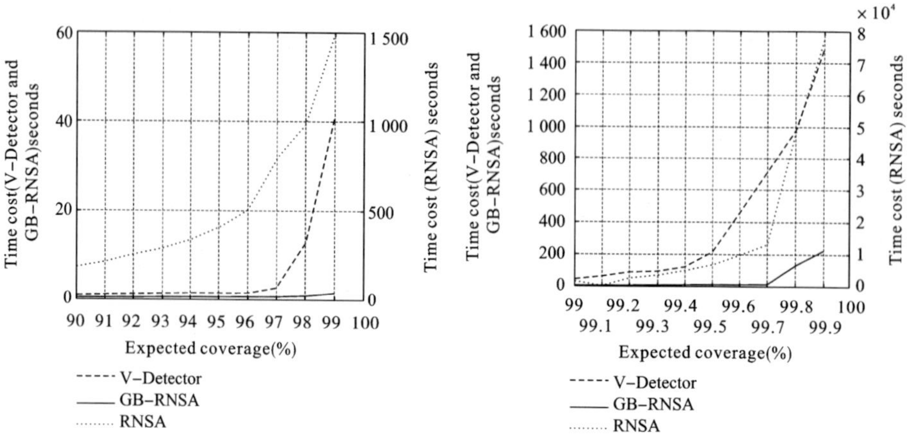

圖 2.10　RNSA、V-Detector 和 GB-RNSA 生成檢測器的時間消耗對比

（採用 Abalone 數據集，自體半徑為 0.1）

2.4.2.3　檢測率和誤報率對比

圖 2.11、圖 2.12、圖 2.13 顯示了 RNSA、V-Detector 和 GB-RNSA 在三種數據集下的檢測率和誤報率對比。從圖中可以看出，當期望覆蓋率大於 90%時，三種算法的檢測率較為接近，其中 RNSA 稍低一點；而 GB-RNSA 的誤報率明顯低於 RNSA 和 V-Detector。對 Haberman's Survival 數據集來說，當期望覆蓋率為 99%時，RNSA 的誤報率是 55.2%，V-Detector 是 30.1%，而 GB-RNSA 是

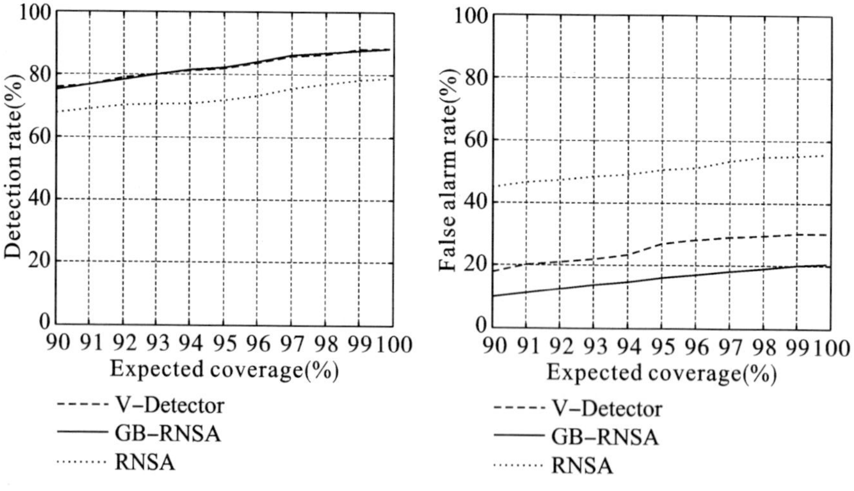

圖 2.11　RNSA、V-Detector 和 GB-RNSA 的檢測率和誤報率對比

（採用 Haberman's Survival 數據集，自體半徑為 0.1）

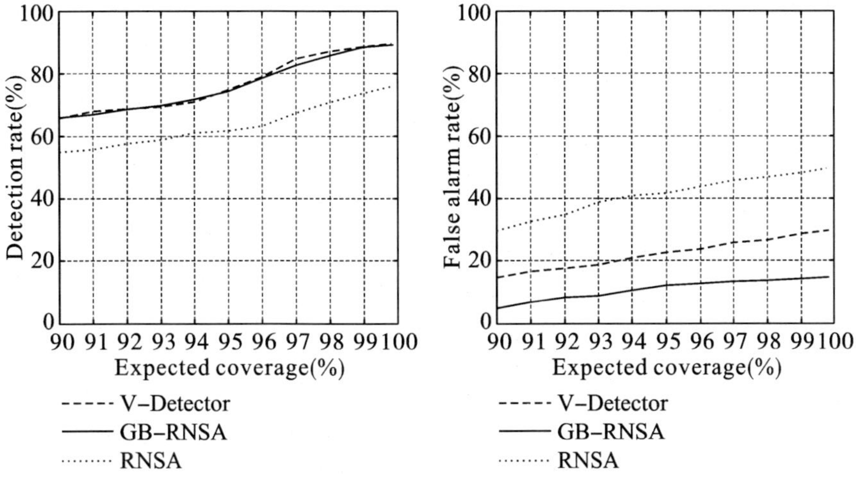

圖 2.12　RNSA、V-Detector 和 GB-RNSA 的檢測率和誤報率對比

(採用 Iris 數據集，自體半徑為 0.1)

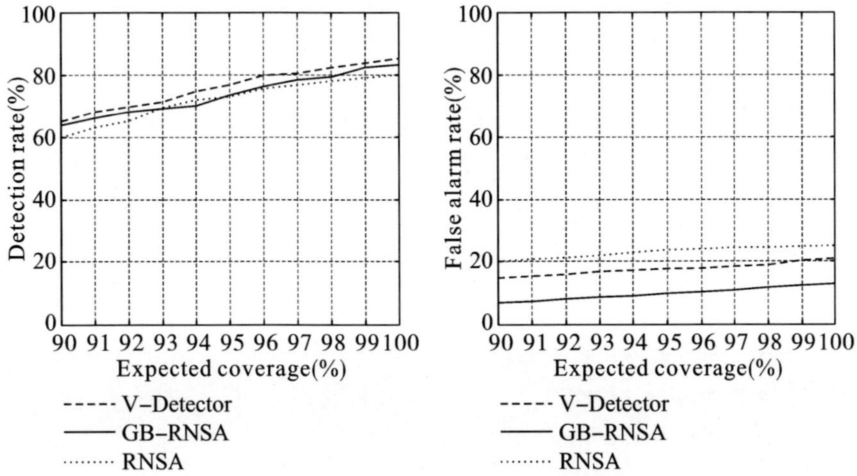

圖 2.13　RNSA、V-Detector 和 GB-RNSA 的檢測率和誤報率對比

(採用 Abalone 數據集，自體半徑為 0.1)

20.1%，依次降低了 63.6% 和 33.2%。對 Abalone 數據集來說，當期望覆蓋率為 99%時，RNSA 的誤報率是 25.1%，V-Detector 是 20.5%，而 GB-RNSA 是 12.6%，依次降低了 49.8% 和 38.5%。因此，在相同的期望覆蓋率下，相比 RNSA 和 V-Detector，GB-RNSA 的誤報率明顯降低。

ROC 曲線是一個採用檢測率（True positive rate）和誤報率（False positive

rate）繪製分類模式的圖形方法。圖 2.14 顯示了 RNSA、V-Detector 和 GB-RNSA 在三種數據集下的 ROC 曲線對比。一個好的分類模式的曲線應該盡可能分佈在圖形的左上方。從圖中可以看出，GB-RNSA 優於 RNSA 和 V-Detector。

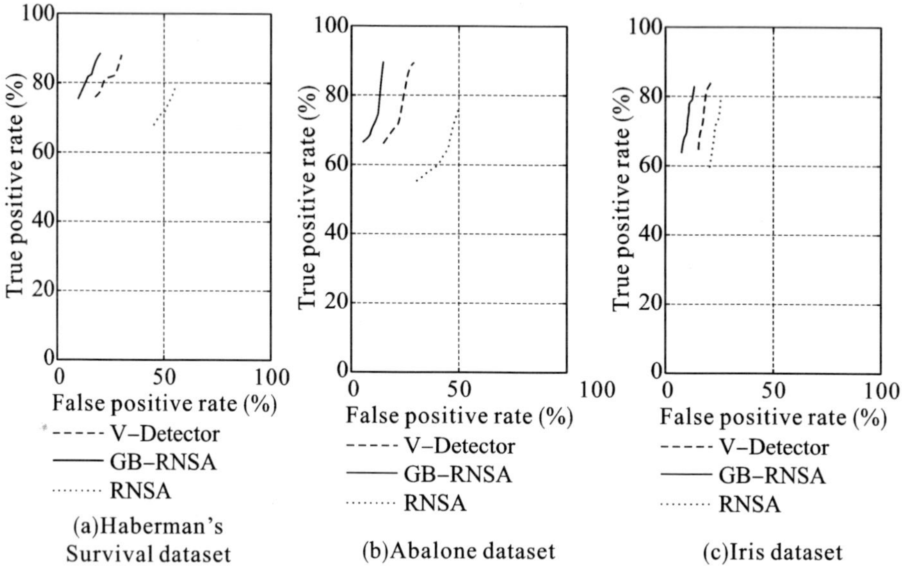

圖 2.14　RNSA、V-Detector 和 GB-RNSA 的 ROC 曲線對比

2.5　本章小結

過多的檢測器及過高的時間複雜度是現有否定選擇算法存在的主要問題，限制了否定選擇算法的實際應用。在非自體空間中，檢測器間大量冗餘覆蓋也是否定選擇算法存在的嚴重問題。本章提出了一種基於網格的實值否定選擇算法，記為 GB-RNSA。該算法首先分析了自體集在空間中的分佈，並採用一定的方法把空間劃分為若干個網格。然後，隨機生成的候選檢測器只需要與它所在的網格及鄰居網格內的自體進行耐受。最後，候選檢測器通過耐受後，在加入成熟檢測器集合前，將採用一定的方法來減少冗餘覆蓋。本章首先分析了否定選擇算法的現狀，對已有的否定選擇算法進行了介紹；之後對否定選擇算法的基本定義進行了說明；接著詳細介紹了 GB-RNSA 的實現策略；最後通過實驗對算法進行驗證。理論分析和實驗結果表明，相比傳統的否定選擇算法，GB-RNSA 有更好的時間效率及檢測器質量，是一種有效的生成檢測器的人工

免疫算法。

參考文獻

[1] DASGUPTA D, YU S, NINO F. Recent advances in artificial immune systems: models and applications [J]. Applied soft computing journal, 2011, 11 (2): 1574-1587.

[2] BRETSCHER P, COHN M. A theory of self-nonself discrimination [J]. Science, 1970 (169): 1042-1049.

[3] BURNET F. The clonal selection theory of acquired immunity [M]. Nashville: Vanderbilt University Press, 1959.

[4] JERNE N K. Towards a network theory of the immune system [J]. Annals of immunology, 1974, 125: 373-389.

[5] MATZINGER P. The danger model: a renewed sense of self [J]. Science, 2002, 296: 301-305.

[6] KAPSENBERG M L. Dendritic-cell control of pathogen-driven T-cell polarization [J]. Nature reviews immunology, 2003 (12): 984-993.

[7] FORREST S, ALLEN L, PERELSON A S, et al. Self-nonself discrimination in a computer [C] // Proceedings of the IEEE Symposium on Research in Security and Privacy. [S. l.: s. n.], 1994.

[8] LI T. Computer immunology, house of electronics industry [M]. Beijing: [s. n.], 2004.

[9] LI T. Dynamic detection for computer virus based on immune system [J]. Science in China F, 2008, 51 (10): 1475-1486.

[10] LI T. An immunity based network security risk estimation [J]. Science in China F, 2005, 48 (5): 557-578.

[11] GONZALEZ F A, DASGUPTA D. Anomaly detection using realvalued negative selection [J]. Genetic programming and evolvable machines, 2003 (4): 383-403.

[12] JI Z. Negative selection algorithms: from the thymus to V-detector [D]. Memphis: University of Memphis, 2006.

[13] JI Z, DASGUPTA D. V-detector: an efficient negative selection algorithm

with「probably adequate」detector coverage [J]. Information science, 2009, 19 (9): 1390-1406.

[14] GAO X Z, OVASKA S J, WANG X. Genetic algorithms based detector generation in negative selection algorithm [C] // Proceedings of the IEEE Mountain Workshop on Adaptive and Learning Systems. [S. l.: s. n.], 2006: 133-137.

[15] GAO X Z, OVASKA S J, WANG X, et al. Clonal optimization of negative selection algorithm with applications in motor fault detection [C] // Proceedings of the IEEE International Conference on Systems, Man and Cybernetics (SMC'06). Taipei: [s. n.], 2006: 5118-5123.

[16] SHAPIRO J M, LAMENT G B, PETERSON G L. An evolutionary algorithm to generate hyper-ellipsoid detectors for negative selection [C] // Proceedings of the Genetic and Evolutionary Computation Conference (GECCO'05). Washington DC: [s. n.], 2005: 337-344.

[17] OSTASZEWSKI M, SEREDYNSKI F, BOUVRY P. Immune anomaly detection enhanced with evolutionary paradigms [C] // Proceedings of the 8th Annual Genetic and Evolutionary Computation Conference (GECCO'06). Seattle: [s. n.], 2006: 119-126.

[18] STIBOR T, MOHR P, TIMMIS J. Is negative selection appropriate for anomaly detection? [C] // Proceedings of the Genetic and Evolutionary Computation Conference (GECCO'05). [S. l.]: IEEE Computer Society Press, 2005: 569-576.

[19] CHEN W, LIU X, LI T, et al. Anegative selection algorithm based on hierarchical clustering of self set and its application in anomaly detection [J]. International journal of computational intelligence systems, 2011, 4: 410-419.

[20] CHANG G, SHI J. Mathematical analysis tutorial [M]. Beijing: Higher Education Press, 2003.

[21] GONZALEZ F, DASGUPTA D, GOMEZ J. The effect of binary matching rules in negative selection [C] // Proceedings of the Genetic and Evolutionary Computation (GECCO'03). Berlin: Springer, 2003.

[22] STIBOR T, TIMMIS J, ECKERT C. On the appropriateness of negative selection defined over hamming shape-space as a network intrusion detection system [C] // Proceedings of the IEEE Congress on Evolutionary Computation (CEC '05). [S. l.: s. n.], 2005: 995-1002.

[23] ANGIULLI F, BEN R, PALOPOLI L. Outlier detection using default reasoning [J]. Artificial intelligence, 2008, 172 (16): 1837-1872.

[24] IDRIS I, SELAMAT A, NGUYEN N T, et al. A combined negative selection algorithm particle swarm optimization for an email spam detection system [J]. Independent component analysis & signal separation, 2015, 39: 33-44.

[25] LIMA F, LOTUFO A, MINUSSI C. Wavelet-artificial immune system algorithm applied to voltage disturbance diagnosis in electrical distribution systems [J]. Generation transmission & distribution iet, 2015, 9 (11): 1104-1111.

[26] 張衡, 吴禮發, 張毓森, 等. 一種 r 可變陰性選擇算法及其仿真分析 [J]. 計算機學報, 2005, 28 (10): 1614-1619.

[27] 何申, 羅文堅, 王煦法, 等. 一種檢測器長度可變的非選擇算法 [J]. 軟件學報, 2007, 18 (6): 1361-1368.

[28] BALTHROP J, ESPONDA F, FORREST S, et al. Coverage and generalization in an artificial immune system [M]. New York: Morgan Kaufmann Publishers Inc, 2002: 3-10.

[29] GONG M, ZHANG J, MA J, et al. An efficient negative selection algorithm with further training for anomaly detection [J]. Knowledge-based systems, 2012, 30: 185-191.

[30] D'HAESELEER P, FORREST S, HELMAN P. An immunological approach to change detection: Algorithms, analysis and implications [C] // IEEE Symposium on Security and Privacy. Oakland, CA.: IEEE Computer Society Press, 1996: 110-119.

3 基於免疫的網絡安全態勢感知模型

3.1 引言

互聯網的迅猛發展使人們的生活產生了翻天覆地的影響，各行各業對網絡的依賴越來越強。目前，互聯網的應用可以說是「無孔不入」，比如打電話、開會、寫信、購物、投票、炒股、看電視、聽音樂等都可以通過互聯網來實現，現代人的工作、學習和生活都離不開互聯網。據互聯網數據統計機構（Internet World Stats）發布的最新數據顯示：截至 2017 年 3 月 31 日，全球網民數量為 37.40 億，占全球總人數的 49.7%；相比 2000 年，網民數量增長率為 936.0%。表 3.1 為全球互聯網使用及人數統計情況。從 2000 年開始，互聯網普及率增長最快的為非洲，是 7,721.1%；其次為中東，是 4,220.9%；全部互聯網用戶中，亞洲所占比率為 50.1%，其次是歐洲 17.0%。

表 3.1　全球互聯網使用與人口統計情況表

World Regions	Population (2017 Est.)	Population of World%	Internet Users 31 Mar 2017	Penetration Rate (% Pop.)	Growth 2000—2017	Internet Users %
Africa	1,246,504,865	16.6 %	353,121,578	28.3 %	7,721.1%	9.4 %
Asia	4,148,177,672	55.2 %	1,874,136,654	45.2 %	1,539.6%	50.1 %
Europe	822,710,362	10.9 %	636,971,824	77.4 %	506.1%	17.0 %
Latin America / Caribbean	647,604,645	8.6 %	385,919,382	59.6 %	2,035.8%	10.3 %

表3.1(續)

World Regions	Population (2017 Est.)	Population of World%	Internet Users 31 Mar 2017	Penetration Rate(% Pop.)	Growth 2000—2017	Internet Users %
Middle East	250,327,574	3.3 %	141,931,765	56.7 %	4,220.9%	3.8 %
North America	363,224,006	4.8 %	320,068,243	88.1 %	196.1%	8.6 %
Oceania / Australia	40,479,846	0.5 %	27,549,054	68.1 %	261.5%	0.7 %
WORLD TOTAL	7,519,028,970	100.0 %	3,739,698,500	49.7 %	936.0%	100.0 %

而中國的互聯網發展狀況，可以通過中國互聯網絡信息中心（CNNIC）每年1月和7月發布的《中國互聯網絡發展狀況統計報告》瞭解，該信息中心從1997年開始定期發布報告。CNNIC的歷次報告見證了中國互聯網從起步到騰飛的全部歷程，從基礎資源、企業應用、個人應用、政府應用和網絡安全5個部分進行調查分析，以嚴謹客觀的數據，為政府、企業等瞭解中國互聯網發展動態、制定相關決策提供重要支持。最新的第39次《中國互聯網絡發展狀況統計報告》顯示，截至2016年12月，中國「.CN」域名總數為2,061萬，年增長25.9%，占中國域名總數比例為48.7%。「.中國」域名總數為47.4萬，年增長34.4%。中國網民規模達7.31億，普及率達到53.2%，超過全球平均水平3.1個百分點，超過亞洲平均水平7.6個百分點。全年共計新增網民4,299萬人，增長率為6.2%。中國網民規模已經相當於歐洲人口總量。中國手機網民規模達6.95億，增長率連續三年超過10%。圖3.1為中國網民規模和互聯網普及率，圖3.2為中國手機網民規模及其占網民比例。移動互聯網與線下經濟聯繫日益緊密，2016年，中國手機網上支付用戶規模增長迅速，達到4.69億，年增長率為31.2%，網民手機網上支付的使用比例由57.7%提升至67.5%。手機支付向線下支付領域的快速滲透，極大豐富了支付場景，有50.3%的網民在線下實體店購物時使用手機支付結算。

圖 3.1　中國網民規模和互聯網普及率

圖 3.2　中國手機網民規模及其占網民比例

互聯網爆炸式的增長給人們的日常生活帶來了非常高的便捷性，但是隨著互聯網技術的發展和互聯網應用的擴增，人們面臨的網絡安全威脅越來越嚴重。據《中國互聯網絡發展狀況統計報告》顯示，2016 年遭遇過網絡安全事件的用戶占比達到整體網民的 70.5%。國家互聯網應急中心（CNCERT）發布的《2016 年中國互聯網網絡安全報告》涵蓋了中國互聯網網絡安全態勢分析、網絡安全監測數據分析、網絡安全事件案例詳解、網絡安全政策和技術動態等多個方面的內容。報告顯示，從木馬和僵屍網絡方面來看，2016 年約 9.7 萬個木馬和僵屍網絡控制服務器控制了中國境內 1,699 萬餘臺主機。其中，來自境外的約 4.8 萬個控制服務器控制了中國境內 1,499 萬餘臺主機，其中來自美國的控制服務器數量居首位，其次是中國香港和日本。就所控制的中國境內主機數量來看，來自美國、臺灣和荷蘭的控制服務器規模分列前三位，分別控制了中國境內約 475 萬、182 萬、153 萬臺主機。從移動互聯網方面來看，2016 年，CNCERT/CC 自主捕獲和通過廠商交換獲得的移動互聯網惡意程序數量為 205 萬餘個，較 2015 年增長 39.0%，近 7 年來保持持續高速增長趨勢。按惡意行為進行分類，前三位分別是流氓行為類、惡意扣費類和資費消耗類，占比分別為 61.1%、18.2% 和 13.6%。CNCERT/CC 發現移動互聯網惡意程序下載連結近 67 萬條，較 2015 年增長近 1.2 倍，涉及的傳播源域名為 22 萬餘個，IP 地址為 3 萬餘個，惡意程序傳播次數達 1.24 億次。CNCERT/CC 累計向 141 家已備案的應用商店、網盤、雲盤的廣告宣傳等網站營運者通報惡意 APP 事件 8,910 起。從拒絕服務攻擊方面來看，CNCERT/CC 監測到 1Gbit/s 以上的 DDoS 攻擊事件日均 452 起，比 2015 年下降 60%。但同時發現，2016 年大流量攻擊事件數量全年持續增加，10Gbit/s 以上的攻擊事件數量多，第四季度日均攻擊次數較第一季度增長 1.1 倍，全年日均達 133 次，占日均攻擊事件的 29.4%。另外 100Gbit/s 以上的攻擊事件數量日均在 6 起以上，並在監測中發現阿里雲多次遭受 500Gbit/s 以上的攻擊。從安全漏洞方面來看，2016 年，國家信息安全漏洞共享平臺（CNVD）共收錄通用軟硬件漏洞 10,822 個，較 2015 年增長 33.9%。其中，高危漏洞收錄數量高達 4,146 個（占 38.3%），較 2015 年增長 29.8%；「零日」漏洞 2,203 個，較 2015 年增長 82.5%。漏洞主要涵蓋 Google、Oracle、Adobe、Microsoft、IBM、Apple、Cisco、Wordpress、Linux、Mozilla、Huawei 等廠商產品。權威諮詢公司 Gartner 的研究表明，到 2020 年，企業所面臨的安全威脅將會更加多樣化，不僅僅是企業資產，員工個人也可能遭到直接的攻擊。由此可以看出，網絡攻擊和網絡病毒所帶來的安全問題已經嚴重影響了中國的政府機構、國防軍事機構，以及與人們日常工作、生活緊密相關的企事業機構等的正常運作。與此同時，網絡攻擊形式的多樣性和網絡病毒發作的隱蔽性等攻擊特性，使網絡資產面臨著巨大的安全危害，諸如絕密信息被洩露、數據資料被破壞和整個網絡癱瘓等。因此，網絡攻擊技術的日新月異對網絡安全監控提出了更高的要求。

由於面臨網絡安全方面的巨大威脅，各國政府紛紛投入巨大的人力物力從事網絡安全研究，加強信息安全防禦體系，保護各自的國家利益。美國 2000 年公布首個《信息系統保護國家計劃》，提高防止信息系統被入侵與破壞的能力。2008 年布什以第 54 號國家安全總統令和第 23 號國土安全總統令的形式簽署《國家網絡安全綜合計劃》。日本、德國等國家政府也都撥巨款以開展網絡安全技術研究。中國對信息安全也非常重視，1999 年就開始進行全面部署，之後啓動了 863 信息安全應急計劃，又在 973 計劃、自然科學基金、科技創新基金計劃和國家科技攻關計劃中對信息安全技術的發展進行了研究資助。為了抵禦層出不窮的網絡攻擊，保護網絡和計算機的安全，研究人員設計並開發了多種安全模式，如加密、認證、病毒防範、防火牆等。學術界先後提出了可指導信息系統安全建設和安全營運的動態風險模型，如 PDR（Protection，Detection，Response）、P2DR（Policy，Protection，Detection，Response）、P2DR2（Policy，Protection，Detection，Response，Restore）等。目前市面上國內外知名的安全產品，如 Cisco、Norton、ZoneAlarm、Kaspersky、AVG，瑞星和奇虎 360 等，它們的安全防範技術主要通過以下幾種方式來實現：①監聽、分析用戶及系統活動；②對系統配置和弱點進行審計；③識別與已知病毒模式匹配的活動；④對異常活動模式進行統計分析；⑤評估重要系統和數據文件的完整性；⑥對操作系統進行審計跟蹤管理，並識別用戶違反安全策略的行為等。傳統網絡安全技術的基本特點是：被動防禦網絡、定性描述網絡和靜態處理風險等。由於現在的網絡安全攻擊大多表現出大規模性、多變性和多途徑性等特點，傳統網絡安全技術已不能適應新一代網絡發展的安全需求。近年來，中國網絡信息安全專家何德全院士、沈昌祥院士和方濱興院士等從戰略高度上提出建立對網絡攻擊者有威懾力作用的主動防禦系統。基於主動防禦的網絡安全技術將改變以往僅僅依靠殺毒軟件、防火牆、漏洞掃描和入侵檢測系統（IDS）等傳統網絡安全產品進行被動防禦的局面。因此，當前網絡急需一種既能及時、定量地評估網絡安全態勢又能主動防禦網絡安全攻擊的安全監控系統，用於正確監視和評價網絡應用設備的安全狀況，使網絡系統能夠及時回應網絡安全攻擊和提高網絡系統的可生存能力。

網絡安全態勢感知技術是一種基於主動防禦思想的新一代網絡安全技術，主要包括態勢提取、態勢評估和態勢預測等關鍵性技術。網絡安全態勢感知技術在傳統安全技術的基礎上利用主動學習機制來檢測網絡異常入侵行為和發現從未出現過的、新的或變異過的網絡攻擊和病毒等，然後採取相應的評估方法對當前網絡所面臨的安全態勢進行及時的、動態的和量化的評估，並且利用態勢預測技術對隨後可能會發生的安全事件進行估計和推測，最終根據安全態勢評估結果和推測結論的反饋信息對當前網絡的安全策略進行及時調整。目前，網絡安全態勢感知研究已經成為網絡安全領域中的一個熱點研究內容。

3.2 網絡安全態勢感知研究現狀

態勢感知（Situation Awareness，SA）概念源於航天飛行中的人因因素（Human Factors）研究，這一研究開始於20世紀80年代中期並且在20世紀90年代得到了迅速的發展。目前，與態勢感知密切相關的研究已經涉及空中交通控制、醫療應急調度、核反應控制和軍事戰場等應用領域。關於態勢感知定義，研究者通常根據自己研究所涉及的特定領域對態勢感知提出不同的定義，但是在已提出的眾多態勢感知的定義中，許多定義接近於航天飛行領域所提出的態勢感知定義。Endsley 於 1988 年將態勢感知定義為「在一定的時空條件下，對環境因素的獲取、理解以及對未來狀態的預測」，這也是迄今為止被許多研究者接受的一種定義形式。隨後，Endsley 提出一種用於動態決策的態勢感知模型，該模型由核心態勢感知和影響態勢感知的要素兩部分組成。在核心態勢感知部分，Endsley 將其分為三級：當前態勢要素察覺、當前態勢理解和未來狀態預測，圖 3.3 是核心態勢感知部分的三級模型圖。

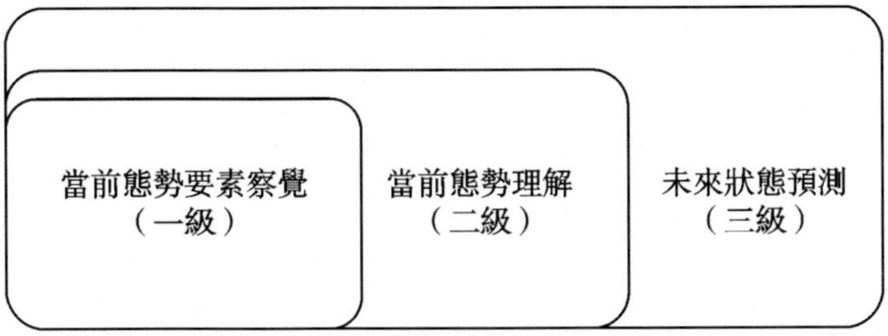

圖 3.3　態勢感知模型

在圖 3.3 中，態勢要素察覺是態勢感知模型中的第一級，也是態勢感知的基礎，它可以對特定環境中關聯要素的狀態、屬性和動態性進行察覺；態勢理解則是對第一級中所察覺到的態勢離散要素進行分析與合成，通過第一級所獲取的態勢要素知識，特別是當與其他態勢要素形成一種模式時，決策者會對整個態勢環境有一個全面的瞭解並能較全面地理解對象和事件的重要性；而在特定環境中態勢要素的外延活動能力形成了態勢感知的最高級別，即未來狀態預測，這樣可以方便決策者及時做出合理的決策。

網絡安全態勢感知的研究工作始於 Bass 對網絡態勢感知的研究。他於1999 年首次提出了網絡態勢感知概念，隨後提出了基於多傳感器數據融合的網絡入侵檢測系統框架，同時指出其可以應用於新一代網絡入侵檢測系統和網絡態勢感知系統中。網絡態勢感知側重於整個網絡中與拓撲相關的節點的感知或發現，而網絡安全態勢感知側重於整個網絡安全的當前狀況和未來趨勢。目前，學術界對網絡安全態勢感知還未能給出統一的、全面的定義。Cole 等人認為網絡安全態勢感知是指網絡決策者通過人機交互界面形成的對當前網絡狀況的認知程度，從決策者的角度描述了網絡安全態勢感知的定義；王慧強等人把網絡安全態勢感知定義為：「在大規模網絡環境中，對能夠使網絡安全態勢發生變化的安全要素進行獲取、理解、顯示以及預測未來的發展趨勢。」

自態勢感知概念被引入網絡安全領域以來，國內外研究人員相繼從不同角度入手提出了應用於不同網絡環境中的安全態勢感知模型，但是大多數感知模型的構建思想來源於 Endsley 提出的態勢感知模型（即 Endsley 模型）和美國國防部的實驗室理事聯合會（Joint directors of laboratories，JDL）下設的數據融合工作組所提出的 JDL 模型。雖然 JDL 模型最初用於軍事領域，但是由於 JDL 模型只是一個概念模型，具有一定的通用性，因此，該模型也被廣泛應用於非軍事領域。JDL 模型主要由對象精煉（Level 1）、態勢評估（Level 2）、威脅評估（Level 3）和過程精煉（Level 4）四個用於信息處理的基本級別構成。1998 年，Waltz 借鑑觀察—調整—決策—行動（Observe、Orient、Decide、Act，OODA）循環模型的思想對 JDL 模型進行相應的改進，提出了一種用於描述信息戰爭中知識發現過程的數據融合模型。他將該模型劃分為三層（數據、信息和知識）和五級（Level 0 數據精簡、Level 1 對象精煉、Level 2 態勢評估、Level 3 威脅評估、Level 4 過程精煉）。Bass 於 2000 年將 Waltz 提出的數據融合模型與網絡入侵檢測系統相結合，首次提出基於多傳感器數據融合的網絡態勢感知功能模型，該模型已經被業界普遍接受。雖然該模型沒有提出明確的解決方法，但是它對網絡安全態勢感知模型研究具有極其重要的影響。上述三種模型之間的關係如圖 3.4 所示。在圖 3.4 中，六個淺灰色框所構成的數據流圖即為 JDL 概念模型；如果在 JDL 模型的基礎上添加四個白色框，則構成 Waltz 提出的數據融合模型，該模型被劃分為三個層次和五個級別；而 Bass 提出的基於多傳感器數據融合的網絡態勢感知功能模型與 Waltz 模型的區別體現在數據來源是否用於互聯網絡態勢感知。

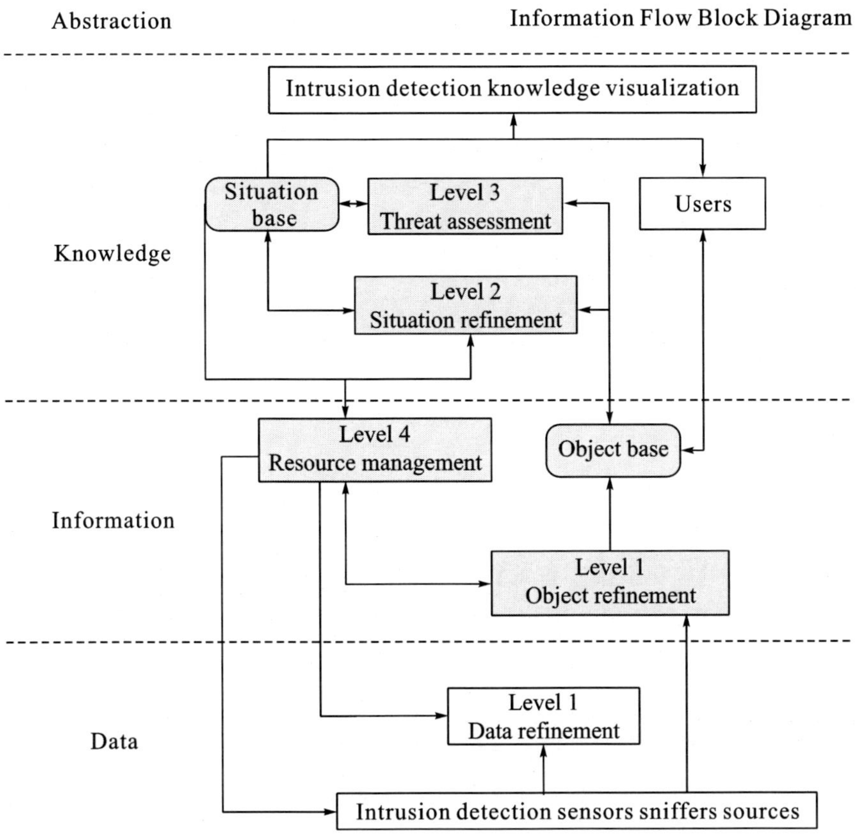

圖 3.4　JDL 模型、Waltz 模型和 Bass 模型

目前，國內外關於網絡安全態勢感知的研究仍處於起步階段，到其理論模型的成熟和實用模型的應用推廣還有一定的距離。較有代表性的網絡安全態勢感知模型有：

2001 年，Information Extraction & Transport 公司 Ambrosio 等人開發了 SSARE（Security situation assessment and response evaluation）系統，並將其應用於廣域網絡中計算機攻擊檢測、態勢估計和回應評估。SSARE 系統包括系統組件、攻擊組件、任務組件、策略組件和回應組件等主要元素，其態勢感知過程依次為：獲取假設性數據、計算數據信息值、預測未觀測到的模型元素實例、安全態勢估計和回應評估，以便為決策者提供指導並制定出相應的安全管理決策方案。

2004 年，美國國家高級安全系統研究中心（National center for advanced secure system research，NCASSR）的 SIFT（Security incident fusion tool）項目組開

發了 NVisionIP 和 VisFlowConnect 兩種可視化工具。它們的數據源都來源於由路由器生成的 NetFlow 日誌信息，每一條日誌包括網絡連接的源/目的 IP、源/目的端口、協議類型、時間戳、傳輸速度和字節統計等主要信息。NVisionIP 借助系統狀態可視化來獲取安全態勢感知相關信息；而 VisFlowConnect 借助連接分析可視化來獲取安全態勢感知相關信息。開發這兩種可視化工具的動機是現有網絡安全設備的檢測結果均以文本形式表示，缺乏直觀性，使網絡決策者很難及時、準確地從中找到有用信息。借鑑人類對圖像信息的靈敏性，這兩種可視化工具運用圖形圖像技術將態勢評估和態勢預測結果以可視化形式表示，方便決策者快速獲取一些有利於網絡安全運行的關鍵信息。

Shen 等人提出將從入侵檢測系統（IDS）和入侵防禦傳感器（IPSs）等網絡設備獲得的各種日誌和報警信息進行融合處理，建立一種基於信息融合的安全網絡態勢感知功能模型，用於檢測和預測多級隱性網絡攻擊。該模型包括數據融合組件和動態/自適應特徵組件兩部分，對於數據融合部分，首先對從 IDS 和 IPSs 等網絡設備獲得的日誌和報警信息進行預處理；然後進入第一級（Level 1：對象精簡）對數據做融合處理；接著進入更高處理級別（Level 2：態勢評估和 Level 3：威脅評估）對數據做知識發現；最後預測未來可能發生的網絡攻擊並對其採取相應的安全回應策略。對於動態/自適應特徵部分，其主要用於特徵或模式識別以及捕獲新的或未知的網絡攻擊。該模型為在多源融合平臺上的原型系統框架，在具體應用環境中融合的層次選擇是該模型面臨的一個重要問題。但是與單源系統相比，該模型具有更優越的性能。

2005 年，四川大學李濤教授提出了一種基於免疫的網絡安全風險檢測模型。該模型包括自體演化、自體耐受、克隆選擇、動態免疫記憶和免疫監視等功能模塊，並給出了與該模型有關的自體、非自體、抗體、抗原等的形式化定義。利用該模型可以即時地、定量地計算出當前網絡所面臨的攻擊類別、數量、強度和風險指標等。該模型在網絡安全態勢感知中顯示出了其主動防禦能力，這是對傳統網絡安全技術的一次重要突破。

2006 年，陳秀真提出一種層次化安全威脅態勢定量評估模型。該模型從上至下被劃分為網絡系統、主機、服務和攻擊/漏洞四個層次，採取「自下而上、先局部後整體」的評估策略，利用 IDS 日誌信息獲取主機中服務受到的威脅情況並在攻擊層統計分析網絡攻擊的嚴重程度、發生次數以及網絡帶寬占用率，來評估各項服務所面臨的安全威脅態勢，然後逐層向上來量化評估主機和整個局部網絡系統的安全威脅態勢。該模型在進行量化評估時除了考慮網絡帶寬占用率、網絡攻擊頻率和攻擊嚴重性之外，同時還考慮了服務和主機的重要性因子，並用於計算服務、主機和整個網絡系統的威脅指數值。

2008年，王慧強等人通過對JDL模型和Endsely模型進行分析，提出了網絡安全態勢感知分層實現模型。該模型從下至上被分為三層，其中要素提取層採用一種基於多分類器融合的安全態勢要素提取方法；由於不同分類器的分類結果可能不同，對於同一事件，其採用D-S證據理論進行進一步融合推理，其最終結果即為該模型所提取的態勢要素。對於態勢評估層，其借鑑陳秀真提出的基於統計學習的分層態勢評估方法對網絡安全態勢進行量化評估。而態勢預測層採用基於遺傳算法優化的BP神經網絡模型實現網絡安全態勢預測。

韋勇等人於2009年針對網絡安全態勢評估中數據源單一、數據源之間的低互補和高冗餘性以及量化算法的主觀性等問題，提出了一種基於信息融合的網絡安全態勢評估模型。該模型由多源信息融合、態勢要素融合、結點態勢融合和時間序列分析四個層次構成，它採取「自下而上、先部分後整體」的方法對網絡安全態勢進行評估。該模型利用改進的D-S證據理論將多數據源態勢信息進行融合，對漏洞及服務信息進行利用並經過態勢要素融合和節點態勢融合來計算網絡安全態勢值，然後通過時間序列分析來實現網絡安全態勢的量化分析和趨勢預測。

迄今為止，儘管網絡安全態勢感知研究取得了豐碩的科研成果，但是由於網絡自身的複雜性、多元性和不定性等特性，該領域的研究工作仍處於探索階段。根據已有的研究成果可發現，網絡安全態勢感知研究呈現如下一些特點：①態勢感知理論框架大多數沿用了Endsley態勢感知模型和JDL（Joint directors of laboratories）數據融合模型的設計思想；②態勢感知系統結構以層次化結構為主；③態勢評估過程多採用「自下而上，先局部後整體」的評估策略；④態勢評估方法多採用權重分析法。目前，網絡安全態勢感知研究存在的主要問題是：

（1）缺乏即時的、具有主動學習能力的網絡安全態勢感知模型。已有的態勢感知模型在態勢評估時大多採用離線靜態評估技術，這些技術難以適應大規模網絡環境下在線動態評估的需求；而在態勢評估過程中，對於網絡攻擊數據的檢測通常採用模式匹配方法和概率攻擊方法等，只能檢測已知的網絡攻擊行為。因此，利用主動學習方法獲取未知的網絡攻擊行為以及利用有效的態勢預測方法推測未來的安全攻擊趨勢是提高網絡安全態勢感知能力的有效措施。

（2）已有的態勢預測方法多採用傳統的預測模型，幾乎沒有考慮到預測模型選擇的合理性。

（3）缺乏標準化的態勢指標體系，儘管學術界已經在態勢指標體系方面進行了一定研究，但基本上都是針對各自特定的應用環境來確定不同的指標體系，仍缺乏全面的、統一的指標標準。

本書將人工免疫和雲模型技術應用於網絡安全態勢感知領域，提出了一種新的網絡安全態勢感知模型。該模型的特點表現在以下幾個方面：①利用基於危險理論和雲模型的入侵檢測技術，即時地監測網絡面臨的攻擊，能夠更為精確地檢測網絡所受到的威脅；②給出了網絡安全態勢的定量評估算法，可以即時定量地計算網絡當前所面臨攻擊的安全態勢指標等；③利用雲模型技術，對網絡安全態勢進行預測，為制定合理準確的回應策略提供依據。

3.3 基於免疫的網絡安全態勢感知模型框架

本書基於 Endsley 提出的態勢感知模型，引入人工免疫的思想，提出一種基於免疫的網絡安全態勢感知模型。它包括三個階段：態勢感知、態勢理解和態勢預測。對應這三個階段，本書提出的模型由入侵檢測、態勢評估和態勢預測等模塊組成。模型框架如圖 3.5 所示。

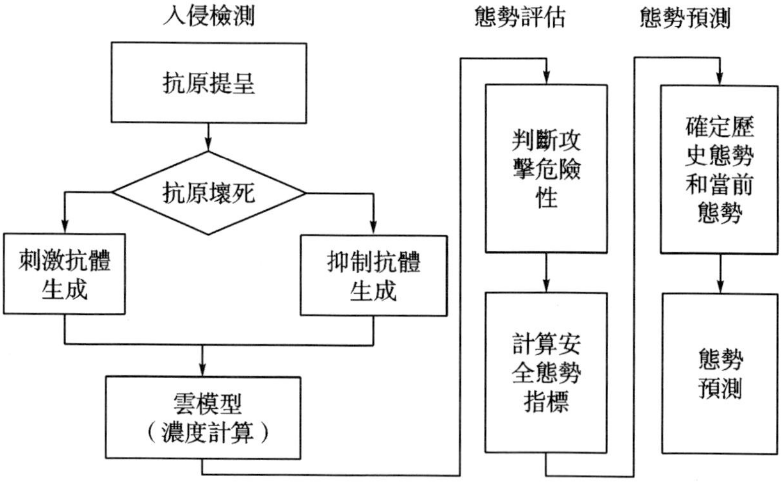

圖 3.5　模型框架

入侵檢測模塊包含了一種模擬免疫回應中抗體濃度變化的入侵檢測方法，來改善和解決現有基於免疫的異常檢測技術存在的問題。該方法引入了血親類和血親類系的概念來對抗體和抗原進行分類，模擬抗體之間的相關性；建立了入侵檢測中抗原、抗體的動態演化模型；借鑑雲模型的思想判定免疫系統中抗體濃度的變化，並對危險等級進行劃分，根據危險等級引導免疫應答。

態勢評估模塊在入侵檢測模塊的基礎上，採用雲理論的不確定性推理，對網絡安全態勢進行多粒度分析。通過對安全態勢指標建模，再採用雲規則發生器和逆向雲發生器，可以得到主機及網絡的安全態勢的定性結果。

態勢預測模塊採用基於雲模型的時間序列預測機制，在綜合歷史和當前網絡安全態勢的基礎上進行網絡安全態勢預測。

下文將分別對這三個模塊進行詳細描述。

3.4 入侵檢測

3.4.1 抗體和抗原

本模型中定義抗原為網絡請求，自體為正常網絡請求，非自體為異常的網絡活動（網絡攻擊）。自體和非自體構成整個系統的抗原集合，抗原的特徵由抗原決定基表示。抗體用於檢測和匹配抗原，抗體的特徵由抗體決定基表示。本書在形態空間模型的基礎上，用一個二進制字符串表示抗體 Ab 和抗原 Ag 的特徵。

定義 $B = \{0, 1\}^{length}$ 代表所有長度為 *length* 的二進制串組成的集合，N 為自然數集合，R 為實數集合。定義抗原 Ag 如（3.1）。

$$Ag = \{ < d, type, lifetime > | d \in B, type, lifetime \in N\} \qquad (3.1)$$

其中 d 為抗原決定基，由 m 個特徵基因段（gene）組成，$d = (d_1, d_2, \cdots, d_m)$，$d_i$ 表示抗原決定基 d 的第 i 個分量，$d_i \in \{0, 1\} l_i$，$i = 1, 2, \cdots, m$，l_i 為 d_i 的長度。*type* 為抗體類型，取值為 0 和 1，0 表示固有抗原，1 表示外來抗原。*lifetime* 為抗原的生命期。

抗體 Ab 分為未成熟抗體 AbI、成熟抗體 AbT 和記憶抗體 AbM。未成熟抗體 AbI 指的是新生成的並且未經過自體耐受的免疫細胞，定義如（3.2）。成熟抗體 AbT 指的是經過了自體耐受並且沒有被抗原激活的免疫細胞，定義如（3.3）。記憶抗體 AbM 指的是成熟抗體中與一定數量的抗原匹配後激活進化的免疫細胞，定義如（3.4）。

$$AbI = \{ < d, age > | d \in B, age \in N\} \qquad (3.2)$$

其中，d 為抗體決定基，結構與抗原決定基相同，都是由基因段組成。

$$AbT = \{ <d, age, consistency, count> | d \in B, age, count \in N, consistency \in R\} \qquad (3.3)$$

其中，d 為抗體決定基。age 為抗體的年齡，$consistency$ 為抗體的濃度，$count$ 為抗體匹配抗原的數量。

$$AbM = \{ <d, age, consistency, count> \mid d \in B, age, count \in N, consistency \in R\} \quad (3.4)$$

其中，d 為抗體決定基。age 為抗體的年齡，$consistency$ 為抗體的濃度，$count$ 為抗體匹配抗原的數量。

抗體 Ab 和抗原 Ag 的決定基都是由基因段組成。基因段提取自 IP 包的關鍵組成部分。把各個基因段的所有可能的取值集中到基因庫中，從基因庫中各個基因段隨機選擇相應的基因值構成合法基因。在本書中基因段類型包括服務類型（8bit）、源地址（32bit）、源端口（16bit）、目的地址（32bit）、目的端口（16bit）、協議類型（8bit）、IP 包長度（16bit）、數據包部分內容（16bit）等。

3.4.2 親和力計算

抗原和抗體、抗原和抗原、抗體和抗體之間的親和力被定義為其數據結構之間的匹配。親和力可以為 Euclidean 距離、Manhattan 距離、Hamming 距離、r 連續位匹配、結合強度計算等。本書採用改進的 r 連續位匹配規則，表示如（3.5）。

$$f_{affinity}(d1, d2) = \begin{cases} 1, & \sum_{i=1}^{m} f_{match}(d1.d_i, d2)/m \geqslant \theta \\ 0, & others \end{cases} \quad (3.5)$$

其中，$d1 \in B$、$d2 \in B$、m 為組成 $d1$ 和 $d2$ 的基因段的個數，θ 為匹配閾值。若 $f_{affinity}$ 為 1，表示 $d1$ 和 $d2$ 相匹配。f_{match} 表示如（3.6），l 為二進制字符串 y 的長度。

$$f_{match}(x, y) = \begin{cases} 1, \exists i, j, j-i \geqslant |x|, 0<i \leqslant j \leqslant l, x_i = y_j, x_{i+1} = y_{j+1}, \cdots, x_{|x|} = y_{i+|x|-1}, \\ \qquad 0, others \end{cases} \quad (3.6)$$

3.4.3 血親類和血親類系

本書採用血親類和血親類系來模擬抗體之間的相關性。定義血親如（3.7），θ 為匹配閾值。

$$Consanguinity = \{ < x, y > \mid f_{affinity}(x.d, y.d) \geqslant \theta \cap x, y \in Ab\} \quad (3.7)$$

對於抗體中的任意集合 X，如果對任意的 $\forall x, y \in X$，都有 $<x, y> \in Consanguinity$，即集合 X 中的任意元素 x、y 的親和力均大於給定閾值，則稱 X 為血親類。若 $Ab-X$ 中的任何元素與 X 中的元素的關係均不為 $consanguinity$，則稱 X 為 Ab 中的最大血親類。

設 $\pi = \{A1, A2, \cdots, An\}$，$Ab^1 = Ab, Ab^i = Ab - \cup_{1 \leqslant j < i \leqslant n} A_j$，令 A_i為 Ab^i中具有最多元素的任一最大血親類，並且 $Ab = \cup_{1 \leqslant i \leqslant n} A_i$，則稱 π 為 Ab 中的血親類系。設 $1 \leqslant j < i \leqslant n$，由 π 的定義有：$A_i \cap A_j = \emptyset$。表 3.2 顯示了對抗體集合 X 進行分類得到血親類系的步驟。

表 3.2　　對抗體集合 X 進行分類得到血親類系

輸入：$X = \{ab_1, ab_2, \cdots, ab_n\}$ 輸出：$\pi = \{A_1, A_2, \cdots, A_s\}$
步驟 1：$\pi = \emptyset$。 步驟 2：計算全部元素 ab_i、ab_j（$1 \leqslant i \leqslant n$，$1 \leqslant j \leqslant n$）之間的親和力。如果$<ab_i, ab_j> \in$ Consanguinity，則 ab_i、ab_j之間存在邊 $e_{ij} = <ab_i, ab_j>$，由於 $Consanguinity$ 關係是相互的，所以用無向邊代替雙向的有向邊。由此可得無向圖 $G = <V, E>$，其中 $G.V = X$ 為非空有限集，即圖 G 的頂點；$G.E = \{e_{ij} \mid e_{ij} = (ab_i, ab_j) \in Consanguinity\}$，即圖 G 的邊。 步驟 3：求圖 G 的全部極大完全子圖 $X' = \{X_1, X_2, \cdots, X_k\}$，其中 $X_i = <V, E>$ $(1 \leqslant i \leqslant k)$。 步驟 4：在 X' 中選取 $X_i = \{ag \mid ag \in X_i.V, \lvert X_i.V \rvert = \max_{1 \leqslant j \leqslant k} \lvert X_j.V \rvert\}$，$A = X_i.V$，$\pi = \pi + A$。 步驟 5：令 $X' = X' - \{x \mid x \in X', \forall ag(ag \in x.V)! \in X_i.V\}$。 步驟 6：轉到步驟 4 重新開始執行，直到 $X' = \emptyset$。

3.4.4　血親類系的濃度計算

微觀上，每個血親類系的濃度由該類系的每個抗體的濃度構成。抗體濃度的狀態將直接反應網絡的安全態勢。本書中設定抗體濃度的改變規則如下。

未成熟抗體經過自體耐受變為成熟抗體時，會有一個初始濃度。

當抗原為非自體時，其將對抗體發出刺激信號 η。即當抗原與記憶抗體匹配，抗原將對相應抗體產生一個刺激信號 η_m，使抗體濃度增加；當抗原與成熟抗體匹配，則抗原會對相應抗體產生一個刺激信號 η_t，使抗體濃度增加。

抗原正常死亡時將對抗體發出一個抑制信號 ζ。即當記憶抗體在一定時間內沒有與抗原匹配，抗體濃度將減少；當成熟抗體在一定時間內沒有與抗原匹配，抗體濃度也將減少；成熟抗體的生命週期到達閾值還沒有被激活時，抗體將被刪除。

如公式（3.8）所示。

$$Consistency(t)=f_{init}(t)+f_{\eta}(t)-f_{\zeta}(t)=\sum_{i=1}^{n} ab_i(t).\ consistency \quad (3.8)$$

其中 n 為該類系中抗體的個數，$i=1, 2, \cdots, n$，$f_{init}(t)$ 表示 t 時刻類系的初始濃度，$f_{\eta}(t)$ 表示 t 時刻匹配非自體對抗體濃度的影響函數，$f_{\zeta}(t)$ 表示 t 時刻抗原正常死亡對抗體濃度的影響函數。

3.4.5 雲模型建模

雲模型是用語言值表示的某個定性概念與其定量表示之間的不確定轉換模型，其數字特徵包括期望值 Ex、熵 En、超熵 He。基於抗體濃度機制的入侵檢測系統中的最重要的問題就是如何根據抗體濃度判斷危險。由於判定過程中，危險、安全是定性的概念，存在著不確定性，而人工免疫系統中的資源是定量的數據，因此可用雲模型來表示。通常，我們可以監視系統變量（內存占用率、CPU 使用率、I/O 使用情況、網絡延遲、丟包率、網絡流量等），並通過它們的變化情況採樣，來建立正常概念雲和不正常概念雲，由此判定危險。但系統變量較多，其相互之間存在一定的關聯，如果用多個一維雲或多維雲來建模的話，誤差會大一些。而在免疫系統中，系統受到入侵，最直接的變化即是抗體濃度的變化，抗體濃度的變化能夠反應網絡安全態勢。因此可對抗體濃度建模，來判定危險。

首先採集安全狀態下的數據。以 t_0 為採樣起始點，T 為採樣時間間隔，分別對不同血親類系的抗體濃度進行採樣，獲取 k 個樣本點：t_0 $\{A_{10}, A_{20}, \cdots, A_{n0}\}$、$t_1$ $\{A_{11}, A_{21}, \cdots, A_{n1}\}$、…、$t_k$ $\{A_{1k}, A_{2k}, \cdots, A_{nk}\}$。將樣本點的數值規約到 $[0, 1]$ 之間。這樣，每個血親類系的樣本點在空間的分佈就構成了雲。根據逆向雲發生器算法（如表 3.3 所示），可分別得到每個血親類系的安全狀態的雲的數字特徵 $\{Ex_{safe1}, En_{safe1}, He_{safe1}\}$、$\{Ex_{safe2}, En_{safe2}, He_{safe2}\}$、…、$\{Ex_{safen}, En_{safen}, He_{safen}\}$。

表 3.3 **逆向雲發生器算法**

根據雲滴，求雲的數字特徵。(以血親類系 A_1 的抗體濃度為例) 輸入：樣本點 A_{11}、…、A_{1k} 輸出：(Ex_1、En_1、He_1)
步驟 1：計算樣本均值 $\overline{A_1} = (1/k)\sum_{i=1}^{k} A_{1i}$，樣本方差 $S^2 = 1/(k-1)\sum_{i=1}^{k}(A_{1i}-\overline{A_1})^2$ 步驟 2：$Ex_1 = \overline{A_1}$ 步驟 3：$En_1 = \sqrt{\pi/2} \times (1/k)\sum_{i=1}^{k} \lvert A_{1i} - Ex \rvert$ 步驟 4：$He_1 = \sqrt{S^2 - En^2}$

引入已知攻擊，在系統處於危險的情況下，收集若干樣本點，以類似的方法生成危險狀態的雲，並得到每個血親類系的危險狀態的雲的數字特徵：$\{Ex_{dangerous1}, En_{dangerous1}, He_{dangerous1}\}$、$\{Ex_{dangerous2}, En_{dangerous2}, He_{dangerous2}\}$、…、$\{Ex_{dangerousn}, En_{dangerousn}, He_{dangerousn}\}$。

如果安全狀態雲和危險狀態雲覆蓋了整個狀態空間，則我們可用這兩個雲來判定系統的危險情況。這是一個比較理想的情況。如果安全狀態雲和危險狀態雲不能覆蓋整個狀態空間，則需對狀態空間的空白部分進行劃分，可以劃分為弱安全雲和弱危險雲。一般情況下，越接近論域中心，雲的熵和超熵越小；越遠離中心，雲的熵和超熵越大。相鄰雲的熵和超熵，預設較小者是較大者的 0.618 倍，此為經驗值。因此可得 $En_{lesssafe}$、$En_{lessdangerous}$、$He_{lesssafe}$、$He_{lessdangerous}$。根據雲的「3En 規則」，可估算出弱安全雲和弱危險雲的期望值 $Ex_{lesssafe}$、$Ex_{lessdangerous}$，見式（3.9）和式（3.10）。

$$Ex_{lesssafe} = Ex_{safe} + 3En_{lesssafe} = Ex_{safe} + 3 * 0.618 * En_{safe} \tag{3.9}$$

$$Ex_{lessdangerous} = Ex_{dangerous} - 3En_{lessdangerous} = Ex_{dangerous} - 3 * 0.618 * En_{dangerous} \tag{3.10}$$

3.4.6 總體流程

系統的結構分為兩個部分，正常數據建模和入侵檢測模塊。

正常數據建模的目的是建立各個血親類系的濃度的雲模型。首先用 syn flood、scanning attack、IP spoofing attack 等十多種攻擊初始化系統，產生初始抗原集合、初始記憶抗體集合，並根據成熟抗體和記憶抗體之間的血親關係，得到初始血親類系的劃分。此時為 t_0。之後，在系統正常狀態下，每隔時間 T 進行採樣，採樣 k 次。在每個採樣點，計算各個血親類系的濃度，由此得到 k

個雲滴，可根據逆向雲發生器算法，算出各個血親類系在安全狀態下雲的數字特徵。同理，在 t_0時刻引入已知攻擊，在系統只受到一種攻擊的狀態下，每隔時間 T 進行採樣，採樣 k 次，根據樣本值計算各個血親類系在危險狀態下雲的數字特徵。然後，根據式（3.9）和式（3.10）計算得知弱安全雲和弱危險雲的數字特徵。至此，數據建模完成，可得各個危險等級的一維變量雲，並設計如下規則構造規則發生器。

規則 1：IF 濃度低 THEN 系統安全。

規則 2：IF 濃度較低 THEN 系統較安全。

規則 3：IF 濃度較高 THEN 系統較危險。

規則 4：IF 濃度高 THEN 系統危險。

入侵檢測模塊是系統的主要部分，目的是判斷系統是否受到異常攻擊，其流程如圖 3.6 所示。

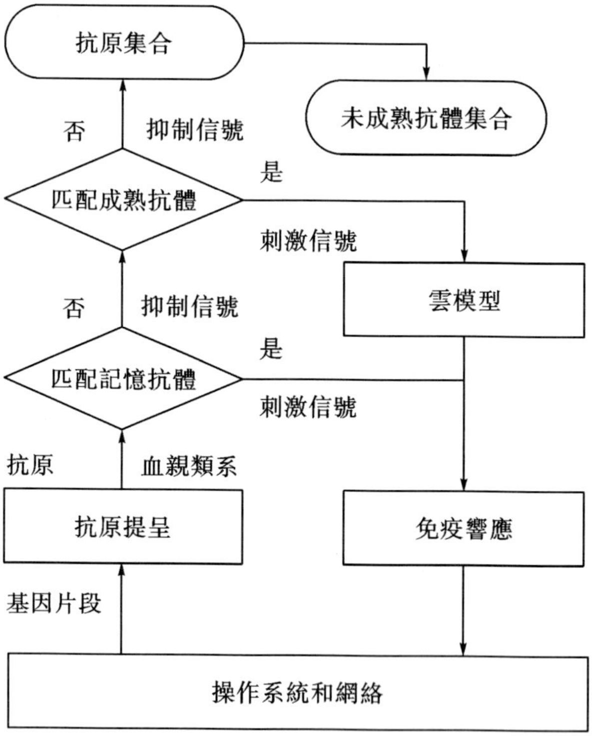

圖 3.6　入侵檢測模塊流程圖

當系統收到 IP 包以後，由抗原提程模塊提取基因段編碼成抗原決定基，將其加入抗原集合，並對該抗原進行血親分類。然後抗原與記憶抗體會進行親和力匹配。當親和力大於一定閾值時，該抗原被認為是非自體，應從抗原集合中將該抗原刪除，增加匹配抗體的濃度，並引發二次應答。如果沒有引發二次應答，該抗原將繼續與成熟抗體進行親和力匹配，當親和力大於一定閾值時，增加匹配抗體的濃度，此時計算抗原的血親類系的濃度，並得到該濃度的危險等級的隸屬度，產生不同的回應（見表 3.4）。當系統引發二次應答或者濃度隸屬於危險雲而引發初次應答時，抗體依據克隆選擇算法發生變異，產生新的比原有抗原親和力更高的抗體以便更快地識別危險抗原，同時也會產生一些比原有抗原親和力低的抗體加入未成熟抗體集合，以保證免疫系統多樣性。

表 3.4　　不同的隸屬雲的回應對比

隸屬於安全雲，說明雖然檢測到非自體抗原，但系統安全，可認為是誤識別，應刪除對應的成熟抗體。
隸屬於弱安全雲，說明雖然檢測到非自體抗原，但系統基本安全，基本可認為是誤識別，不引發免疫回應，對應的成熟抗體濃度降低。
隸屬於弱危險雲，說明該抗原是非自體抗原，應從抗原集合中將該抗原刪除，並引發初次應答，對應的成熟抗體的濃度增加。
隸屬於危險雲，說明該抗原是非自體抗原，應從抗原集合中將該抗原刪除，並引發初次應答，對應的成熟抗體應加入記憶抗體集合。

1. 抗原演化模型

在實際情況中，一個時刻被認為是正常的網絡活動，下一時刻就有可能被認為是非法的。如，t_0時刻管理員開放服務器的 ftp 服務，此時網絡中的 21 端口的連接為正常連接；t_1時刻管理員關閉了 ftp 服務，這時網絡中的 21 端口的連接則為非法連接。因此，免疫系統中的抗原集合是隨時間動態演化的。抗原分為固有抗原和外來抗原。固有抗原集合不變，生命期 *lifetime* 始終為最大值 T_L。外來抗原集合隨時間動態變化，新加入的抗原的生命期 *lifetime* 為最大值 T_L，此後逐漸減少，直至為 0。當外來抗原的生命期為 0 時，則刪除該抗原。如公式（3.11）所示。

$$f_{ag}(t)=\begin{cases}\{<d,\ type,\ lifetime>\ |\ selveswhent=0\} & t=0\\ f_{ag}(t-1)+f_{agnew}(t)-f_{agdead}(t) & t\geqslant 1\end{cases} \tag{3.11}$$

其中，$f_{agnew}(t)=\{<d, type, lifetime>\ |\ type=1, lifetime=T_L$，$d$ 為 t 時刻新增加的抗原決定基$\}$，$f_{agdead}(t)=\{<d, type, lifetime>\ |\ type=1, lifetime=0$，$d$ 為 t 時刻認為是非自體的抗原$\}$。

在免疫系統運行過程中，因系統資源有限，應避免系統中的抗原數目隨時間無限增大。假定免疫系統的抗原數目閾值為 C_{ag}。固有抗原集合大小為 $C_{inherent}$，則外來抗原集合大小的閾值為 $C_{foreign} = C_{ag} - C_{inherent}$。而抗原生命期應盡可能大，這樣才能覆蓋更多自體空間，減少錯誤肯定率。抗原生命期 T_L 和抗原數目閾值 C_{ag} 的關係如下：

假定 t_0 時刻外來抗原數目為 N_0，這些抗原的生命期為 T_L，則 t_0 時刻應滿足 $N_0 \leqslant C_{foreign}$；

假定 t_1 時刻外來抗原數目為 N_1，此時 t_0 時刻的抗原生命期為 T_{L-1}，則 t_1 時刻應滿足 $N_0 + N_1 \leqslant C_{foreign}$；

…

假定 t_{TL-1} 時刻外來抗原數目為 N_{TL-1}，此時 t_0 時刻的抗原生命期為1，則 t_{TL-1} 時刻應滿足 $N_0 + N_1 + \cdots + N_{TL-1} = \sum_{i=0}^{TL-1} N_i \leqslant C_{foreign}$；

理想情況下，每一時刻外來抗原的數目相等，即 $N = N_0 = N_1 = \cdots = N_{TL-1}$，則有 $T_L \times N \leqslant C_{ag} - C_{inherent}$，$T_L \leqslant (C_{ag} - C_{inherent})/N$。

2. 抗體演化模型

抗體集合包括未成熟抗體集、成熟抗體集和記憶抗體集。

未成熟抗體集包括兩部分：一部分抗體是由基因庫中隨機選出的不同基因段構成的，另一部分抗體是免疫應答時抗體依據克隆選擇算法發生變異產生的。新生成的未成熟抗體要根據否定選擇算法與抗原集合進行比較，刪除那些與自體抗原相匹配的未成熟抗體。此時，這些新生成的未成熟抗體的年齡為0。之後，未成熟抗體要經過一個耐受期 $T_{tolerance}$，只有經過了耐受期的未成熟抗體才能變為成熟抗體。同抗原集合一樣，抗體集合的大小也是有限制的。以上過程如公式（3.12）所示。

$$f_{abi}(t) = \begin{cases} \{ < d, \ age > \mid antibodieswhent = 0\} & t = 0 \\ f_{abi}(t-1) + f_{abinew}(t) - f_{abit}(t) & t \geqslant 1 \end{cases} \tag{3.12}$$

其中，$f_{abi}(t-1) = \{<d, age> \mid 0<age<T_{tolerance}$，$d$ 為 $t-1$ 時刻的未成熟抗體$\}$，$f_{abinew}(t) = \{<d, age> \mid age = 0$，$d$ 為 t 時刻新生成的通過了否定選擇算法的抗體$\}$，$f_{abit}(t) = \{<d, age> \mid age = T_{tolerance}$，$d$ 為 t 時刻要進入成熟抗體集的抗體$\}$。

當未成熟抗體 *abi* 變為成熟抗體 *abt* 時，設新生成的成熟抗體 $abt.d = abi.d$，$abt.age = 0$，$abt.consistency = \delta_{t0}$，$abt.count = 0$。在成熟抗體的生命週期 T_{mature} 內，當一個非自體抗原與成熟抗體相匹配時，則該成熟抗體的匹配值 *count* 增加1，濃度 *consistency* 增加 δ_{t1}；其他未與抗原相匹配的成熟抗體的濃度

consistency 減少 δ_{t2}。顯然，$\delta_{t1} > \delta_{t2}$。如果在生命週期內，成熟抗體與一個已知是自體的抗原相匹配的話，則該成熟抗體將被刪除。另外，如果在生命週期內，未引發免疫回應，則該成熟抗體也將被刪除；引發了免疫回應，則該成熟抗體將根據克隆選擇算法，進化為記憶抗體。此過程如公式（3.13）所示。

$$f_{abt}(t) = \begin{cases} \varnothing & t = 0 \\ f_{abt}(t-1) + f_{abtnew}(t) - f_{abtm}(t) - f_{abtdead}(t) & t \geqslant 1 \end{cases} \tag{3.13}$$

其中，$f_{abtnew}(t) = \{<d, age, consistency, count> \mid age = 0, consistency = \delta_{t0}, count = 0, d$ 為新加入的成熟抗體$\}$，$f_{abtm}(t) = \{<d, age, consistency, count> \mid consistency \in$ 危險雲$\}$，$f_{abtdead}(t) = \{<d, age, consistency, count> \mid age \geqslant T_{mature}, consistency\,! \in$ 危險雲 $\cup \exists x \in self[f_{affinity}(d, x) \geqslant \theta]\}$。

濃度函數 δ_{t1} 和 δ_{t2} 的取值很重要。δ_{t1} 的變化曲線與攻擊強度 a 有關，隨著攻擊強度的增強而增大。這樣在持續攻擊下，能縮短免疫學習時間，使免疫系統快速進行免疫回應。δ_{t2} 同樣應是攻擊強度 a 的函數，隨著攻擊強度的降低而緩慢增大。這樣若某一攻擊在較短時間內再次發生，則系統可保持較高的警戒度。設 δ_{t1} 和 δ_{t2} 的變化滿足公式（3.14）和公式（3.15）。

$$\eta(\tau) = (e\sqrt{\tau})^{0.2} - 1 \tag{3.14}$$

$$\zeta(\tau) = 0.2\log(\tau + 1) \tag{3.15}$$

成熟抗體 *abt* 在生命週期內引發了免疫回應，則其轉化為記憶抗體 abm，設新生成的記憶抗體 $abm.d = abt.d$，$abm.age = 0$，$abm.consistency = abt.consistency$，$abm.count = abt.count$。在記憶抗體的生命週期 T_{memory}（盡量大）內，當一個非自體抗原與記憶抗體相匹配時，則該記憶抗體的匹配值 *count* 增加 1，濃度 *consistency* 增加 η，並引發免疫回應；其他未與抗原相匹配的記憶抗體的濃度 *consistency* 減少 ζ。如果在生命週期內，記憶抗體與一個已知是自體的抗原相匹配的話，則該記憶抗體將被刪除。此過程如公式（3.15）所示。

$$f_{abm}(t) = \begin{cases} \varnothing & t = 0 \\ f_{abm}(t-1) + f_{abmnew}(t) - f_{abmdead}(t) & t \geqslant 1 \end{cases} \tag{3.15}$$

其中，$f_{abmnew}(t) = \{<d, age, consistency, count> \mid age = 0, d$ 為新加入的記憶抗體$\}$，$f_{abmdead} = \{<d, age, consistency, count> \mid \exists x \in self[f_{affinity}(d,x) \geqslant \theta]\}$。

3.5 態勢評估

設 t 時刻主機 j（$0 \leqslant j \leqslant m$）的免疫系統的血親類系劃分為 $A(t) = \{A_1$

(t), $A_2(t)$, …, $A_n(t)\}$，表明了系統受到的攻擊的類型。即時計算各個血親類系的濃度 $c(t)=\{c_1(t), c_2(t), \cdots, c_n(t)\}$。$c_i(t)$ 由血親類系 i 所包含的全部抗體的濃度構成。

由於每臺主機在網絡中的重要性和不同類型攻擊的危害性不同，在計算網絡或主機的安全態勢時，應考慮每臺主機的重要性以及每類攻擊的危害性。設 α_j（$0 \leqslant \alpha_j \leqslant 1$）為主機 j 在網絡中的重要性，β_i（$0 \leqslant \beta_i \leqslant 1$）為 i 類攻擊的危險性，c_{ij}（t）為主機 j 的血親類系 i 的濃度。設 R_{ij}（t）為 t 時刻主機 j 受到攻擊 i 時的安全態勢指標，R_j（t）為 t 時刻主機 j 的安全態勢指標，R_i（t）為 t 時刻網絡受到攻擊 i 時的安全態勢指標，R（t）為 t 時刻網絡總體的安全態勢指標。計算公式如下：

$$R_{ij}(t)=1-\frac{1}{1+\ln\left[1+c_{ij}(t)\,\beta_i\,\alpha_j\right]} \tag{3.16}$$

$$R_j(t)=1-\frac{1}{1+\ln\left[1+\sum_{i=1}^{n} c_{ij}(t)\,\beta_i\,\alpha_j\right]} \tag{3.17}$$

$$R_i(t)=1-\frac{1}{1+\ln\left[1+\sum_{j=1}^{m} c_{ij}(t)\,\beta_i\,\alpha_j\right]} \tag{3.18}$$

$$R(t)=1-\frac{1}{1+\ln\left[1+\sum_{j=1}^{m}\sum_{i=1}^{n} c_{ij}(t)\,\beta_i\,\alpha_j\right]} \tag{3.19}$$

顯然，$0 \leqslant R_{ij}$（t）、R_j（t）、R_i（t）、R（t）$\leqslant 1$。R_{ij}（t）越大，表明 t 時刻主機 j 受到攻擊 i 的威脅越大；R_j（t）越大，表明 t 時刻主機 j 的風險越大；R_i（t）越大，表明 t 時刻網絡受到攻擊 i 的威脅越大；R（t）越大，表明 t 時刻網絡的風險越大。反之相反。

網絡安全態勢的多粒度分析。推理規則的設定決定了推理的能力。由安全專家的知識匯聚成的規則庫是一個好的方案。但安全專家的知識一般是自然語言表達的，例如：如果在一段時間同一個端口的連接很多，那麼服務拒絕攻擊的可能性很大；如果一段時間內，登陸失敗的次數很多，那麼入侵的可能性較大。這些表達多是定性的，如「很多」「較大」等。如何將自然語言的定性規則轉化為計算機能夠處理的定量規則呢？一個好的解決方法是借助雲的不確定性推理。本書通過對安全態勢指標建模，採用雲規則發生器和逆向雲發生器，來對主機及網絡的安全態勢進行定性分析。以下以主機 j 受到攻擊 i 時的安全態勢指標 R_{ij} 為例。

規則發生器可分為前件雲和後件雲兩個部分。IF 部分是規則的條件，在這裡用前件雲實現，THEN 部分是規則的結果，用後件雲實現。前件雲的輸入是待檢值，輸出是採樣值激活某個規則前件的隸屬度；該隸屬度同時作為後件雲的輸入，輸出是規則的結論。

首先對主機在安全狀態下和被攻擊狀態下的安全態勢指標 R_{ij} 分別採樣 k 次，根據獲得的雲滴，通過逆向雲發生器算法構建前件雲，得到前件雲的數字特徵 $\{Ex_{safe\,ij}, En_{safe\,ij}, He_{safe\,ij}\}$ 和 $\{Ex_{dangerous\,ij}, En_{dangerous\,ij}, He_{dangerous\,ij}\}$。如果安全狀態雲和危險狀態雲覆蓋了整個狀態空間，則我們可用這兩個雲來判定系統的危險情況。這是一個比較理想的情況。如果安全狀態雲和危險狀態雲不能覆蓋整個狀態空間，則需對狀態空間的空白部分進行劃分，可以將其劃分為弱安全雲和弱危險雲。因此可得 $En_{lesssafe\,ij}$、$En_{lessdangerous\,ij}$、$He_{lesssafe\,ij}$、$He_{lessdangerous\,ij}$。與入侵檢測模塊中的抗體濃度建模相似，根據雲的「3En 規則」，可估算出弱安全雲和弱危險雲的期望值 $Ex_{lesssafe\,ij}$、$Ex_{lessdangerous\,ij}$。

因此設計如下規則構造規則發生器。

規則 1：IF 安全態勢指標低，THEN 系統安全。

規則 2：IF 安全態勢指標較低，THEN 系統較安全。

規則 3：IF 安全態勢指標較高，THEN 系統較危險。

規則 4：IF 安全態勢指標高，THEN 系統危險。

接下來，可根據安全態勢指標 R_{ij} 的實際值，通過規則發生器，得到主機所屬的風險等級及對該等級的隸屬度。下面給出安全態勢的雲推理算法。

輸入：待檢安全態勢指標 R_{ij}、規則前件（前件雲）、規則後件（後件雲）

輸出：主機 j 的安全態勢（定性態勢 C、定性態勢的隸屬度）

步驟：

（1）對每一條單規則，以 En_{ij} 為期望，He_{ij} 為方差，生成符合正態分佈的隨機值 En_t。

（2）根據給定的安全態勢指標 R_{ij}，由步驟 1 中的 En_t 求出各個單規則生成器的前件中輸入安全態勢指標 R_{ij} 所得到的激活強度，即隸屬度 μ_t，見式(3.20)。

$$\mu_t = e - \frac{(R_{ij} - Ex_{ij})^2}{{En_t}^2} \tag{3.20}$$

（3）取 μ_t 中最大 μ_1，其相應的單規則激活的後件雲即為主機 j 所屬的安全態勢等級 C, μ_1 即為激活隸屬度。

3.6 態勢預測

本書在評估歷史和當前網絡安全態勢的基礎上，採用基於雲模型的時間序列預測機制對未來一定時期內的網絡安全態勢進行定量預測。假定我們有時間序列數據集 $D = \{(t_i, r_i) \mid 0 \leqslant i < k\}$，其中 t_i 是時間屬性 T 的某一值，r_i 是數值屬性安全態勢 R 在時間點 t_i 的值。我們要預測在未來時間點 t_k 的 r_k 值。步驟如下。

1. 表達預測知識

基於雲模型，語言變量由論域上的原子概念組成。即語言變量 T 可表示為 $\{T_1(Ex_1, En_1, He_1), T_2(Ex_2, En_2, He_2), \cdots, T_s(Ex_s, En_s, He_s)\}$。圖 3.7 為語言變量時間 T {安全期 1，弱危險期 1，危險期，弱危險期 2，安全期 2} 的示意圖。我們可以得到預測語言規則集如下，規則集中的概念均用雲來表示：

IF 在安全期 1 THEN 安全態勢 R 低 1；IF 在弱危險期 1 THEN 安全態勢 R 中等 1；IF 在危險期 THEN 安全態勢 R 高；IF 在弱危險期 2 THEN 安全態勢 R 中等 2；IF 在安全期 2 THEN 安全態勢 R 低 2。

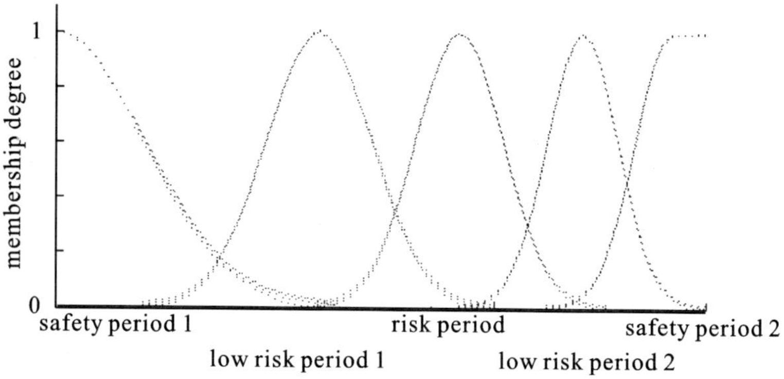

圖 3.7　語言變量時間 T 的示意圖

2. 確定歷史雲和當前雲

假定時間序列的週期長度為 L。首先把網絡安全態勢變化情況規約在若干個週期長度內。存在整數 w 和時間值 $t' \in [0, L]$ 使得 $t_k = t' + w * L$。然後將時間序列數據集 D 劃分為兩部分：$HD = \{(t_i, r_i) \mid 0 \leqslant i < w * L\}$ 和 $CD = \{(t_i, r_i) \mid w * L \leqslant i < k\}$。$HD$ 稱為歷史數據集，根據 HD 中數據的分佈可得到規則集 $\{T_1 \rightarrow R_1, T_2 \rightarrow R_2, \cdots, T_5 \rightarrow R_5\}$ 中各個雲的數字特徵。預測規則集中的 T_i 和 R_i 分別是由雲模型表示的前件和後件語言變量的原子概念，可以通過判定時間值 t' 屬於前件語言變量中的哪個原子概念來激活相應的規則。如果 t' 屬於 T_i，則說明規則 $T_i \rightarrow R_i$ 最能反應在時間 t_k 的週期規律，因而其後件 R_i 作為相應的預測知識，稱為歷史雲。根據 CD 中數據的分佈，利用逆向雲發生器可得到當前趨勢——當前雲 I_k。

3. 生成預測雲

通過使用當前雲 I_k（Ex_c, En_c, He_c）對歷史雲 R_i（Ex_h, En_h, He_h）進行慣

性加權，生成預測雲 P（Ex，En，He），方法如下：

$$Ex=\frac{Ex_c\,En_c+Ex_h\,En_h}{En_c+En_h} \tag{3.21}$$

$$En=En_c+En_h \tag{3.22}$$

$$He=\frac{He_c\,En_c+He_h\,En_h}{En_c+En_h} \tag{3.23}$$

4. 進行時間序列預測

通過激活預測規則 $A_i \rightarrow P$ 多次，我們可以得到多個預測結果。

3.7 實驗結果與分析

3.7.1 實驗環境和參數設置

實驗在某高校實驗室進行，包括 20 餘臺主機，其中服務器提供 www 服務、ftp 服務、email 服務等。採用 MIT 林肯實驗室提供的 KDDCUP 99 中 10% 的精簡數據集作為實驗數據，該實驗數據包括大量的正常網絡流量和各種攻擊。首先用 syn flood、smurf、neptune、spy、perl 等 10 多種攻擊初始化系統，產生初始抗原集合和初始記憶抗體集合。

受機器物理性能的限制，如內存、運算速度等，在仿真時對系統中的抗原和抗體數目進行限制，設抗原集合大小閾值 $C_{ag}=200$，非記憶抗體數目閾值 $C_{i+t}=300$，記憶抗體數目閾值為 200（理論上越大越好）。一般情況下，網絡的正常行為變化不大，故設未成熟抗體的耐受期 $T_{tolerance}=1$。為了使免疫細胞有充分的識別時間，原則上在不丟包的情況下越大越好。設抗原更新週期 $\varepsilon=50$，顯然抗原生命期 $T_L \geqslant \zeta$，設 $T_L=100$。圖 3.8 顯示了匹配閾值 θ 對檢測率和誤報率的影響。當 θ 較小時，由於成熟細胞未經充分學習而被激活，因此相對增大了誤報率。所以選擇判定血親的匹配閾值 $\theta=0.8$。成熟抗體和記憶抗體的濃度函數 η 和 ζ 與攻擊強度有關。實際情況中，用抗原匹配數 count 近似代表濃度遞增函數 η 的攻擊強度，用時間 t 近似代表濃度遞減函數 ζ 的攻擊強度。圖 3.9 顯示了成熟抗體的生命週期 T_{mature} 對檢測率和誤報率的影響。過小的生命週期將導致較低的檢測率 TP，這是由於成熟細胞因為沒有足夠的時間等待其期望的非自體元素（網絡攻擊）造成的。然而，較大的生命週期也將導致較大的 FP 值，因此需要綜合考慮。設成熟抗體的生命週期 $T_{mature}=120$。

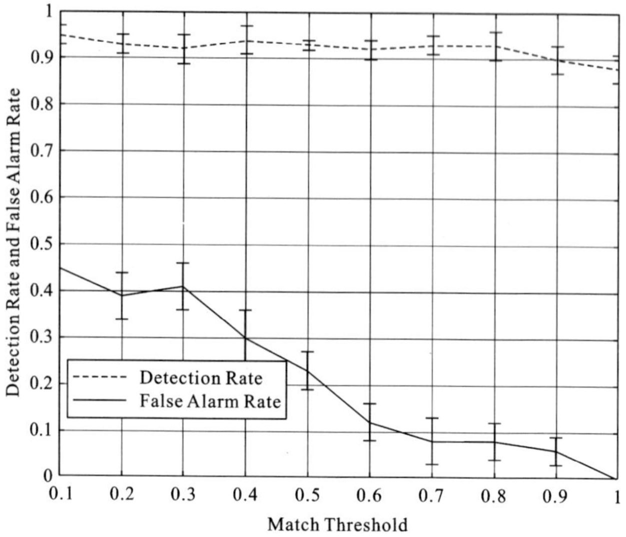

圖 3.8　匹配閾值 θ 對檢測率和誤報率的影響

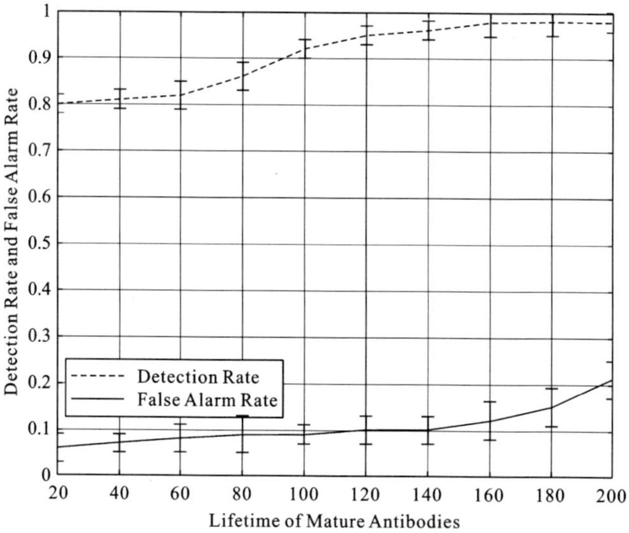

圖 3.9　成熟抗體的生命週期 T_{mature} 對檢測率和誤報率的影響

3.7.2　檢測率 TP 和誤報率 FP 對比

為檢驗模型性能，我們進行了有針對性的對比實驗，對比對象為 Forrest 等人提出的 DynamiCS 算法。DynamiCS 算法是傳統的基於免疫的入侵檢測算法的典型代表，對後來入侵檢測系統的設計產生了重要的影響。

圖 3.10 和圖 3.11 顯示了 DynamiCS 算法和 AC-Id 的檢測率對比。在圖 3.10 的實驗中，我們採取每 100 個數據包中夾雜 80 個非自體，其中非自體中有 40 個是剛剛確定的，即以前這種類型的 IP 包被認為是自體，現在被認為是非法的網絡行為，例如：緊急關閉其中 40 個端口以停止提供相關服務。在圖 3.11 的實驗中，我們採用了 KDDCUP 99 中 10%的精簡數據集作為實驗數據。

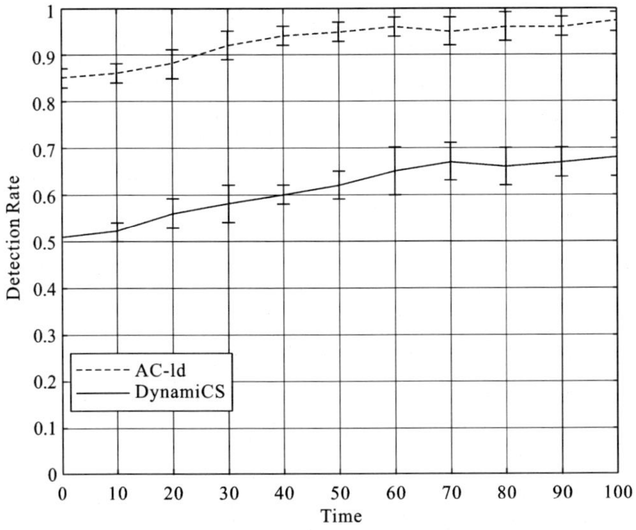

圖 3.10　DynamiCS 算法和 AC-Id 的檢測率對比 1

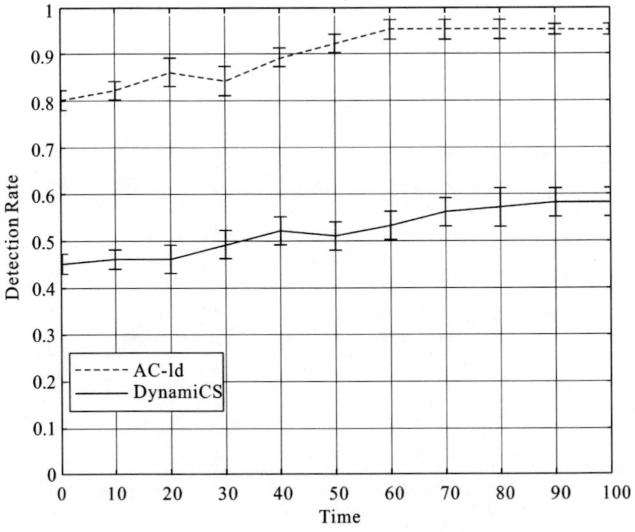

圖 3.11　DynamiCS 算法和 AC-Id 的檢測率對比 2

圖 3. 12 和圖 3. 13 顯示了 DynamiCS 算法和 AC-Id 的誤報率對比。在圖 3. 12 的實驗中，我們採取每 100 個數據包中夾雜 40 個自體，其中 20 個自體為新近定義，例如：另外的 20 個網絡端口剛被打開以提供新的服務。在圖 3. 13 的實驗中，我們採用了 KDDCUP 99 中 10%的精簡數據集作為實驗數據。

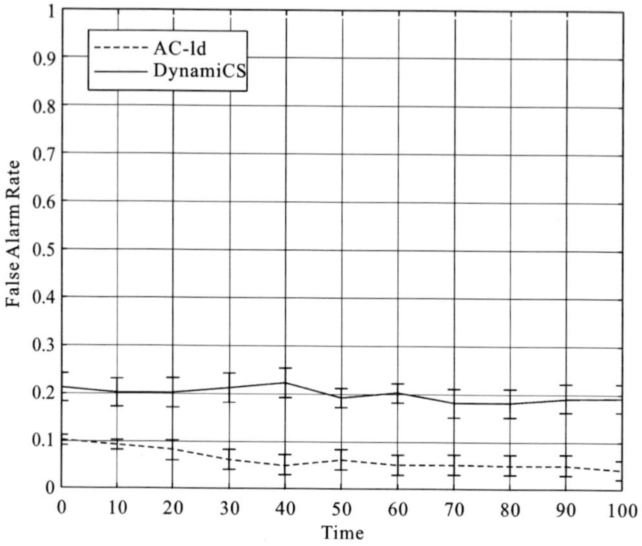

圖 3. 12　DynamiCS 算法和 AC-Id 的誤報率對比 1

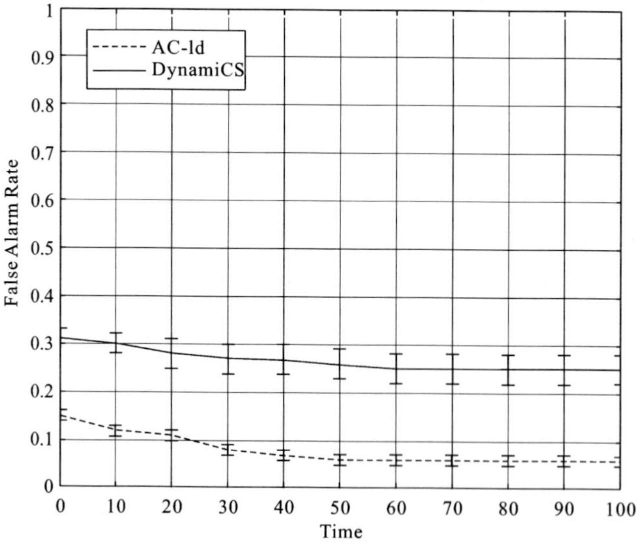

圖 3. 13　DynamiCS 算法和 AC-Id 的誤報率對比 2

實驗結果表明，DynamiCS 與 AC-Id 相比有較低的 TP 值和較高的 FP 值，原因為其自體的定義缺乏靈活性，不能有效地識別新近加入的自體抗原和非自體抗原。與之相反，AC-Id 通過抗原演化和抗體演化等機制，避免了免疫細胞對發生變異的自體的耐受，降低了漏報率；而且 AC-Id 採用雲模型對抗體濃度進行建模，抗體濃度會隨著攻擊強度增大而迅速增加，能夠準確反應當前網絡環境的安全態勢，從而提高了模型的檢測率 TP。與此同時，模型通過自體演化和記憶細胞的淘汰機制等，避免了模型對新加入自體的識別，從而降低了模型的誤報率 FP。

3.7.3 攻擊強度與安全態勢對比

在本實驗中，我們對 4 臺主機進行監控，包括 ftp 服務器 A、打印服務器 B、數據庫服務器 C、主機 D 等，分別設置重要性為 0.5、0.2、0.8、0.1。Syn flood、land 等攻擊的危險性設為 0.8、0.6 等。

圖 3.14 為主機 A 受到攻擊時，攻擊強度（每秒發送的攻擊數據包的數目）與安全態勢的變化曲線對比圖。圖 3.15 為網絡受到攻擊時，攻擊強度與安全態勢的變化曲線對比圖。從圖中可看出，當網絡遭到持續高強度的攻擊時，主機和網絡的安全態勢指標較高；反之，當網絡攻擊強度降低時，主機和網絡的安全態勢指標降低。

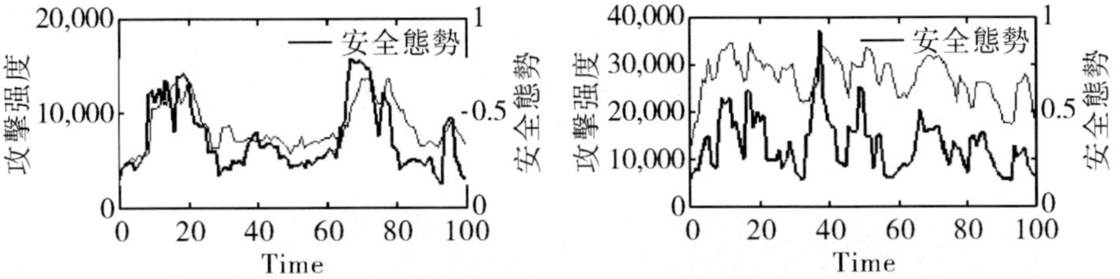

圖 3.14 主機 A 的安全態勢與受到的攻擊強度變化曲線對比圖

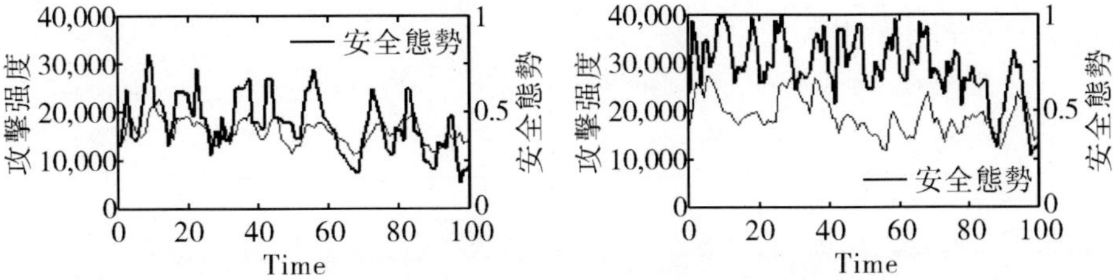

圖 3.15 網絡的安全態勢與受到的攻擊強度變化曲線對比圖

表 3.5 為不同時刻主機 A 受到攻擊時的安全態勢及對該態勢的隸屬度，圖 3.16 為主機 A 的安全態勢的雲推理圖。表 3.6 為不同時刻網絡受到攻擊時的安全態勢及對該態勢的隸屬度，圖 3.17 為網絡的安全態勢的雲推理圖。從表 3.5 和表 3.6 可以看出，當網絡遭到持續高強度的攻擊時，主機和網絡的安全態勢對風險等級（危險）的隸屬度較高；反之，當網絡攻擊強度降低時，主機和網絡的安全態勢對風險等級（安全）的隸屬度較高。

表 3.5　　主機 A 受到攻擊時的安全態勢

	定量態勢值	定性安全態勢	隸屬度
時刻 t1	0.293,3	安全	0.437,2
時刻 t2	0.576,2	較危險	0.823,1
時刻 t3	0.72	危險	0.892,6

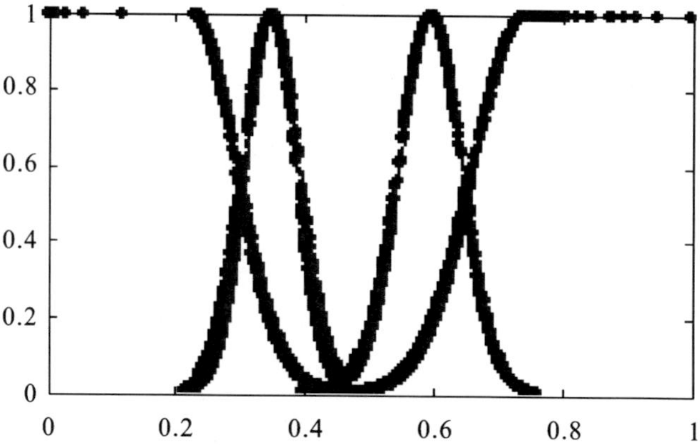

圖 3.16　主機 A 的安全態勢雲推理圖

表 3.6　　網絡受到攻擊時的安全態勢

	定量態勢值	定性安全態勢	隸屬度
時刻 t1	0.427,7	安全	0.653,1
時刻 t2	0.556	較危險	0.960,1
時刻 t3	0.892,3	危險	0.995,2

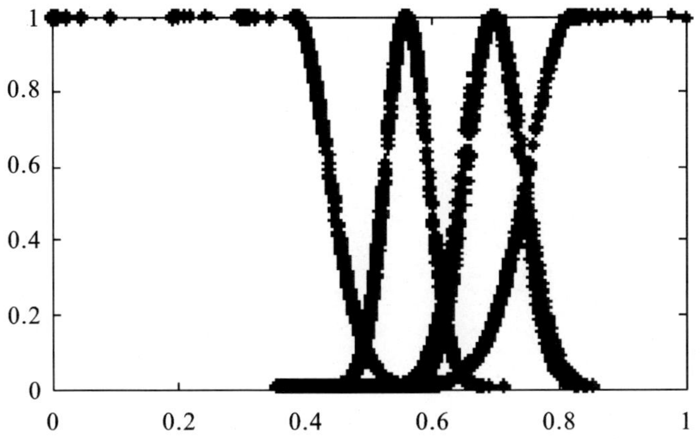

圖 3.17　網絡的安全態勢雲推理圖

實驗結果與真實網絡環境的情形較為一致，表明模型能夠很好地即時反應當前網絡安全態勢實際變化情況，具有即時性和較高的準確性。

3.7.4　安全態勢實際值與預測值對比

圖 3.18 為網絡在多種攻擊下，其安全態勢實際值和預測值的對比曲線。由圖中可看出，預測的網絡安全態勢與實際狀況較為接近，具有較高精度。

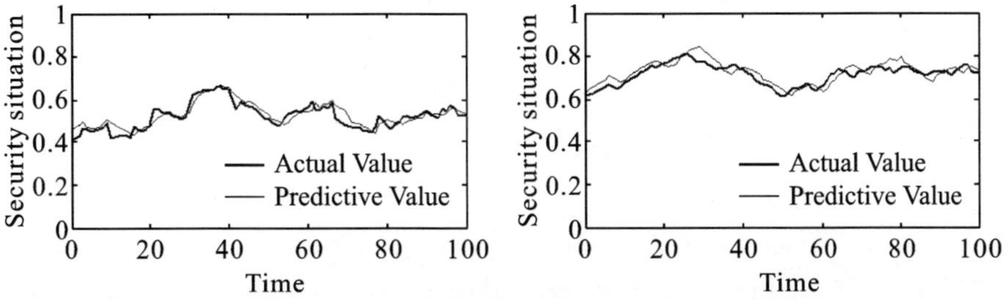

圖 3.18　安全態勢的實際值與預測值對比圖

3.8　本章小結

本書在分析和總結了國內外網絡安全態勢感知技術之後，針對當前網絡安全態勢感知在主動防禦策略上的不足，將免疫原理和雲模型理論應用於網絡安全態勢感知研究，旨在強化網絡安全態勢感知系統的主動防禦能力，有助於網絡管理者及時有效地調整網絡安全策略，為系統提供更全面的安全保障。具體來說，本書從態勢感知、態勢理解、態勢預測三個層次建立了一種安全態勢感知模型。該模型利用基於危險理論和雲模型的入侵檢測技術，即時地監測網絡面臨的攻擊；採用基於抗體濃度的計算方法進行網絡安全態勢評估；採用基於雲模型的時間序列預測機制，在綜合歷史和當前網絡安全態勢的基礎上進行網絡安全態勢預測。理論分析和實驗結果表明，該模型具有即時性和較高的準確性，是網絡安全態勢感知的一個有效模型。

參考文獻

[1] 沈昌祥，張煥國，馮登國，等. 信息安全綜述 [J]. 中國科學：信息科學，2007，37 (2)：129-150.

[2] 沈昌祥，張煥國，王懷民，等. 可信計算的研究與發展 [J]. 中國科學：信息科學，2010，40 (2)：139-166.

[3] STANIFORD S, PAXSON V, WEAVER N. How to own the internet in your spare time: Proc. of the 11th USENIX Security Symposium [C]. San Francisco: [s. n.], 2002.

[4] NIELSEN C B, CANTOR M, DUBCHAK I. Visualizing genomes: techniques and challenges [J]. Nature, 2010, 7 (S5-S15).

[5] 韓筱卿. 計算機病毒分析與防範大全 [M]. 北京：電子工業出版社，2008.

[6] FUCHSBERGER A. Intrusion detection systems and intrusion prevention systems [J]. Information security technical report, 2005, 10: 134-139.

[7] DHARMAPURIKAR S, LOCKWOOD J W. Fast and scalable pattern matching for network intrusion detection systems [J]. IEEE journal on selected areas in communications, 2006, 24 (10): 1781-1792.

[8] PATCHA A, PARK J M. An overview of anomaly detection techniques: Existing solutions and latest technological trends [J]. Computer networks, 2007, 51: 3448-3470.

[9] PEISERTL S, BISHOP M, KARIN S, et al. Analysis of computer intrusions using sequences of function calls [J]. IEEE transactions on dependable and secure computing, 2007, 4 (2): 137-150.

[10] SHARMAA A, PUJARI A K, PALIWALA K K. Intrusion detection using

text processing techniques with a kernel based similarity measure [J]. Computers & security, 2007, 26: 488-495.

[11] LI X H, PARKER T P, XU S H. A stochastic model for quantitative security analyses of networked systems [J]. IEEE transactions on dependable and secure computing, 2011, 8 (1): 28-43.

[12] THEUREAU J. Use of nuclear-reactor control room simulators inresearch & development: 7th IFAC/IFIP/IFORS/IEA Symposium on Analysis, Design and Evaluation of MAN-MACHINE SYSTEMS [C]. Kyoto: [s. n.], 1998.

[13] ENDSLEY M R, GARLAND D J. Situation awareness analysis and measurement [M]. Mahwah, NJ: Lawrence Erlbaum Associates, 2000.

[14] 王慧強. 網絡安全態勢感知研究新進展 [J]. 大慶師範學院學報, 2010, 30 (3): 1-8.

[15] ENDSLEY M R. Design and evaluation for situation awareness enhancement: the Human Factors Society 32nd Annual Meeting [C]. Santa Monica: CA, 1988.

[16] ENDSLEY M R. Toward a theory of situation awareness in dynamic systems [J]. Human factors, 1995, 37 (1): 32-64.

[17] YEGNESWARAN V, BARFORD P, PAXSON V. Using honeynets for internet situational awareness [EB/OL]. [2017-08-11]. http://www.cs.wisc.edu/~pb/hotnet-s05_final.pdf.

[18] National Science and Technology Council Federal plan for cyber security and information assurance [EB/OL]. [2017-08-12]. http://www.nitrd.gov/pubs/csia/csia_federal_plan.pdf.

[19] 龔正虎, 卓瑩. 網絡態勢感知研究 [J]. 軟件學報, 2010, 21 (7): 1605-1619.

[20] BASS T, GRUBER D. A glimpse into the future of id [EB/OL]. [2017-08-12]. http:// www.usenix.org/publications/login/199929/features/future.html.

[21] BASS T. Intrusion detection systems and multisensor data fusion: creating cyberspace situational awareness [J]. Communications of the ACM, 2000, 43 (4): 99-105.

[22] COLE G, BULASHOVA N, YURCIK W. Geographical netflows visualization for network situational awareness: naukanet administrative data analysis system [EB/OL]. [2017-08-16]. http://www. ncassr. org/projects/sift/papers/

NADAS.pdf.

[23] HALL D L, LLINAS J. An introduction to multisensor data fusion [J]. Proceedings of the IEEE, 1997, 85 (1): 6-23.

[24] WALTZ E. Information warfare principles and operations [M]. Boston: Artech House INC., 1998.

[25] LAKKARAJU K. Vision IP: Net flow visualizations of system state for security situational awareness: 11th ACM conference on computer and communications security [C]. [S. l: s. n.], 2004.

[26] YIN X, YURCIK W, SLAGELL A. The design of visflowconnect-IP: a link analysis system for IP security situational awareness: third IEEE international workshop on information assurance [C]. [S. l: s. n.], 2005.

[27] D'AMBROSIO B, TAKIKAWA M, UPPER D, et al. Security situation assessment and response evaluation: DARPA Information Survivability Conf. & Exposition II [C]. Anaheim: [s. n.], 2001.

[28] SHEN D, CHEN G S, HAYNES L, et al. Strategies comparison for game theoretic cyber situational awareness and impact assessment: 10th international conference on information fusion [C]. Auebec: [s. n.], 2007.

[29] LI T. An immunity based network security risk estimation [J]. Science in China: Information sciences, 2005, 48 (5): 557-578.

[30] 陳秀真，鄭慶華，管曉宏，等. 層次化網絡安全威脅態勢量化評估方法 [J]. 軟件學報，2006，17 (4)：885-897.

[31] 王慧強，賴積保，胡明明，等. 網絡安全態勢感知關鍵實現技術研究 [J]. 武漢大學學報（信息科學版），2008，33 (10)：995-998.

[32] 韋勇，連一峰，馮登國. 基於信息融合的網絡安全態勢評估模型 [J]. 計算機研究與發展，2009，46 (3)：353-362.

[33] LI D, LIU C. Study on the universality of the normal cloud model [J]. Engineering science, 2004, 6 (8): 28-34.

[34] LI D, MENG H, SHI X. Membership clouds and membership cloud generators [J]. Computer R&D, 1995, 32 (6): 15-20.

[35] FORREST S, PERELSON A S. Self-nonself discrimination in a computer [C] // IEEE Symposium on security and privacy. Oakland: IEEE Computer Society Press, 1994: 202-213.

[36] KIM J, BENTLEY P J. Negative selection: how to generate detectors

[C] // TIMMIS J, BENTLEY P J. The first international conference on artificial immune systems (ICARIS). Kent: Canterbury Printing Unit, 2002: 89-98.

[37] KIM J, BENTLEY P J. Towards an artificial immune system for network intrusion detection: an investigation of dynamic clonal selection [C] // The congress on evolutionary computation (CEC-2002). Piscataway: IEEE Press, 2002: 1015-1020.

4 基於免疫的雲計算環境中虛擬機入侵檢測技術研究

4.1 引言

4.1.1 雲計算的概念及面臨的安全問題

雲計算（Cloud Computing）是一種新興的計算模型，它將計算任務分佈在大量計算機構成的資源池上，使各種應用系統能夠根據需要獲取計算能力、存儲空間和各種業務服務。它能夠減少企業對 IT 設備的成本支出，大規模節省企業預算，以一種比傳統 IT 服務更經濟的方式提供 IT 服務。由於雲計算的發展理念符合當前低碳經濟與綠色計算的總體趨勢，為世界各國政府、企業所大力倡導與推動，它正在帶來計算領域、商業領域的巨大變革。

目前國外廠商已經推出了一系列的雲產品及服務，如 Amazon EC2、Apple iCloud、Microsoft Azure 以及 Google Apps 等，使得雲計算逐漸走入了大眾生活中。在某種程度上，雲計算打破了我們原來對於電信技術及其應用的固有看法——人們正擺脫自建信息系統的慣常模式，逐步認識到硬件也好、平臺也好、軟件也好，都可以用雲運算的服務租用模式實現。雲計算通常提供以下三個層次的服務：基礎設施即服務（Infrastructure as a service，IaaS）、平臺即服務（Platform as a service，PaaS）與軟件即服務（Software as a service，SaaS）。其中 IaaS 提供一些基本的基礎建設組件，如中央處理器（CPU）、存儲的容量、網絡流量等；PaaS 提供更多的平臺導向服務，針對特定的使用需求提供一個適當的執行運算平臺；SaaS，是一種軟件分配模式，其中應用程序由服務提供商託管，並且通過網絡提供給用戶。

在已經實現的雲服務中，信息安全和隱私保護問題一直令人擔憂，並已經成為阻礙雲計算普及和推廣的主要因素之一。一方面，由於雲計算環境下的數據和服務外包的特性，客戶感覺自己的數據和應用處於別人的控制之中，擔心自己的隱私信息被泄漏或濫用，導致個人或企業數據無法安全方便地轉移到雲計算環境中。另一方面，由於服務資源的虛擬化和跨域使用，使得客戶對雲計算的可信性和安全性質疑，多個虛擬資源很可能會被綁定到相同的物理資源上，進而導致不同租戶甚至競爭對手的數據可能被存放於雲服務商相同的存儲設備之上，使得雲計算的進一步普及與推廣更加困難。例如，Google 公司洩露用戶隱私事件，以及 Amazon EC2、Google Apps、Windows Azure 的服務中斷事件。

雲計算在提高資源使用效率和使用方便性的同時，也為實現客戶 IT 資產的安全與保護帶來了極大的衝擊與挑戰。研究雲安全需要從雲計算的主要特徵出發，根據雲計算對機密性、完整性和可用性的安全需求，分析和提煉雲計算環境中服務外包、虛擬化管理、多租戶跨域共享帶來的信息安全問題，具體包括：

（1）服務外包帶來的數據隱私安全問題。當用戶或企業將所屬的數據或應用外包給雲計算服務提供商時，雲計算服務提供商就獲得了該數據或應用的訪問控制權，用戶數據或應用程序面臨隱私安全威脅。事實證明，由於存在內部管理人員失職、黑客攻擊、系統故障導致的安全機制失效以及缺少必要的數據銷毀政策等，用戶數據在未經許可的情況下面臨盜賣、濫用、篡改、隨機使用和分析的風險。由此可以看出，用戶數據的安全與隱私保護是雲計算產業發展無法迴避的一個核心問題。

（2）虛擬化運行環境面臨的安全問題。虛擬化技術是雲計算採用的核心技術之一，它支持多租戶共享服務資源，多個虛擬資源很可能會被綁定到相同的物理資源上。如果雲平臺中的虛擬化軟件中存在安全漏洞，那麼用戶的數據、應用就可能被其他用戶訪問；如果虛擬機中的應用程序被篡改，那麼這個安全漏洞將會傳遞開來，影響後續使用該虛擬機的用戶；如果惡意用戶借助緩存等共享資源實施側通道攻擊，則虛擬機面臨更嚴重的安全挑戰。

（3）多租戶跨域共享帶來的安全問題。一方面，由於多用戶共享跨域管理資源，用戶和服務資源之間呈現多維耦合關係，信任關係的建立、管理和維護更加困難，使得服務授權和訪問控制變得更加複雜。另一方面，用戶租用大量的虛擬服務器，協同攻擊系統變得更加容易，隱蔽性更強。此外，色情內容、釣魚網站將很容易以打遊擊的模式在網絡上遷移，使得內容審計、追蹤和監管更加困難。

許多雲服務提供商，如 Amazon、IBM、Microsoft、Google 等紛紛提出並部署了相應的雲計算安全解決方案，主要通過採用身分認證、安全審查、數據加密、系統冗餘等技術及管理手段來提高雲計算業務平臺的魯棒性、服務連續性和用戶數據的安全性。Sun 公司發布的開源雲計算安全工具 OpenSolaris VPC 可為 Amazon 的 EC2 提供安全保護。微軟為雲計算平臺 Azure 設立代號為 Sydney 的安全計劃，旨在幫助企業用戶在服務器和 Azure 之間交換數據，解決虛擬化、多租戶環境中的安全問題。Vmware、Intel 和 EMC 等公司聯合宣布了一個「可信雲體系架構」的合作項目，旨在構建從下至上值得信賴的多租戶服務器集群。開源雲計算平臺 Hadoop 也推出了安全版本，引入 kerberos 安全認證技術對共享敏感數據的用戶加以認證與訪問控制，阻止非法用戶對 Hadoop 應用系統的非授權訪問。國內網絡安全企業順應潮流提出了「雲安全」概念，瑞星、金山、賽門鐵克、江民科技、聯想網御、奇虎 360 等都給出了各自的雲安全解決方案。但實際上，這幾個方案是傳統防病毒和惡意代碼檢測程序的網絡化擴展，其基本原理是採用雲計算環境的優勢來實現用戶端安全，而非保證雲環境平臺自身的構建及運行安全。

目前，雲計算已經成為國內外專家、學者的研究熱點，關於雲計算安全技術的學術研究主要集中在以下幾個方面：①數據安全與隱私保護方面，加密數據的模糊檢索及精確檢索、加密數據的算術運算問題、加密數據的關係運算問題等；②虛擬化計算環境安全方面，虛擬機監控器的安全漏洞、虛擬機內應用程序的安全、虛擬機動態遷移的安全、側通道攻擊等；③動態服務授權、訪問控制和內容審計方面，共享用戶身分認證問題、資源訪問控制問題、惡意軟件檢測等。

4.1.2 雲計算環境中虛擬機系統安全研究現狀

虛擬機系統作為雲計算的基礎設施，其安全性是非常重要的。目前關於雲計算環境中虛擬機系統安全的研究較少，下面對已有的研究進行簡要介紹。

Haeberlen 等提出了審計虛擬機（Accountable virtual machines，AVMs）的概念，在該虛擬機中執行程序並記錄運行相關的信息，來判斷程序是否正常。該方法屬於靜態評估，不能檢測程序的即時運行安全性。

Payne 等提出了 Lares 系統，該系統通過在客戶虛擬機中插入一個鈎子函數，從而可以主動監測客戶虛擬機中的事件。此鈎子函數能觸發安全虛擬機（特權虛擬機）中的安全程序，然後安全程序對客戶虛擬機中發生的事件做出決策。此監控程序位於安全虛擬機內、客戶虛擬機外，因此屬於虛擬機外

(Out-of-VM）監控方法。該方法安全性較高，但虛擬機間需要頻繁切換上下文，會帶來較大的性能開銷，尤其不適用於細粒度監控。

Sharif 等提出了一個虛擬機內（In-VM）通用監控框架，把監控和判斷過程都運行在不可信的客戶虛擬機中。為了達到與虛擬機外監控同樣的安全性，該框架採用了硬件內存保護機制和硬件虛擬化技術，在客戶虛擬機中劃分一塊受虛擬機監控器保護的內存空間，該區域在受控狀態下由安全監控程序高速使用。此框架需要硬件虛擬化的支持。

Wang 等提出了一個基於虛擬機監控器的輕量級系統 HookSafe。該系統主要應用於監測內核空間的 rootkit 攻擊。rootkit 攻擊通過修改控制數據或鈎子函數地址進行入侵。鈎子函數通常與其他數據一起動態分配，且分佈在不相鄰的內存區域，需要字節級（Byte-level）粒度的保護，但當前的硬件級保護只有頁面級（Page-level）粒度。為瞭解決保護粒度的差距問題，Hooksafe 引入了一個鈎子函數跳轉層，將需要保護的鈎子函數映射到一個連續的頁對齊內存空間，然後利用硬件保護機制來控制對此塊內存區域的訪問。

Hofmann 等提出了不同的方法來檢測內核 rootkit。這種方法通過監控控制流轉移中的不變量和非控制流數據中隱含的不變關係來達到檢測的目的。Baliga 等的研究採用 Daikon 工具從內存頁面提取的數據結構中推導出不變量，並通過監測該不變量來判斷內核的狀態。

Bharadwaja 等分析了虛擬化環境中超級調用引發的安全問題，提出了基於 Xen 的分佈式入侵檢測系統，該系統通過在特權域上對超級調用實施過濾操作來實現安全保障。

Srivastava 等研究了利用 rootkit 模糊化系統調用實現對 VMM 的攻擊，並提出了一個基於 Xen 的監控系統 Sherlock。該系統通過在內核執行過程中增加觀測點來監控系統調用流，並可根據安全需求自動調整靈敏度。

Szefer 等提出 NoHype 系統，該系統不需要虛擬機管理器的過多參與，將 VM 直接運行在底層硬件上，並保持多個虛擬機同時運行，來減小虛擬機之間的攻擊可能性及虛擬機管理器的漏洞引起的安全威脅。其主要思想在於下面 4 點：預分配處理器及內存資源，利用虛擬化 I/O 設備，對客戶機 OS 進行小修改從而在系統引導過程中執行系統發現，避免客戶 VM 與底層硬件間接接觸。

Benzina 等提出 Domain0 是虛擬化系統的一個重要漏洞，建立了一個基於角色的訪問控制模型。該模型通過簡單的時序公式來描述所有的不必要的活動流，降低 Domain0 被特洛伊木馬等攻擊的威脅。

王麗娜等提出了基於虛擬機監控器的隱藏進程檢測方法。該方法將進程檢測工具運行在被監控虛擬機外，安全性較高；通過虛擬機自省機制獲取被監控的虛擬機的底層狀態信息，並重構進程隊列，來確定惡意進程。

以上文獻針對虛擬機中的用戶程序安全性、虛擬化監控器中存在的安全漏洞進行了研究，並提出了相應的防禦方法。然而，我們通過仔細分析可以發現，目前的方法還不能準確地判斷出客戶虛擬機中應用程序的即時狀態，也不能系統反應 VMM 漏洞所引發的安全問題，同時所提出的防禦方法大多針對特定的攻擊及漏洞，不能有效地處理其他攻擊對系統安全帶來的威脅。

受到生物免疫系統中免疫回應機制及危險理論的啓發，本書提出了一種基於免疫機制的雲計算環境中虛擬機入侵檢測模型 I-VMIDS。該模型的主要貢獻在於：將危險理論引入虛擬機入侵檢測中，定義了危險信號的實現方式；模型能夠檢測應用程序受到的被靜態篡改的攻擊，而且能夠檢測應用程序動態運行時受到的攻擊，具有較高的即時性；以較少的代價對入侵檢測程序進行監控，保證檢測數據的真實性，使模型具有更高的安全性。實驗結果表明模型沒有給虛擬機系統帶來太大的性能開銷，且具有良好的檢測性能。將 I-VMIDS 應用於雲計算平臺是可行的。

4.2 模型理論

在虛擬機系統中，虛擬機監控器處於上層虛擬機和下層硬件之間，具有非常重要的作用。此外，通常有一臺虛擬機具備相對高等級的權限，稱為特權虛擬機（Privileged VM），能在一定程度上管理和控制其他客戶虛擬機（Guest VM）。在雲計算平臺中，客戶虛擬機為用戶提供服務，而特權虛擬機和虛擬機監控器對用戶來說是透明的，它們由雲服務供應商來管理。在本書中，我們採用半虛擬化 Xen 系統作為原型系統，採用 linux 系統作為客戶虛擬機中運行的操作系統。在 Xen 中，虛擬機監控器稱為 Hypervisor，而虛擬機稱為 Domain（域），第一臺隨 Hypervisor 一起啓動的 Domain 稱為 Dom0，其他 Domain 稱為 DomU（非特權虛擬機），如圖 4.1 所示。由於 Hypervisor 和 Dom0 的高特權等級和相對精簡的結構，因此假設這兩者是安全的，本書研究的主要內容是確保 DomU 中用戶級應用程序的安全。

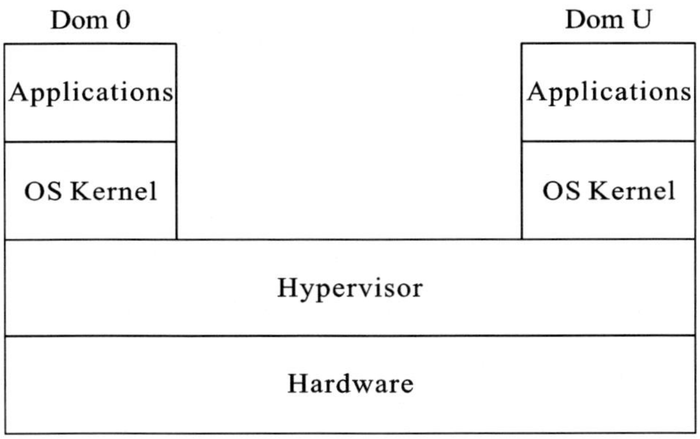

圖 4.1　Xen 虛擬機系統

4.2.1　架構描述

本書提出的虛擬機入侵檢測模型 I-VMIDS 的架構如圖 4.2 所示。此架構分為 4 個層次：底層硬件層、虛擬機監控器層、虛擬機內核空間層、虛擬機用戶空間層。模型的各個模塊分佈在這四個層次中。為了減少 Dom0 和 DomU 的上下文切換並能夠進行細粒度的監控，模型在每個客戶虛擬機中部署了抗原提

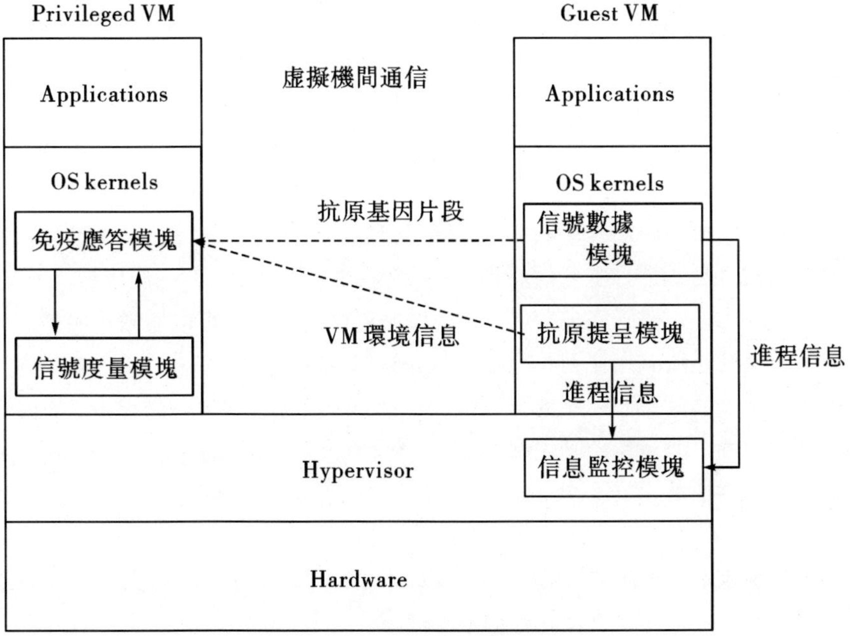

圖 4.2　入侵檢測模型架構

呈模塊和信號數據採集模塊，在特權虛擬機中部署了免疫應答模塊和信號度量模塊。這兩個模塊在執行過程中不需要與 DomU 通信，單獨部署在 Dom0 中，可以減少 Dom0 的性能開銷且提高系統安全性。信息監控模塊部署在虛擬機監控器中。由於客戶虛擬機是不可信的，所以模型引入信息監控模塊來監視抗原提呈模塊和信號數據採集模塊的運行，來確保檢測過程的安全性。

模型的檢測流程如下。首先，抗原提呈模塊監聽客戶虛擬機中用戶級應用程序的執行情況，提取其中關鍵數據，抽象成抗原，通過虛擬機間通信機制傳遞到特權虛擬機的免疫應答模塊。同時，信號數據採集模塊將搜集該程序執行的環境狀態信息，一起傳遞給特權虛擬機的信號度量模塊。然後，免疫應答模塊基於記憶抗體集合先評估是否引發二次應答。若引發二次應答，則直接判斷為入侵；若不引發二次應答，則調用信號度量模塊評估當前環境的危險等級並產生不同程度的危險信號，判斷是否發生入侵。如果發生入侵，模型將啓動免疫應答模塊進行初次應答，以消滅異己抗原。信息監控模塊在系統啓動以後週期性的運行，以保證抗原提呈模塊和信號數據採集模塊未被攻擊。

4.2.2 模型定義

在虛擬機軟件系統中，所有的信息最終都可以還原為一個二進制串，虛擬機入侵檢測實際上就是根據一定的規則和先驗知識來分類二進制串的問題。定義問題狀態空間 $\Omega = \cup \infty_{i=1} \{0,\ 1\}\ i$。依據生物免疫原理，我們把虛擬機系統平臺定義為生物體，其中的客戶虛擬機定義為免疫組織，虛擬機中的用戶程序作為抗原。定義 $AG \subset \Omega$ 為抗原集合。虛擬機入侵檢測的目的就是區分模式：給定一個輸入模式 x，$x \in AG$，系統檢測並確定這個模式屬於自體還是非自體。系統在檢測過程中可能出現兩種錯誤：錯誤否定，把非自體分類為自體；錯誤肯定，把自體分類為非自體。

Forrest 等人在研究中發現，系統關鍵程序的執行，可以通過程序執行過程中所使用的系統調用序列，也稱為執行跡（trace），來描述。系統調用狀況在一定程度上能夠反應程序的行為特徵，且執行跡在程序運行過程中具有一定的局部穩定性。考慮系統調用和系統調用的參數，其中 linux 系統規定最多 6 個參數，本書把進程 ID、系統調用前後短序列及系統調用的參數作為抗原基因片段。

定義 4.1 抗原用三元組 $ag = <gid, pid, <x_1, x_2, \cdots, x_k>>$，抗原代表了問題域的解空間中包含的特徵向量。

其中，gid 為平臺中客戶虛擬機的唯一標示 ID；pid 為進程 ID；$x_i = < sid_i$,

$p_{i1}, p_{i2}, \cdots, p_{il}>$（$i = 1, 2, \cdots, k$）為抗原的基因片段；$sid_i$為系統調用ID；$k$為系統調用短序列的長度，即細胞編碼長度，這個序列反應了進程執行過程中系統調用之間的次序關係；p_{ij}為系統調用的參數，$i = 1, 2, \cdots, k$，$j = 1, 2, \cdots, l$；l為系統調用參數的個數。形態空間中的全部抗原構成的集合表示為$AG = \cup_{i=1}^{\infty} \{ag_i\}$。

能被模型識別的正常短序列為自體集S，所有未知的短序列為非自體集N。產生危險信號的異常短序列集合為D。確定為入侵的短序列集合為I。

則有：$S \cap N = \emptyset$，$S \cup N = AG$。危險理論不區分自體和非自體，只識別入侵集合$I = D \cap N$並觸發免疫回應，而對無害集合$D \cap S$不做應答。

定義4.2 抗體能夠識別抗原，並產生特異性免疫回應。抗體具有與抗原相同的結構，用來檢測和匹配抗原，表示為$ab = <gid, pid, <x_1, x_2, \cdots, x_k>>$，抗體集合表示為$AB = \cup_{i=1}^{\infty} \{ab_i\}$。

定義4.3 匹配規則，即抗體、抗原親和力，表示為抗體與抗原的結合強度。本書提出並採用了一種改進的r-連續位匹配方法：

$$affinity(ab, ag) = \begin{cases} 1, \sum_{i=1}^{k} f(ab.x_i, ag)/k \geq \beta, ag.gid = ab.gid, ag.pid = ab.pid \\ 0, others \end{cases} \tag{4.1}$$

其中，β為匹配門限值，$f(x,y)$為抗體的基因片段x_i與抗原的r-連續位匹配方法。

$$f(x,y) = \begin{cases} 1, \exists i,j,j-i \geq |x|, 0<i \leq j \leq k \cdot (l+1), x_i = y_j, x_{i+1} = y_{j+1}, \cdots, x_{|x|} = y_{j+|x|-1} \\ 0, others \end{cases} \tag{4.2}$$

定義4.4 定義檢測器集合$B = \{<ab, age> \mid ab \in AB \cap age \leq age_{max}\}$。其中$ab$為檢測器的抗體，$age$為檢測器的年齡，$age_{max}$是檢測器的最大年齡。檢測器集合由未成熟檢測器、成熟檢測器和記憶檢測器集合組成。未成熟檢測器是還沒有進行自體耐受的檢測器，通過自體耐受的未成熟檢測器進化為成熟檢測器，成熟檢測器被激活後進化為記憶檢測器。

未成熟檢測器集合$U = \{x \mid x \in B \cap x.age < \gamma\}$，其中$\gamma$為模擬耐受期。

成熟檢測器集合$T = \{x \mid x \in B \cap \gamma \leq x.age < age_{max} \cap \forall ag \in S[affinity(x.ab, ag) = 0]\}$。

記憶檢測器集合$M = \{x \mid x \in B \cap x.age = age_{max} \cap \forall ag \in S[affinity$

$(x. ab, ag) = 0]\}$。

在檢測器生成過程中，若 $Affinity\ (x, ag) = 1\ (ag \in S)$，則該檢測器 x 能描述自體，引發了免疫自反應，必須刪除；生成過程結束後，剩下的檢測器只能描述非自體集合中的元素。在檢測器檢測過程中，若 $Affinity\ (x, ag) = 1\ (ag \in I)$，則抗原 ag 能被檢測器 x 描述，引發了免疫回應。

我們用圖 4.3 來表示模型的免疫機制。模型首先通過基因編碼產生新的未成熟檢測器，未成熟檢測器通過否定選擇（自體耐受）進化為成熟檢測器，若在耐受期內匹配自體則將走向死亡。成熟檢測器擁有固定長度的生命週期，若在生命週期內被危險信號激活，則進化為記憶檢測器，並產生初次應答；否則令其死亡（刪除那些對抗原沒有作用的檢測器）。記憶檢測器具有無限長的生命週期，一旦匹配到一個抗原，則會被立即激活，並同時產生二次應答。

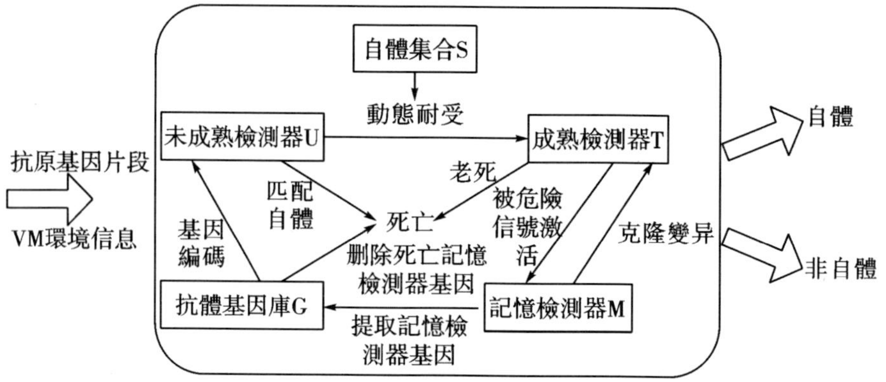

圖 4.3　模型的免疫機制

4.2.3　危險信號的實現機制

危險理論強調以環境變動產生的危險信號來引導不同程度的免疫應答，危險信號周圍的區域即為危險區域。將危險理論引入入侵檢測系統中最重要的問題就是危險信號的定義，即如何判斷危險。在虛擬機環境中，我們選擇系統變量規律性文件的數量（N_{reg}）、進程使用的內存比例（Rss）、lsof 命令報告的文件總數（N_{files}）這三個環境值作為評估危險信號的環境信息，並把它們歸一化為［0，100］區間內的實數值。

對抗原 ag_i 來說，定義危險信號函數 $DS\ (ag_i)$ 如下。該函數以 N_{reg}、Rss、N_{files} 這三個程序運行的環境值作為輸入，產生該抗原所處危險的信號值。

$$DS(ag_i) = (k_1 N_{reg} + k_2 Rss - k_3 N_{files})/(k_1 + k_2 + k_3) \tag{4.3}$$

可見，N_{reg}和 Rss 將對環境狀態產生負影響，N_{reg}和 Rss 增大表明抗原所處環境受損或者正在受損的概率相應較大；而 N_{files}將對環境狀態產生正影響，N_{files}增大表明環境正常的概率較大。

危險區域的大小限定了免疫應答的範圍，在該區域內的免疫細胞將被活化並參與免疫回應。對抗原 ag_i來說，定義危險區域函數 DA（ag_i）如式（4.4）。該函數的返回值為離 ag_i的距離小於 r_danger 的全部檢測器集合。

$$DA(ag_i) = \{x \mid 1/[\sum_{j=1}^{k} f(x.ab.x_j, ag_i)/k] \leq r\_danger \cap x \in T\} \quad (4.4)$$

其中，r_danger 為危險區域半徑。

如何根據危險信號值來判斷環境是否受損了呢？本書借助雲的不確定性推理進行評估。本書通過對危險信號值建模，採用雲規則發生器和逆向雲發生器，來對客戶虛擬機的環境狀態進行定性分析。

首先對應用程序在安全狀態下和被攻擊狀態下的危險信號 DS（ag_i）分別採樣 m 次，根據獲得的雲滴，通過逆向雲發生器算法構建前件雲，得到前件雲的數字特徵 $\{Ex_{si}, En_{si}, He_{si}\}$ 和 $\{Ex_{di}, En_{di}, He_{di}\}$。如果安全狀態雲和危險狀態雲覆蓋了整個狀態空間，則我們可用這兩個雲來判定系統的危險情況。這是一個比較理想的情況。如果安全狀態雲和危險狀態雲不能覆蓋整個狀態空間，則需對狀態空間的空白部分進行劃分，可以將其劃分為弱安全雲和弱危險雲。因此可得 En_{lsi}、En_{ldi}、He_{lsi}、He_{ldi}。根據雲的「3En 規則」，可估算出弱安全雲和弱危險雲的期望值 Ex_{lsi}、Ex_{ldi}。計算公式如下：

$$Ex_{lsi} = Ex_{si} + 3En_{lsi} = Ex_{si} + 3 * 0.618En_{si} \quad (4.5)$$

$$Ex_{ldi} = Ex_{di} - 3En_{ldi} = Ex_{di} - 3 * 0.618En_{di} \quad (4.6)$$

設計下面幾條規則構造規則發生器。然後可根據危險信號的實際值，通過規則發生器，得到環境及對該等級的隸屬度。

規則 1：IF 危險信號指標低 THEN 系統安全，不引發免疫應答，可刪除對應的抗體。

規則 2：IF 危險信號指標較低 THEN 系統較安全，不引發免疫應答。

規則 3：IF 危險信號指標較高 THEN 系統較危險，引發免疫應答。

規則 4：IF 危險信號指標高 THEN 系統危險，引發免疫應答，且對應的成熟抗體應加入記憶抗體集合。

當系統引發二次應答或危險信號引發初次應答時，抗體將依據免疫回應機制發生變異，產生新的與原有抗原親和力更高的抗體以便更快識別危險抗原，同時也會產生一些與原有抗原親和力較低的抗體加入未成熟抗體集合，以保證免疫系統多樣性。

4.2.4 信息監控的實現機制

抗原提呈模塊和信號數據採集模塊部署在 DomU 中，由於 linux 系統的開源性，我們把這兩個模塊添加到 DomU 的 linux 系統內核中。信息監控模塊部署在虛擬機管理器中，通過訪問抗原提呈模塊和信號數據採集模塊所屬的內存空間，並對此內存數據進行哈希運算來保證其安全性。該實現機制需要解決兩個重要問題：一是如何找到抗原提呈模塊和信號數據採集模塊所屬的內存空間，二是如何使用哈希運算來確保這兩個模塊未受攻擊。

虛擬機管理器負責管理和分配各種硬件資源，並為上層運行的操作系統內核提供虛擬化的硬件資源，DomU 就是通過它來訪問物理內存的。在 Linux 系統中，System. map 文件是一個特定內核的內核符號表，是內核所有符號名及其對應虛擬地址的一個列表。一個內核符號可能是一個變量名或是一個函數名。由於抗原提呈模塊和信號數據採集模塊都在 DomU 的內核空間中，因此它們包含的全部變量、函數都能在 System. map 文件中找到，即我們能找到這些變量、函數在 DomU 中的虛擬內存地址。在 Xen 系統中，包括三層內存結構，分別是虛擬內存、偽物理內存（Pseudo－physical memory）和機器內存（Machine memory）。虛擬內存指的是每個進程都有的單獨的虛擬內存地址空間。偽物理內存位於機器內存和虛擬內存之間，每個 DomU 的操作系統認為，偽物理內存即為「物理內存」。實際機器內存才是真正的物理內存。在虛擬機管理器中維護了一張 M2P（Machine to physical）的全局轉換表，在每個 DomU 中維護了一張 P2M（Physical to machine）的局部轉換表。可見，我們可以通過 DomU 的頁表找到虛擬地址對應的偽物理地址，再通過 DomU 的 P2M 表找到偽物理地址對應的機器地址。

通過上述方法，我們就可以找到抗原提呈模塊和信號數據採集模塊所屬的內存空間。信息監控模塊把屬於這兩個模塊的全部初始化數據、只讀數據及函數的內存空間的內容按照 System. map 文件中的順序依次讀出，作為哈希運算的輸入。哈希運算能將任意長度的二進制值映射為較短的固定長度的二進制值，並且不可能找到映射為同一個值的兩個不同的輸入。因此，我們用哈希運算來保證抗原提呈模塊和信號數據採集模塊所屬的內存空間的完整性。在 Hypervisor 中，定義兩個變量 hd_{ag} 和 hd_{sig}，分別存儲抗原提呈模塊和信號數據採集模塊的累積哈希值，計算公式如下：

$$hd_{ag}(i+1) = hash[hd_{ag}(i) \ \& \ r_{ag}(i+1)] \qquad (4.7)$$

$$hd_{sig}(j+1) = hash[hd_{sig}(j) \& r_{sig}(j+1)] \tag{4.8}$$

在式（4.7）中，$hash(x)$ 為哈希運算函數，& 為二進制字符串連接符，$r_{ag}(i)$ 為抗原提呈模塊包含的第 i 個內存段的內容，$hd_{ag}(i)$ 為抗原提呈模塊經過 i 次哈希運算的累積值。式（4.8）的含義以此類推。我們把 Hypervisor 在安全狀態下存儲的抗原提呈模塊和信號數據採集模塊的最終累積哈希值記為標準值 hd_{ag}' 和 hd_{sig}'。週期性執行的信息監控模塊，通過比較程序運行過程中得到的哈希值 hd_{ag} 和 hd_{sig} 與標準值是否相同，就可以判斷抗原提呈模塊和信號數據採集模塊的安全性。

4.2.5 免疫演化模型

4.2.5.1 自體演化模型

$$S(t) = \begin{cases} S_{first}, t = 0 \\ S(t-1), t mod \delta \neq 0 \\ S(t-1) \cup S_{new}(t) - S_{unload}(t) - S_{dead}(t), t > 0 \cap t mod \delta = 0 \end{cases} \tag{4.9}$$

$$S_{dead}(t) = \begin{cases} \emptyset, S(t-1) \cup S_{new}(t) - S_{unload}(t) < size_{max} \\ \{ag \mid ag \in S(t-1) \cap \text{根據一定規則淘汰} \mid S_{new}(t) - S_{unload}(t) \mid \text{個元素}\}, \text{其他} \end{cases} \tag{4.10}$$

其中，$S(t)$、$S(t-1) \subset S$，分別表示 t 時刻與 $t-1$ 時刻的自體集合。S_{first} 是初始時刻的自體集合。δ 為自體的演化週期。即在 δ 週期內，自體集合保持不變；在 δ 週期結束後，將補充新的自體元素 S_{new}，如加載新的程序，同時刪除那些已被卸載掉的程序 $S_{unload}(t)$，並淘汰一部分自體 $S_{dead}(t)$，以避免自體集合無限制增大。

計算機軟件系統是一個巨大的集合，一個完備的軟件系統的自體集合對於現階段計算機的計算能力來說過於龐大，同時在動態軟件系統中很難得到一個絕對可靠的自體集合。進化的自體集合可以使模型僅需維持一個較小的自體集合，保證在現有計算能力下模型具有較高的時間效率。另外，由於自體不斷演化，那些混入自體集合中的非自體元素最終將被清除，降低了由不完備自體集合造成的錯誤否定率。

4.2.5.2 抗體基因庫演化模型

$$G(t) = \begin{cases} G_{first}, t = 0 \\ G(t-1) - G_{dead}(t) \cup G_{new}(t), t > 0 \end{cases} \tag{4.11}$$

其中，$G(t)$、$G(t-1) \subset G$，分別表示 t 時刻與 t-1 時刻的抗體基因庫集合。G_{first} 是初始時刻的抗體基因庫集合，為典型的惡意軟件的基因片段。$G_{dead}(t) = \cup_{x \in M_{dead}(t)} \cup_{i=1}^{k} \{x.\ ag.\ \ x_i\}$ 是 t 時刻應該清除的發生變異的基因。$M_{dead}(t)$ 是發生錯誤肯定的記憶檢測器。當成熟檢測器進行克隆時，其基因 $G_{new}(t) = \cup_{x \in T_{cloned}(t)} \cup_{i=1}^{k} \{x.\ ag.\ \ x_i\}$ 被作為優勢遺傳基因加入抗體基因庫。$T_{cloned}(t)$ 是被激活的成熟檢測器。

抗體基因庫主要用於提高未成熟檢測器的生成效率。在生成新的未成熟檢測器時，其抗體由抗體基因庫通過基因編碼等措施進化產生，使新生成的成熟檢測器具備有效檢測已知惡意軟件及其變種的能力，且減少了耐受時間。採用基因編碼會產生「baldwin effect」：進化和學習會使新生的個體獲得一些相同的特性，降低了系統的多樣性。為解決這個問題，在產生未成熟檢測器時，加入一定比例的隨機生成的未成熟檢測器，可確保系統的多樣性。

4.2.5.3　未成熟檢測器演化模型

$$U(t) = \begin{cases} \varnothing, & t = 0 \\ f_{age}[U(t-1)] - [U_{untolerance}(t) \cup U_{matured}(t)] \cup U_{new}(t), & t > 0 \end{cases} \tag{4.12}$$

$$U_{untolerance}(t) = \{x \mid x \in f_{age}[U(t-1)] \cap \exists y \in S(t-1)[affinity(x.ab, y) = 1]\} \tag{4.13}$$

$$U_{matured}(t) = \{x \mid x \in f_{age}[U(t-1) - U_{untolerance}(t)] \cap x.age > \gamma\} \tag{4.14}$$

其中，$U(t)$、$U(t-1) \subset U$，分別表示 t 時刻與 t-1 時刻的未成熟檢測器集合。$f_{age}(X)(X \subset B)$是對 X 中的每個檢測器的年齡進行加 1 操作。$U_{untolerance}(t)$ 是未通過自體耐受的未成熟檢測器，$U_{matured}(t)$ 是已經通過耐受的成熟檢測器。$U_{new}(t)$ 是 t 時刻新生成的未成熟檢測器，包括兩部分：完全隨機產生的檢測器（確保多樣性）和通過抗體基因庫基因編碼生成的檢測器（確保有效性）。

4.2.5.4　成熟檢測器演化模型

$$T(t) = \begin{cases} \varnothing, & t=0 \\ (f_{age}(T(t-1)) - (T_{dead}(t) \cup T_{cloned}(t))) \cup U_{matured}(t) \cup T_{permutation}(t), & t>0 \end{cases} \tag{4.15}$$

$$T_{dead}(t) = \{x \mid x \in f_{age}[T(t-1)] \cap x.age = age_{max} \cap \exists y \in N(t-1)[x \in DA(y)]\} \tag{4.16}$$

$$T_{cloned}(t) = \{x \mid x \in (f_{age}(T(t-1)) - T_{dead}(t)) \cap \exists y \in N(t-1)(x \in DA(y))\} \tag{4.17}$$

$$T_{permutation}(t)=f_{clone\_mutation}[T_{cloned}(t)\cup M_{cloned}(t)] \tag{4.18}$$

其中，$T(t)$、$T(t-1)\subset T$，分別表示 t 時刻與 $t-1$ 時刻的成熟檢測器集合。$T_{dead}(t)$ 是生命週期結束時未被激活的成熟檢測器。$T_{cloned}(t)$ 是被危險信號激活的成熟檢測器。$U_{matured}(t)$ 是新成熟的檢測器。$T_{permutation}(t)$ 是被激活的檢測器通過克隆變異產生的新的成熟檢測器集合。$f_{clone\_mutation}(X)(X\subset T)$ 為克隆變異方程，對 X 中的每個元素 x 執行克隆變異操作。

4.2.5.5 記憶檢測器演化模型

$$M(t)=\begin{cases} M_{first},t=0 \\ [M(t-1)-M_{dead}(t)]\cup f_{age2}[M_{cloned}(t)],t>0 \end{cases} \tag{4.19}$$

$$M_{dead}(t)=\{x\mid x\in M(t-1)\cap\exists y\in S(t-1)[affinity(x.ab,y)=1]\} \tag{4.20}$$

$$M_{cloned}(t)=\{x\mid x\in M(t-1)\cap\exists y\in N(t-1)[x\in DA(y)]\} \tag{4.21}$$

其中，$M(t)$、$M(t-1)\subset M$，分別表示 t 時刻與 $t-1$ 時刻的記憶檢測器集合。M_{first} 是最初的記憶檢測器，這些記憶檢測器可以從常見的惡意軟件中獲得。$M_{dead}(t)$ 是 t 時刻發生錯誤肯定的記憶檢測器。$f_{age2}[M_{cloned}(t)]$ 是新生成的記憶檢測器。$f_{age2}(X)(X\subset B)$ 將 X 中每個檢測器的年齡置為 age_{max}。$M_{cloned}(t)$ 是 t 時刻被激活的記憶檢測器。

4.2.5.6 抗原檢測

$$AG(t)=\begin{cases} AG_{first},t=0 \\ [AG(t-1)-AG_{self}(t)-AG_{nonself}(t)]\cup AG_{new}(t),t>0 \end{cases} \tag{4.22}$$

$$AG_{nonself}(t)=\{x\mid x\in AG_{checked}(t)\cap\exists y\in [T_{cloned}(t)\cup M_{cloned}(t)][affinity(y.ab,x)=1]\} \tag{4.23}$$

$$AG_{self}(t)=\{x\mid x\in AG_{checked}(t)\cap\forall y\in[T(t)\cup M(t)][affinity(y.ab,x)=0]\} \tag{4.24}$$

其中，$AG(t)$、$AG(t-1)\subset AG$，分別表示 t 時刻與 $t-1$ 時刻的抗原集合。AG_{first} 是最初的抗原集合，$AG_{checked}(t)\subset AG(t)$ 是 t 時刻的待檢抗原。

4.3 模型性能分析

設一臺計算機中的計算機程序數量為 N_p，一般情況下含有非自體的比例為 ρ。自體集合的大小為 $|S|$，成熟檢測器集合大小為 $|T|$，記憶檢測器集合

的大小為$|M|$。任意給定的檢測器與任意給定的抗原之間的匹配概率為P_m（該概率與具體的匹配規則有關）。$P(A)$為事件A發生的概率。

定理4.1 對任意一個通過自體耐受的檢測器，該檢測器匹配那些未被描述的自體的概率$P_n=(1-P_m)^{|S|}\cdot[1-(1-P_m)^{N_p\cdot(1-\rho)-|S|}]$。

證明 設A為事件「給定的檢測器與自體集合中的所有自體都不匹配」，B為事件「給定的檢測器與未被描述的自體集合中的至少一個匹配」。顯然，A中的檢測器是通過自體耐受的檢測器，B中的檢測器未必通過自體耐受。$P_n=P(A)P(B)$。在事件A中，檢測器與自體匹配發生的次數X滿足二項分佈，即$X\sim b(n,p)$。其中$n=|S|$，$p=P_m$。則$P(A)=P(X=0)=(P_m)^0(1-P_m)^{|S|}=(1-P_m)^{|S|}$。同理，在事件B中，檢測器與自體匹配的次數$Y\sim b(n,p)$。其中，$n=N_p\cdot(1-\rho)-|S|$，$p=P_m$。則$P(B)=1-P(Y=0)=1-(1-P_m)^{N_p\cdot(1-\rho)-|S|}$。因此，$P_n=P(A)P(B)=(1-P_m)^{|S|}\cdot[1-(1-P_m)^{N_p\cdot(1-\rho)-|S|}]$。

定理4.2 對任意給定的非自體抗原ag，該抗原被正確識別的概率$P_r=1-(1-P_m)^{(|M|+|T|)(1-P_n)}\approx 1-e^{-P_m(|M|+|T|)(1-P_n)}$。

證明 設A為事件「ag與某個記憶檢測器或者與某個被危險信號激活的成熟檢測器匹配」。$P_r=P(A)$。在事件A中，抗原和檢測器發生匹配的次數X滿足二項分佈$X\sim b(n,p)$。其中$n=(|M|+|T|)(1-P_n)$，$p=P_m$。考慮記憶檢測器和成熟檢測器中識別自體的檢測器不能識別非自體抗原，不計入統計。因此，$P_r=P(A)=1-P(X=0)=1-(1-P_m)^{(|M|+|T|)(1-P_n)}$。根據泊松定理（Poisson），當$P_m$很小，$(|M|+|T|)(1-P_n)$很大時，$P_r\approx 1-e^{-P_m(|M|+|T|)(1-P_n)}$。

定理4.3 對任意給定的非自體抗原ag，模型對該抗原發生錯誤否定的概率$P_{neg}=(1-P_m)^{(|M|+|T|)(1-P_n)}\approx e^{-P_m(|M|+|T|)(1-P_n)}$；對任意給定的自體抗原ag，模型對該抗原發生錯誤肯定的概率$P_{pos}=1-(1-P_m)(|M|+|T|)P_n\approx 1-e-P_m(|M|+|T|)P_n$。

證明 由定理2，有$P_{neg}=1-P_r=(1-P_m)^{(|M|+|T|)(1-P_n)}\approx e^{-P_m(|M|+|T|)(1-P_n)}$。設事件A為「給定的自體抗原與記憶檢測器或成熟檢測器相匹配」，則$P_{pos}=P(A)$。在事件A中，自體抗原與檢測器匹配的次數滿足二項分佈$X\sim b(n,p)$。其中，$n=(|M|+|T|)P_n$，$p=P_m$。則$P_{pos}=P(A)=1-P(X=0)=(1-P_m)^{(|M|+|T|)P_n}$。根據泊松定理，當$P_m$很小，$(|M|+|T|)P_n$很大時，$P_{pos}\approx 1-e^{-P_m(|M|+|T|)P_n}$。

定理4.4 模型自體描述中宏觀上是完備的。動態耐受模型產生固定數目的成熟檢測器的空間複雜度為一常數，時間複雜度與檢測器的數目（不含未成熟檢測器）呈線性關係。

證明 根據式（4.9）和式（4.10）可知，自體集合以固定長度的時間片進行演化，隨著時間的推移，$\bigcup_{t=0}^{\infty} S(t)$ 將覆蓋整個自體空間，即自體描述在宏觀上是完備的。且，自體集合的大小限制在 $size_{max}$ 下。不失一般性，考慮極端情況，設系統中自體的數目 $|S(t)| = size_{max}$。D'haeseleer 指出，對任意的匹配規則，生成固定數目的成熟檢測器的空間複雜性為 $O(l \cdot size_{max})$，l 為常數；時間複雜性為 $O[\frac{-\ln(P_{neg})}{P_m \cdot (1-P_m)\ size_{max}} \cdot size_{max}]$。對具體的匹配算法，$P_m$ 為常數。由定理 4.3，$P_{neg} \approx e^{-P_m(|M|+|T|)(1-P_n)}$。由定理 4.1，$P_n = (1-P_m)\ size_{max} \cdot [1-(1-P_m)^{N_p \cdot (1-\rho)-size_{max}}]$。因此，生成固定數目的成熟檢測器的時間複雜性為 $O\left[\frac{-\ln(P_{neg})}{P_m \cdot (1-P_m)\ size_{max}} \cdot size_{max}\right] = O\left[\frac{(|M|+|T|)(1-P_n)}{(1-P_m)\ size_{max}} \cdot size_{max}\right] = O[(|M|+|T|)\frac{(1-P_n) \cdot size_{max}}{(1-P_m)\ size_{max}}]$。即，生成固定數目的成熟檢測器的時間複雜性與記憶檢測器和成熟檢測器的數目之和呈線性關係。

對於具體的匹配規則，P_m 為常數。特別地，對於 r-連續位匹配，$P_m = 0.025,625$。圖 4.4 和圖 4.5 是定理 4.1 的 matlab 仿真。從圖中可以看出，當 $|S|$ 足夠大時，N_p、ρ 對 P_n 影響很小。如當 $|S| = 200$，$N_p = 500$，$\rho = 0.01$ 時，$P_n < 1\%$，達到較為理想的值。

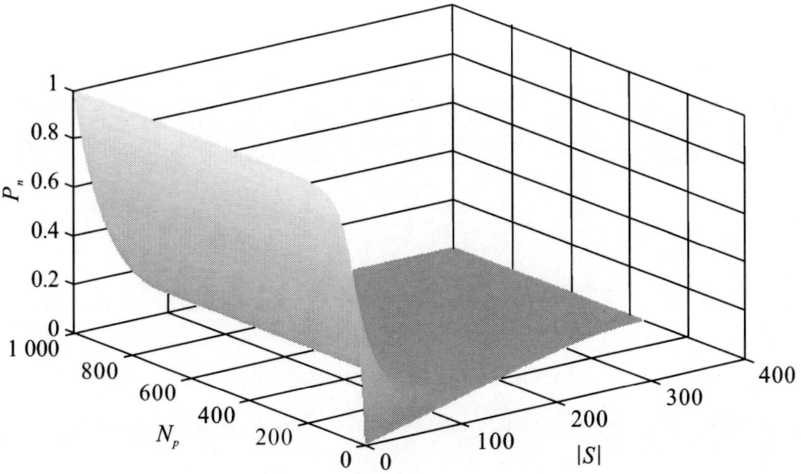

圖 4.4 $|S|$ 和 N_p 對 P_n 的影響，其中 $P_m = 0.025,625$，$\rho = 0.01$

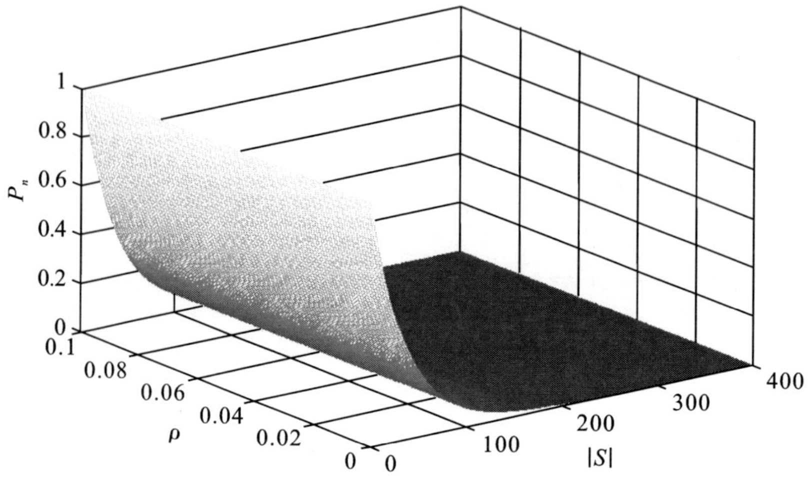

圖 4.5　$|S|$和ρ對P_n的影響，其中$P_m = 0.025,625$，$N_p = 400$

圖 4.6 是定理 4.2 的 matlab 仿真。從圖中可以看出，隨著$|M|$和$|T|$的增大，P_r將增大。

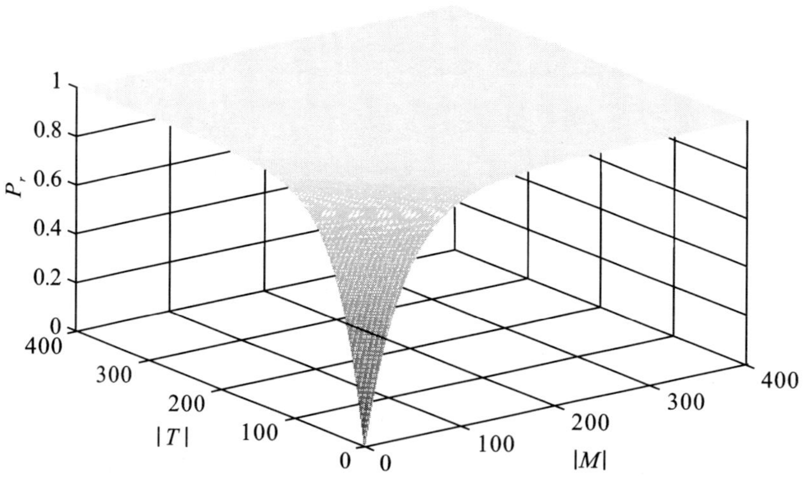

圖 4.6　$|M|$和$|T|$對P_r的影響，其中$P_m = 0.025,625$，$P_n = 0.01$

圖 4.7 和圖 4.8 是定理 4.3 的 matlab 仿真。從圖中可以看出，隨著$|M|$和$|T|$的增大，P_{neg}將減小，而P_{pos}將增大。

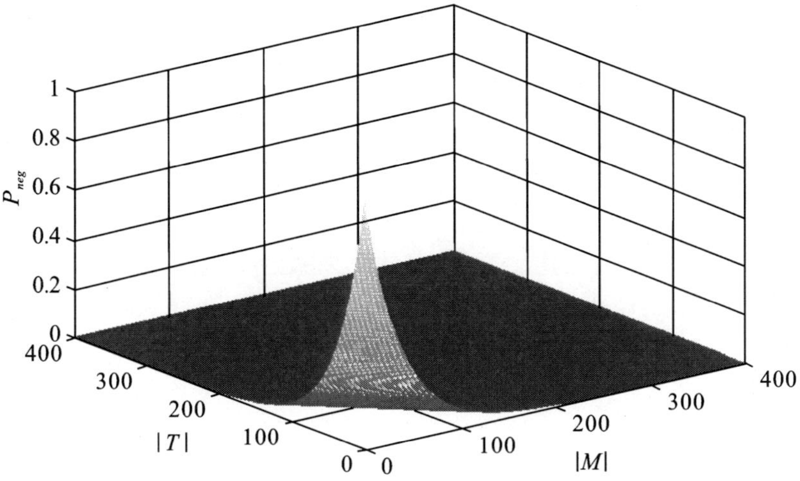

圖 4.7　$|M|$和$|T|$對 P_{neg}的影響，其中 $P_m = 0.025,625$，$P_n = 0.01$

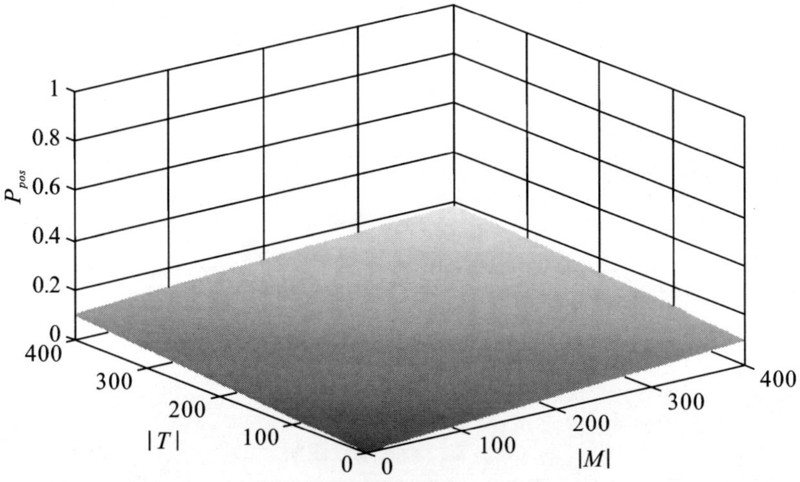

圖 4.8　$|M|$和$|T|$對 P_{pos}的影響，其中 $P_m = 0.025,625$，$P_n = 0.01$

綜合考慮對定理 4.1、定理 4.2 和定理 4.3 的仿真，當 $|S| = 200$，$N_p = 500$，$\rho = 0.01$，$|M| = 100$，$|T| = 100$ 時，$P_n < 1\%$，$P_r > 95\%$，$P_{neg} < 1\%$，$P_{pos} < 5\%$，達到較為理想的值。

4.4 實驗結果與分析

本節通過實驗驗證 I-VMIDS 模型的有效性，包括在 Xen 虛擬機系統上加入 I-VMIDS 模型後對程序性能的影響和 I-VMIDS 模型應用於入侵檢測時的效率。實驗環境如下文所述。全部測試都在 ThinkPad T540p 型號的筆記本電腦上進行。該型號的硬件配置為：一個 Intel Core i5-4, 300M 2.60GHz 的 4 核 CPU，8G 的物理內存。使用的 Xen 的版本號為 4.4.1，該 Xen 管理兩個 Domain，即特權虛擬機 Dom0 和客戶虛擬機 Dom1。兩個虛擬機都運行著 Ubuntu 的 14.04 版本，Linux 內核都為 3.13.0.19 版本。Dom0 分配了 4 個 VCPU 和 4G 的物理內存，CPU 調度權重 weight 設置為 256；Dom1 分配了 4 個 VCPU 和 1G 的物理內存，CPU 調度權重 weight 設置為 256。

在 I-VMIDS 模型中，相關參數設置如下：危險信號參數 $k_1 = 1$，$k_2 = 0.5$，$k_3 = -1.5$，危險區域半徑 $r\_danger = 0.5$。實驗共運行 10 次，結果取均值。

4.4.1 模型性能評估

在虛擬機系統中引入了基於免疫的入侵檢測系統 I-VMIDS，顯然會帶來一定的性能開銷。在雲計算中，許多應用都是並發執行的。因此，本小節首先通過相應的性能測試來評估 I-VMIDS 系統對並行程序的影響。在測試中，我們採用了經典的測試系統並行性能的 SPLASH-2 程序組。該程序組使用 C 語言編寫，由 12 個基準程序組成，使用 PThread 並行方式。隨機選擇其中 5 個程序進行測試，表 4.1 對這 5 個程序做了簡要介紹。

表 4.1　並行測試程序說明

程序名	含義	參數設置
FFT	計算快速傅里葉變換	m=22，p=2，n=65,536，l=4
LU	將一個稀疏矩陣拆分成一個下三角矩陣和一個上三角矩陣的積(非連續塊分配方式)	p=2，n=2,048，b=16
Ocean	通過海洋的邊緣的海流模擬整個海洋的運動(非連續塊分配方式)	p=4，n=258，t=380，e=1e-09
Raytrace	模擬光線的路徑	p=4，Envfile=ball4
Barnes	模擬一個三維多體系統（例如星系）	p=2，fleaves=2

圖 4.9 顯示了未加載 I-VMIDS 時和加載 I-VMIDS 時，以上 5 個基準程序的運行結果對比。從圖中可以看出，Dom1 中的計算時間比原始系統要長一些，平均增加的計算是 7.33%，最長為 LU 程序的 10.86%。這表明虛擬機系統集成 I-VMIDS 帶來的性能開銷是很小的，在可接受的範圍內，將 I-VMIDS 應用於雲計算平臺不會對並行應用的運行帶來很大影響。

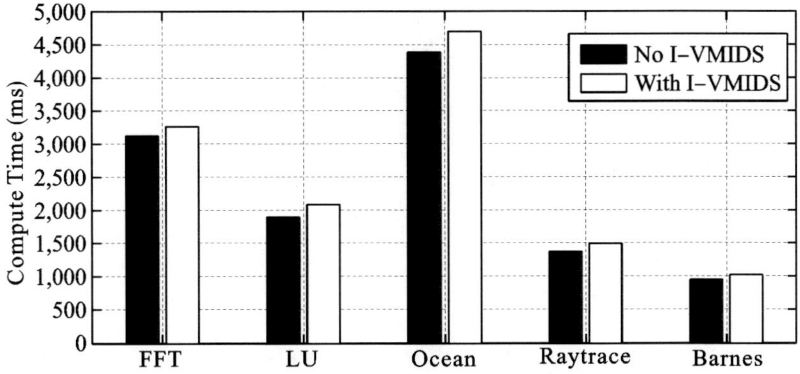

圖 4.9　並行程序測試

在 I-VMIDS 模型中，對 DomU 來說，主要的性能開銷來自於抗原提呈模塊和信號數據採集模塊，以及通過虛擬機間通信機制把數據傳遞給 Dom0 的操作。這些行為均是定期執行的，開銷是有限的。如，抗原提呈模塊是主動監視程序的系統調用序列，並不是每發生一次系統調用就被動觸發抗原提呈，信號數據採集模塊也是一樣的。DomU 通過事件通道把抗原數據和環境狀態數據放入環緩衝區中，只有環緩衝區為空時才會通知 Dom0，這將引起 DomU 和 Dom0 之間的上下文切換。如果環緩衝區中還有數據，Dom0 會一直讀取，DomU 不需要發出通知。可見，上下文切換引起的開銷也是有限的。除此之外，免疫應答模塊、信號度量模塊和信息監控模塊的執行將會增加 Dom0 的性能開銷，對 DomU 的影響可以忽略。

接下來，我們測試 I-VMIDS 系統對計算密集型程序的影響，採用 SPEC (Standard performance evaluation corporation) CPU2000 這組基準程序。其共包括兩個部分，針對整型計算密集應用的 CINT2000 和針對浮點型計算密集應用的 CFP2000。我們選取 CINT2000 進行測試。CINT2000 共包括 12 個應用程序，我們隨機選擇其中 5 個程序進行測試，表 4.2 對它們進行了說明。

表 4.2　**計算密集型程序說明**

程序名	含義
164. gzip	對一組文件進行壓縮和解壓縮的操作
175. vpr	根據特定算法對現場可編程門陣列（Field-Programmable Gate Array）電路進行放置和路由
186. crafty	國際象棋程序，針對棋盤佈局來找出下一步移動
252. eon	用來創建三維物體圖像的概率射線追蹤器
254. gap	解決離散數學中的相關分析計算問題

圖 4.10 顯示了未加載 I-VMIDS 時和加載 I-VMIDS 時，以上 5 個基準程序的運行結果對比。從圖中可以看出，Dom1 中的計算時間比原始系統要長一些，平均增加的計算是 9.12%，最長為程序 254. gap 的 11.48%。相比並行程序，I-VMIDS 對虛擬機的影響稍大一些，但仍然在可接受的範圍內。因此，在計算密集程序的雲計算場景下，I-VMIDS 是可以集成在內的。

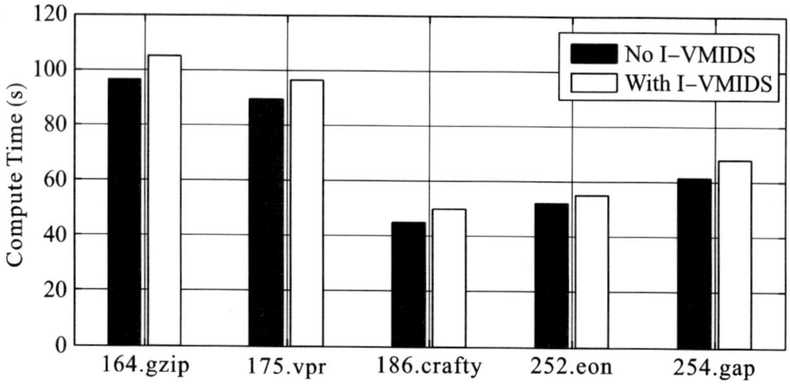

圖 4.10　**計算密集程序測試**

最後，我們測試 I-VMIDS 系統對網絡服務器的影響。在此測試中，DomU 運行網絡服務器，由 apache http server 以及 php 組成。我們採用工具 httperf 來產生連續的網絡請求，可以使服務器處於過載 overload 狀態。採用 autobench 工具，可以多次運行 httperf，同時遞增每秒請求的連接數，並提取 httperf 的輸出結果。圖 4.11 顯示了未加載 I-VMIDS 時和加載 I-VMIDS 時，網絡服務器的回應結果對比。可以看出，當 http 請求的頻率增大時，I-VMIDS 的引入會增加網絡服務器的回應時間。在 http 請求頻率為 100 的時候，增加的時間小於 0.5s，是可以接受的。因此，在部署有網絡服務器的雲計算平臺中，I-VMIDS 系統也是可以應用的。

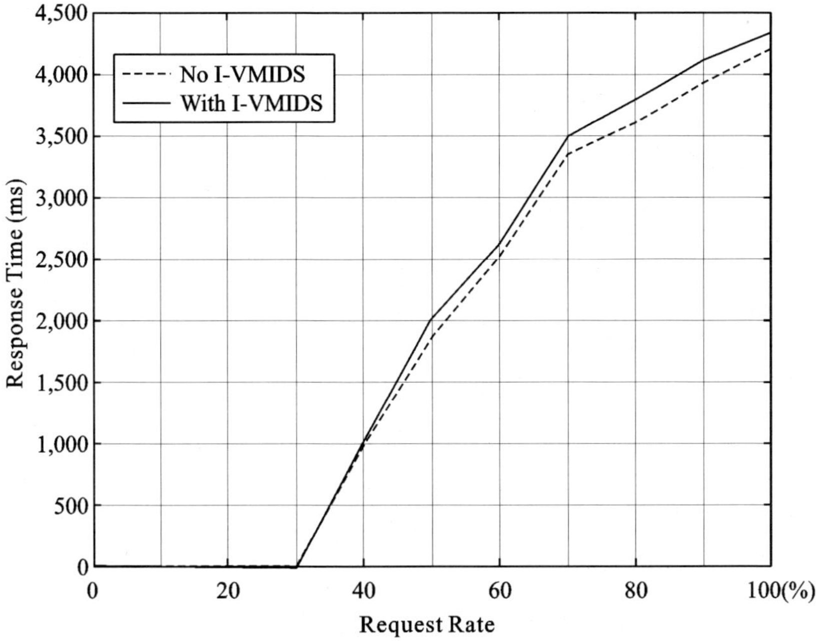

圖 4.11　網絡服務器負載測試

4.4.2　檢測率和誤報率比較

本小節將測試 I-VMIDS 系統檢測攻擊的能力。實驗採用檢測率 *DR*、誤報率 *FAR* 等指標對系統的有效性進行衡量，並與 Forrest 等人提出的 ARTIS 模型進行對比。ARTIS 是一個通用的計算機免疫系統，常用於入侵檢測，病毒識別，模式識別等。

圖 4.12 和圖 4.13 顯示了在模擬環境下，I-VMIDS 和 ARTIS 的檢測率和誤報率的結果對比。在圖 4.12 中，實驗設定每 100 個抗原中夾雜 60 個非自體，其中非自體中有 30 個是剛剛確定的，即以前這種類型的抗原被認為是自體（正常的程序），現在被認為是非自體（異常的程序）。如：緊急卸載某些被攻擊的程序，停止提供相關服務。圖 4.13 中，實驗設定每 100 個抗原中夾雜 40 個自體，其中 20 個自體為新定義的，如加載一些新程序以提供新的服務。實驗結果顯示，I-VMIDS 具有較高的檢測率和較低的誤報率。

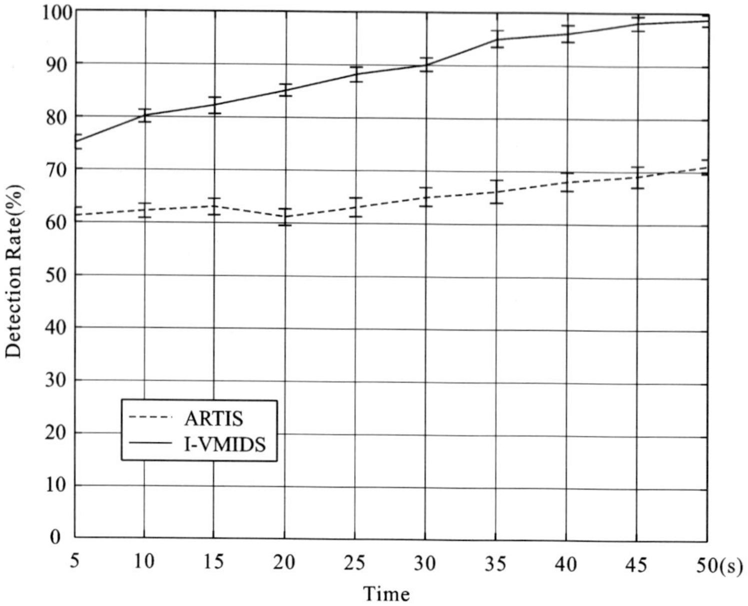

圖 4.12　I-VMIDS 和 ARTIS 的檢測率對比

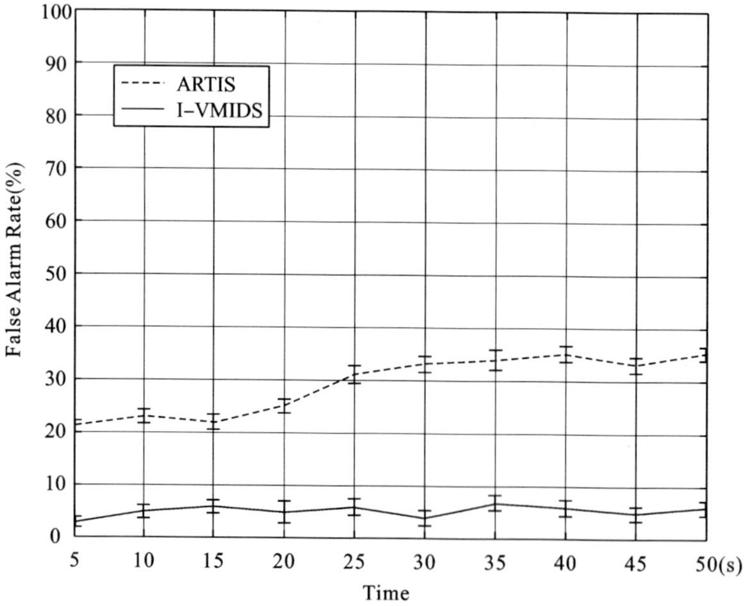

圖 4.13　I-VMIDS 和 ARTIS 的誤報率對比

接下來，我們採用 linux 系統中廣泛部署的 wu-ftpd2.6.0 程序、sendmail8.12.0 程序和一些有代表性的 rootkit 進行異常檢測。針對 wu-ftpd 程序的攻擊有文件名匹配漏洞腳本攻擊、限制訪問繞過漏洞攻擊、site exec 漏洞腳本攻擊等。針對 sendmail 程序的攻擊有 sccp 攻擊、decode 攻擊、遠程緩衝區溢出攻擊等。一些有代表性的 rootkit 包括簡單鉤子 rootkit、內聯鉤子 rootkit、內聯鉤子複雜 rootkit 等。表 4.3 列出了 I-VMIDS 和 ARTIS 的檢測率和誤報率對比，其中括號內值為方差。從表中可以看出，I-VMIDS 在各種攻擊下都具有較高的檢測率和較低的誤報率，在實際應用中是可行的。

表 4.3 檢測結果

程序		ARTIS		I-VMIDS	
		DR(%)	*FAR*(%)	*DR*(%)	*FAR*(%)
wu-ftpd	文件名匹配漏洞	76.12(5.11)	10.28(4.17)	96.55(1.14)	7.22(1.22)
	site exec 漏洞	79.87(2.45)	9.87(5.32)	97.31(1.23)	6.65(2.01)
	限制訪問繞過漏洞	77.54(4.77)	12.75(3.74)	97.02(1.08)	7.43(1.67)
sendmail	sccp 攻擊	74.52(3.56)	14.62(3.41)	98.11(1.25)	5.15(1.63)
	decode 攻擊	81.21(4.84)	15.72(3.87)	98.35(1.01)	5.42(1.69)
	遠程緩衝區溢出攻擊	82.45(5.46)	12.84(5.63)	98.78(1.14)	5.80(1.28)
rootkit	簡單鉤子 rootkit	85.15(5.16)	9.41(4.12)	99.99(0)	0(0)
	內聯鉤子 rootkit	82.45(6.82)	10.75(8.20)	99.99(0)	0(0)
	內聯鉤子複雜 rootkit	75.14(5.23)	9.56(6.77)	95.84(2.42)	3.78(2.89)

4.5 本章小結

虛擬化運行環境面臨的安全問題是雲安全研究的重要方面之一。現有的針對虛擬機中的用戶程序安全性、虛擬化監控器中存在的安全漏洞的研究，還不能準確地判斷出客戶虛擬機中應用程序的即時狀態，同時所提出的防禦方法只針對特定的攻擊及漏洞，不能有效地處理其他攻擊對系統安全帶來的威脅。受到生物免疫系統中免疫回應機制及危險理論的啓發，本書提出了一種基於免疫機制的雲計算環境中虛擬機入侵檢測模型 I-VMIDS。模型能夠檢測應用程序受到的被靜態篡改的攻擊，而且能夠檢測應用程序動態運行時受到的攻擊，具有較高的即時性；且模型以較少的代價對入侵檢測程序進行監控，保證了檢測數據的真實性，使模型具有更高的安全性。實驗結果表明模型沒有給虛擬機系統帶來太大的性能開銷，且具有良好的檢測性能，因此將 I-VMIDS 應用於雲計算平臺是可行的。

參考文獻

[1] HAEBERLEN A, ADITYA P, RODRIGUES R, et al. Accountable virtual machines [C] // 9th USENIX Symposium on Operating Systems Design and Implementation (OSDI'10). [S. l.: s. n.], 2010.

[2] PAYNE B D, CARBONE M, SHARIF M, et al. Lares: An architecture for secure active monitoring using virtualizations [C] // Proceedings of the IEEE Symposium on Security and Privacy. [S. l.: s. n.], 2008.

[3] SHARIF M, LEE W, CUI W, et al. Secure In-VM Monitoring Using Hardware Virtualization [C] // 16th ACM Conference on Computer and Communications Security. [S. l.: s. n.], 2009.

[4] WANG Z, JIANG X, CUI W, et al. Countering Kernel Rootkits with Lightweight Hook Protection [C] // 16th ACM Conference on Computer and Communications Security. [S. l.: s. n.], 2009.

[5] HOFMANN O S, DUNN A M, KIM S, et al. Ensuring Operating System Kernel Integrity with osck [C] // Proceedings of the 16th International Conference on Architectural Support for Programming Languages and Operating Systems. [S. l.: s. n.], 2011: 279-290.

[6] BALIGA A, GANAPATHY V, IFTODE L. Detecting Kernel-level Rootkits using Data Structure Invariants [C] // IEEE Transactions on Dependable and Secure Computing. [S. l.: s. n.], 2010.

[7] BHARADWAJA S, SUN W Q, NIAMAT M, et al. Collabra: A Xen Hypervisor based Collaborative Intrusion Detection System [C] // Proceedings of the 8th International Conference on Information Technology. Toledo, USA: [s. n.], 2011: 695-700.

[8] SRIVASTAVA A, LANZI A, GIFFIN J, et al. Operating System Interface Obfuscation and the Revealing of Hidden Operations [C] // Proceedings of the 8th

International Conference on Detection of Intrusions and Malware, and Vulnerability Assessment. Amsterdam, Netherlands: Springer, 2011: 214-233.

[9] SZEFER J, KELLER E, LEE R B, et al. Eliminating the Hypervisor Attack Surface for a More Secure Cloud [C] // Proceedings of the 18th ACM Conference on Computer and Communications Security. Chicago: [s. n.], 2011: 401-412.

[10] BENZINA H, GOUBAULT-LARRECQ J. Some Ideas on Virtualized System Security, and Monitors [C] // Proceedings of the 5th International Workshop on Data Privacy Management. Athens: Springer, 2010: 244-258.

[11] WANG L, GAO H, LIU W, et al. Detecting and Managing Hidden Process via Hypervisor [J]. Journal of Computer Research and Development, 2011, 48 (8): 1534-1541.

[12] BARHAM P, DRAGOVIC B, FRASER K, et al. Xen and the Art of Virtualization [C] // Proceedings of the 19th ACM Symposium on Operating Systems Principles. [S. l.: s. n.], 2003.

[13] CHISNALL D. The Definitive Guide to the Xen Hypervisor [M]. Englewood: Prentice Hall Press, 2007.

[14] FORREST S, PERRELASON A S, ALLEN L, et al. Self-Nonself Discrimination in a Computers [C] // RUSHBY J, MEADOWS C. Proceedings of the 1994 IEEE Symposium on Research in Security and Privacy. Oakland, USA: IEEE Computer Society Press, 1994: 202-212.

[15] TIAN X, GAO L, SUN C, et al. Anomaly Detection of Program Behaviors Based on System Calls and Homogeneous Markov Chain Models [J]. Journal of Computer Research & Development, 2007, 44 (9): 1538-1544.

[16] MATZINGER P. The Danger Model: a Renewed Sense of Self [J]. Science, 2002, 296: 301-305.

[17] WOO S C, OHARA M, TORRIE E, et al. The SPLASH-2 Programs: Characterization and Methodological Considerations [C] // Proceedings of the 22nd Annual International Symposium on Computer Architecture. [S. l.: s. n.], 1995: 24-36.

[18] LEE W, DONG X. Information-Theoretic Measures for Anomaly Detection [C] // NEEDHAM R, ABADI M. Proceedings of the 2001 IEEE Symposium on Security and Privacy. Oakland, CA: IEEE Computer Society Press, 2001: 130-143.

[19] LI D Y, LIU C Y, DU Y, et al. Artificial Intelligence with Uncertainty [J]. Journal of Software, 2004, 15: 1583-1594.

[20] SINGH J P, WEBER W D, GUPTA A. SPLASH: Stanford Parallel Applications for Shared-memory [J]. ACM Sigarch Computer Architecture News, 1992, 20 (1): 5-44.

[21] D'HAESELEER P, FORREST S. An Immunological Approach to Change Detection: Algorithm, Analysis and Implication [C] // NEEDHAM R, DAVID A. Proceedings of IEEE Symposium on Research in Security and Privacy. Oakland, CA: IEEE Computer Society Press, 1996: 110-119.

[22] GLICKMAN M, BALTHROP J, FORREST S. A Machine Learning Evaluation of an Artificial Immune System. Evolut comput [J]. 2005, 13 (2): 179-212.

[23] BALTHROP J, FORREST S, NEWMAN M E J, et al. Technological Networks and the Spread of Computer Viruses [J]. Science, 2004, 304: 527-529.

5　基於免疫網絡的優化算法研究

5.1　優化問題的研究現狀

5.1.1　最優化問題

最優化理論與方法是一門應用性很強的新興學科，該理論與方法研究的是數學上定義的某些問題的最優解。即對於某一個實際工程問題，從眾多的候選方案中選出最優方案。其應用領域非常廣泛，如國防、交通運輸、工農業生產、貿易、金融、科學研究、管理等。例如：公司在確定投資項目時，選擇期望風險最小或收益最大的項目；專家在設計空間飛船時，要在有限的空間內盡可能多地放置設備；工程師開發項目時，在滿足設計要求以後，應盡可能壓縮建築的費用；兩個城市之間的光纖分佈在滿足要求的條件下，應盡可能短；汽車在滿足需求及安全性的條件下盡可能減小消耗；等等。

雖然最優化問題的起源十分古老，但是它成為一門獨立的學科是在 20 世紀 40 年代末。在研究最優化理論與方法的過程中，非線性規劃、線性規劃、多目標規劃、幾何規劃、整數規劃、隨機規劃、非光滑規劃等各種最優化問題理論發展迅速，新方法、新手段不斷出現，且在計算機的推動下，實際應用越來越廣泛，在工程設計、經濟計劃、交通運輸、生產管理、項目管理等方面都有廣泛的應用。

最優化問題的一般形式為：

$$\min f(x) \qquad x \in X \tag{5.1}$$

其中 $x=(x_1, x_2, \cdots, x_n)^T \in R^n$ 是決策變量，R 為實數空間；$f(x): R^n \to R^1$ 為目標函數；$X \subset R^n$ 為約束集或可行域；min 表示求取函數 $f(x)$ 的極小值，實際問題中也可能是求取 $f(x)$ 的極大值 max。特別地，如果約束集 $X = R^n$，則最優化問題（5.1）成為無約束最優化問題：

$$\min_{x \in Rn} f(x) \tag{5.2}$$

約束最優化問題通常寫為：

$$\begin{cases} \min f(x) \\ c_i(x) = 0,\ i = 1,\ 2,\ \cdots,\ m \\ c_i(x) \geqslant 0,\ i = m + 1,\ \cdots,\ p \end{cases} \tag{5.3}$$

這裡 $c_i(x)$、i 是約束函數；$c_i(x) = 0, i = 1, 2, \cdots, m$ 為等式約束；$c_i(x) \geqslant 0$, $i = m+1, \cdots, p$ 為不等式約束。

式（5.3）是最優化問題中，約束最優化問題的一般表現形式。只有等式約束時，

$$\begin{cases} \min f(x) \\ c_i(x) = 0,\ i = 1,\ 2,\ \cdots,\ m \end{cases} \tag{5.4}$$

稱為等式約束最優化問題。

只有不等式約束時，

$$\begin{cases} \min f(x) \\ c_i(x) \geqslant 0,\ i = 1,\ 2,\ \cdots,\ m \end{cases} \tag{5.5}$$

稱為不等式約束最優化問題。如果既有等式約束，又有不等式約束，則為混合約束問題。

由於式（5.1）中，不同函數具體性質不同，複雜程度也不同，因此最優化問題也分為許多不同的類型。根據決策變量 x 的取值是離散還是連續，最優化問題可以分為離散最優化即組合最優化，與連續最優化。組合優化包括資源配置、整數規劃、生產安排、郵路問題等。相比連續最優化問題，離散最優化問題求解難度更大。而根據函數是否光滑，連續最優化問題又可分為光滑最優化，即函數無窮階可導，和非光滑最優化。對於光滑最優化問題，根據函數是否是變量 $x = (x_1, x_2, \cdots, x_n)^T \in R^n$ 的線性函數，可分為線性規劃和非線性規劃。

我們使用最優化理論和方法，解決工程和科學中的具體問題時，一般分為兩個步驟：

（1）建立數學模型。先分析研究要解決的具體問題，並加以簡化，形成最優化問題。

（2）進行數學加工，並求解。該過程包括以下幾個小步驟：

- 整理並變換最優化問題，使之變為容易求解的形式；
- 選擇或提出合適的計算方法來解決問題；
- 寫相關的程序或代碼，利用計算機求解；
- 對所得結果進行分析，看是否與實際相符。

解決最優化問題時，關鍵是第二個步驟中的優化算法。優化算法，即為一種搜索解空間的過程，是基於某種思想的，通過一定的規則獲得滿足要求的解。

5.1.2 優化算法

工程中常用的優化算法可分為很多種。從優化機制及行為角度來劃分的話，優化算法可分為經典算法、改進型算法、構造型算法、基於系統動態演化的算法和混合型算法等。

(1) 經典算法。這類算法是最早出現的，包括一些傳統算法，如整數規劃、線性規劃、分枝定界、動態規劃等。這類算法的計算量都很大，在工程中往往不太實用，只能求解小規模的問題。

(2) 構造型算法。這類算法是通過構造建立解，雖然求解速度較快，但優化質量比較差，不能滿足大部分工程的需要。如 Palmer 法、Johnson 法、Gupta 法、Daunenbring 法、NEH 法、CDS 法等。

(3) 改進型算法，也稱為鄰域搜索算法。這類算法的思想是從任意解出發，通過鄰域搜索操作和替換當前最優解操作進行查找。根據搜索行為，又分為局部搜索法、指導性搜索法。

局部搜索法。它是指在當前的解鄰域中以局部優化策略進行貪婪搜索，例如爬山法，是把優於當前的解狀態作為下一個當前解；最陡下降法是把當前解的領域中的最優解當作下一個當前解等。

指導性搜索方法。它是指為了得到整個解空間中的較優解，應用一些相應的指導規則進行指導搜索，例如禁忌搜索（TS，Tabu search）、遺傳規劃（GP，Genetic programming）、DNA 算法、進化策略（ES，Evolution strategy）、進化規劃（EP，Evolution programming）、遺傳算法（GA，Genetic algorithms）、模擬退火（SA，Simulated annealing）等。

(4) 基於系統的動態演化方法。它是把優化的過程轉為系統的動態演化過程，通過系統的動態演化來完成優化，例如混沌搜索算法等。

(5) 混合型算法。它是指以上各種算法在操作或者結構上相互混合從而生成的各種算法。

由於經典算法和構造型算法已經無法滿足當前的工程需要，對這些算法的研究已經很少見，當前優化算法研究的焦點便主要集中在系統動態演化方法和指導性搜索方法以及其他混合算法，研究熱點為以遺傳算法為代表的進化計算方法。而在研究中新的優化算法也不斷出現，如群智能、人工免疫算法、EDA

算法、DNA 算法等。

傳統的基於梯度的算法對於有多個極值點、非凸、高維並在最優值的附近有許多次優解的多模態函數的優化上，往往求得的解都不理想，禁忌搜索方法和模擬退火算法等傳統的搜索算法「爬山能力」比較弱，有時一次只能不確定地去搜索一個極值點，易於陷進局部最優。所以對於多模態函數的優化問題成為優化領域中的一個研究熱點和難點。近幾十年中，遺傳算法在函數優化的研究及應用領域中得到了廣泛的發展，它是一種嶄新的、在模擬生物進化的過程中進行隨機的搜索、優化的方法，在解決很多典型的問題上展示了優越的效果和性能。雖然遺傳算法具有全局搜索和概率選擇的特點，但是因為交叉算子在配對機制上是隨機進行的，這可能會導致在各個峰值附近，個體進行交叉後，雙方偏離自己的峰點。並且在搜索的過程中，將會不斷地淘汰適應度小的極值點，所以要同時搜出多個峰值是很困難的，從而會收斂在一個模態中。對於優化過程中的各種問題，研究員一方面希望可以對現有的遺傳算法進行不斷改進，另一方面也希望開創新思路，嘗試用新生物學來構建新的算法模型基礎。在免疫計算智能的發展過程中，免疫系統具有分佈式、自適應、自學習、多樣性以及自動調節等特點，這使得基於免疫機制的算法在局部、整體搜索能力上都有很強的優勢。所以這類算法在機器學習、數據挖掘、模式識別、組合優化及函數優化等方面的應用是非常之廣泛的。

以遺傳算法、模擬退火算法（SA）、蟻群算法（ACA）等為代表的智能優化算法也成為解決組合優化問題上的重要方法，並且廣泛地應用到了工程應用的領域中。雖然智能優化的算法在魯棒性、並行性上有很好的優勢，但在當前仍然需要對一些問題進行進一步的研究：第一，這些算法雖然在研究方法、研究內容與結構上有極大相似之處，但是數學理論基礎不夠完善，很多都處於仿真階段；第二，在算法框架結構上不夠完備，在分析算法中操作算子作用機理和作用效果不夠充分，設置算法參數時無確切的理論基礎，往往根據經驗來確定，並且因為研究的側重點和機制不同，研究成果不集中。在優化流程中，智能優化算法具有極大相似性，因此採用算法間混合，在效率和性能上來彌補單一算子的不足。混合最優化算法的應用前景非常廣闊，常見的有遺傳算法與人工神經網絡結合、模擬退火算法與遺傳算法結合、遺傳算法與免疫算法結合、蟻群算法與免疫算法結合等形式。工程應用也表明，相對單一算法，混合最優化算法更為有效。目前，混合算法面臨的問題主要在於怎樣將單一算法耦合，從而得到有效、合理的混合最優化算法。現在智能優化算法的理論根據來自於模擬某種現象，所以其相關的數學分析及數學基礎都很薄弱。即使得出一些結論，由於過於粗略或者不能有效地解釋算法行為，因而在結論上缺乏普遍性的指導意義。這類情況主要體現在對算法參數選擇和分析收斂性方面。在有限的系統資源前提下，智能優化算法在優化問題上的應用需要解決的關鍵問題是怎樣提升算法的收斂速度和全局優化的能力。

5.1.3 聚類問題

聚類可看作是一種特殊的優化。它在解空間中指導性地搜索特定的中心點和數據點，這些點滿足這樣的條件，使以這些中心點和數據點為劃分依據而得到的類簇，最能反應數據集合的內在模式，即類簇中的各個點到聚類中心的距離之和最小。聚類也是一個重要的研究方向，可以識別抽取數據的內在結構。其應用範圍包括：字符識別、語音識別、分割圖像、信息檢索、數據壓縮等。Everitt 給出了聚類的定義：屬於同一類簇內的實體是相似的，而屬於不同類簇的實體是不相似的；一個類簇是問題空間中點的聚集，同一類簇的任意兩個點間的距離小於不同類簇的任意兩個點間的距離；類簇可以描述為一個連通區域，該連通區域包含的點集密度相對較高，通過周圍密度相對較低的區域，與其他類簇相區別。實際上聚類是一種無監督分類，不像分類會有一些先驗知識。聚類可描述如下：

令 $U=\{p_1,p_2,\cdots,p_n\}$ 表示一個實體集合，p_i為第 i 個模式，$i=\{1,2,\cdots,n\}$；∩，$t=1, 2, \cdots, k$，C_t為某一類簇，可表示為，$C_t=\{p_{ij} \mid i=t, 1\leqslant j\leqslant w\}$；$pr(p_{mu}, p_{rv})$，其中 m、u、r、v 為任意整數，第 1 個下標（m, r）為模式所屬的類，第 2 個下標（u, v）為類中任一模式，函數 pr 用來表示模式間的相似性距離。若各個 C_t為聚類結果，則這些 C_t應符合：

(1) $\bigcup_{t=1}^{k} C_t = U$

(2) 對於 $\forall C_m, C_r \subseteq U, C_m \neq C_r$，有 $C_m \cap C_r = \varnothing$(僅限剛性聚類)

$MIN \forall P_{mu} \in C_m, \forall P_{rv} \in C_r, \forall C_m, C_r \subseteq U \& C_m \neq C_r [pr(P_{mu}, P_{rv})] > MAX \forall P_{mx}, P_{my} \in C_m, \forall C_m \subseteq U [pr(P_{mx}, P_{my})]$

第一個條件的含義為各個類簇 C_t的並集構成了整個模式的集合；第二個條件的含義為任意兩個不同類簇 C_m、C_r中的模式 p_{mu}、p_{rv}，其距離大於同一類簇中的兩個模式 p_{mx}、p_{my}的距離。

典型的聚類過程主要包括準備數據、選擇特徵和提取特徵、計算相似性、聚類、評估聚類結果是否有效等步驟。

聚類過程：

(1) 準備數據：包括把數據特徵進行標準化等，高維數據可以降維。

（2）選擇特徵：數據特徵可能比較多，也可能有些特徵不重要，屬於冗餘特徵，因此需對特徵進行選擇並存儲。

（3）提取特徵：對於選擇的特徵執行轉換操作，以突出某些特徵。

（4）聚類：在聚類前，需選擇或構造適當的距離函數，好度量相似程度；然後執行聚類。

（5）評估聚類結果：判斷聚類結果是否有效。

5.1.4 聚類算法

目前，沒有任何一種聚類技術（聚類算法）可以普遍適用於揭示各種各樣的多維的數據集展現出的多樣性結構。聚類算法的分類方法有很多，大體可以分為基於密度和網格的聚類算法、劃分式聚類算法、層次化的聚類算法和其他聚類算法，這些聚類算法是依據數據在聚類裡面的積聚規則和應用規則方法來劃分的。

層次化的聚類算法又稱為樹的聚類算法，它應用數據時間聯接的規則，透過一種基於層次架構的方式，重複將數據進行聚合或分裂，從而形成一個基於層次序列聚類的問題解。如傳統層次聚類算法、Gelbard 等人於 2007 年提出一種正二進制（Binary-positive）方法，這種方法是一種新的基於層次聚合的算法。同年，Kumar 等人提出一種基於不可分辨粗聚合的層次聚類算法 RCOSD，這種算法是面向連續數據的。

劃分式聚類算法要求事先指定聚類中心或聚類數目，經過反覆進行迭代運算，逐漸縮小目標函數誤差值，在目標函數值達到收斂時，獲得最終的聚類結果。如較著名的了 K 均值聚類算法（K-means 算法）及其改進算法。

模式聚類算法是通過基於塊分佈的信息來實現；基於網格的聚類算法，是使用網格結構，通過矩形塊來劃分值空間，圍繞模式進行組織；在基於密度的聚類算法中發現任意形狀類簇，是通過數據密度（單位範圍內實例數）來實現的。基於網格的聚類算法經常和其他的方法結合，尤其是和基於密度的聚類方法結合。2001 年，Zhao 和 Song 給出網格密度等值線聚類算法 GDILC。2005 年，Pileva 等人提出一種用於大型、高維空間數據庫的網格聚類算法 GCHL 等。

其他聚類算法為一些基於自然計算的聚類算法，如基於蟻群系統的數據聚類算法 ACODF、基於遺傳算法的聚類方法、基於免疫進化的聚類算法、基於克隆選擇的聚類算法、基於免疫網絡的聚類算法、基於基因表達式編程的聚類算法及基於混合智能方法的聚類算法等。

Bhuyan 和 Jones 較早提出把遺傳算法應用於聚類分析的領域，自此以後學術界取得的很大一部分成果都來自遺傳算法與傳統聚類算法相結合。傳統的聚類算法，如 k-means 算法具有對初始值敏感且容易陷入局部最優的缺點，引入遺傳算法後，在一定程度上克服了這兩個問題。李潔等人利用遺傳算法優化聚類的目標函數，處理具有混合特徵的大數據集，實驗表明該方法獲得全局最優解的概率大大增加了。PSO 的主要應用領域是函數優化和組合優化等問題，在聚類領域的應用並不十分突出。與遺傳算法類似，PSO 在聚類領域的應用也主要是與 k-means 或其變體算法結合，如劉靖明提出的 PSO 與 k-means 的混合算法。Chiu 等為了加強螞蟻聚類算法的性能，引入了人工免疫系統，提出了基於免疫的螞蟻聚類算法——IACA。該算法利用螞蟻聚類算法形成最初的聚類結果，再用免疫的機制去微調所得到的簇，形成一個兩階段的聚類算法。Niknam 等把 PSO、蟻群優化算法與 k-means 結合用於聚類分析，取得了比單獨用某些算法甚至是某些混合算法還好的效果。

5.2 免疫網絡理論研究

5.2.1 Jerne 獨特型免疫網絡

通過對現代免疫學中的抗體分子的獨特型的認識，以及對 Burnet 的克隆選擇理論的理解，N. K. Jerne 提出了一個著名的假說，被稱為「獨特網絡假說」，具有很大影響力，之後很多模型都是基於這個假說的。該假說認為生物免疫系統中，抗體和淋巴細胞，它們並不是互相獨立的、不同種類的抗體，或淋巴細胞之間存在相互的作用，可以相互傳遞信息；且網絡也不是一直固定不變的，而是在連續變化中。抗體能夠識別抗原上的抗原決定基，同時抗體也能識別其他抗體的決定基，被稱作 *idiotopes*，一類 *idiotopes* 被稱作獨特性（Idiotype，Id）。若抗原 Ag 被某抗體 Ab_1 識別，而 Ab_1 的獨特性也被 Ab_2 上抗體的結合部位（Paratope）識別，Ab_2 便被稱作抗獨特性（Anti-idiotype）。Ab_2 又被 Ab_3 識別，依次類推，這樣構成了抗體之間互相作用的免疫網絡，記為獨特性網絡。

獨特性網絡的重要特徵包括：在網絡中，即使抗原不存在，抗體間的相互作用仍然存在。若網絡中某一類類別的抗體太多，那麼它會受到其他類型抗體的抑制，從而導致整個的免疫系統接近平衡，同時還可以抵禦抗原的侵入。獨特性免疫網絡理論，從一個新的視角來解釋自體識別、免疫應答、免疫調節、免疫記憶等現象。儘管該網絡的機制還不十分清楚，但其已被實驗證明的確存在；並且人們能夠方便地使用數學工具，建立人工免疫系統模型。

Jerne 構建了如下簡單網絡模型。在模型中只考慮免疫細胞。假定網絡中有 n 種類型的免疫細胞，它們之間相互作用。因此第 i 種細胞，其數量 C_i 隨著時間的變化，滿足如下微分方程：

$$\frac{dC_i}{dt} = C_i \sum_{j=1}^{n} f(E_j, K_j, t) - C_i \sum_{j=1}^{n} g(I_j, K_j, t) + k_1 - k_2 C_i \tag{5.6}$$

式（5.6）中，k_1 和 k_2 分別表示任意細胞出生率及死亡率。函數 f、g 分別表示第 j 種細胞與第 i 種細胞的激勵作用和抑製作用。E_j 是被第 i 種細胞所識別的 *idiotopes*，而 I_j 是第 i 種細胞被第 j 種細胞所識別的 *idiotypes*。K_j 為關聯參數。

表 5.1 描述了一個較通用的基於獨特性網絡的免疫算法的基本流程。

表 5.1　　　　獨特性網絡算法基本流程

```
初始化網絡種群；
While 收斂準則不滿足 do
Begin
  While not 全部抗原搜索結束 do
  Begin
    把抗原與網絡中的細胞一一比較；
    在網絡中的細胞之間進行比較；
    在網絡中加入新細胞，並把無用細胞刪除；
    計算網絡中細胞受激程度；
    根據受激程度，更新網絡的結構和參數；
  End；
End。
```

Varela 等發展了獨特性網絡理論，提出了 3 個重要的概念：結構（Structure）、動力學（Dynamics）和亞動力學（Metadynamics）。結構是指網絡各個部分間相互的連接模式，比如用連接矩陣表達一種結構。動力學指的是免疫細胞的親和力和濃度等隨時間變化而動態改變。亞動力學指的是網絡組成能夠改變，有新元素進入網絡又有舊元素離開網絡。

Verala 模型的基本假定為：

（1）只考慮 B 細胞和其產生的自由抗體，同一類型細胞和抗體被稱為一種克隆，或稱獨特性。抗體只能由成熟的 B 細胞產生。

（2）不同類型的克隆之間，其作用由一個連接矩陣 m 表達，矩陣中取值 0 和 1。

（3）有新的 B 細胞在不斷產生，同時也有老的 B 細胞不斷死亡，其成熟、繁殖的概率需依賴於各克隆類型的交互作用。

Verala 模型主要包括兩個方程：

$$\frac{df_i}{dt} = -k_1\sigma_i f_i - k_2 f_i + k_3 Mat(\sigma_i) b_i \tag{5.7}$$

$$\frac{db_i}{dt} = -k_4 b_4 + k_5 Prol(\sigma_i) b_i + k_6 \tag{5.8}$$

式（5.7）和式（5.8）中，f_i和 b_i表示第 i 種克隆包含的自由抗體數量和 B 細胞數量，參數 k_1表示由於抗體間的作用導致的死亡率，k_2表示抗體的自然死亡率，k_3表示成熟 B 細胞產生抗體的速率，k_4表示 B 細胞死亡率，k_5表示 B 細胞繁殖率，k_6表示骨髓中產生的新的 B 細胞。

σ_i 表示第 i 種克隆對抗體網絡敏感度值，即

$$\sigma_i = \sum_{j=1}^{n} m_{j,i} f_j \tag{5.9}$$

式（5.9）中，$m_{j,i}$為第 i 種克隆及第 j 種克隆，兩者親和力的作用取布爾值，有則為 1，沒有則為 0。函數 *Mat*（）和 *Prol*（）分別為成熟函數、繁殖函數，其形狀均類似「長鐘」。這說明，對不足或過量的敏感程度都會抑制 B 細胞的分化。

Verala 模型為連續的免疫網絡模型。此外，還有離散的免疫網絡模型，它們或者是基於微分方程的集合，或者是基於免疫細胞種群自適應的不斷迭代。離散模型包括三個優點：

（1）不僅可以改變免疫細胞或免疫分子的數量，而且還可以在形態空間上改變其形狀，以改進其親和力。

（2）可以處理系統以及外部環境（抗原）之間的互相作用，而對一些連續的模型來說，它們沒有考慮抗原的相互刺激。

（3）實現起來相對容易。

在離散模型中，最著名的為 Timmis 提出的資源受限人工免疫網絡模型（RLAIS）和 Von Zuben 與 de Castro 提出的免疫網絡學習算法（aiNet）。

5.2.2 aiNet 網絡模型

2000 年，de Castro 和 Jon Timmis 提出了免疫網絡學習算法，該算法簡稱為 aiNet。簡單來說，aiNet 可以看作是一個圖，該圖是帶權的且不完全連接的。其中包括一系列節點，即抗體；同時還包括很多節點對集合，表示節點間的相互作用（聯繫），每個聯繫都賦有一個權值（連接強度），表示節點間的親和

力（相似程度）。

系統目的為：對於給定的抗原集合（訓練數據集合）$X=\{x_1, x_2, \cdots, x_N\}$，$N$ 為抗原集合大小，x_i（$i=1, 2, \cdots, N$）為抗原個體長度為 L，找出這個集合中冗餘的數據，實現數據壓縮。其基本機制為人工免疫系統中的高頻變異、克隆擴增、克隆選擇和免疫網絡理論。aiNet 現已成功應用於很多領域，如數據壓縮、數據挖掘、數據聚類、數據分類、特徵提取及模式識別等。

下面簡要介紹一下 aiNet 的基本原理。

1. 問題域和親和力表示

模型使用形態空間理論，則全部免疫事件都在這個形態空間裡發生。在數學上，抗原 Ag 和抗體 Ab 都表示為一個長度為 L 的串或一個 L 維的向量，之間的聯繫表示為一個連通圖。與免疫網絡模型相同，該模型不區分免疫細胞、抗體。抗原和抗體，或抗體之間的相似度表示為其間的幾何距離。抗原和抗體的親和力與其相似度成反比。

2. 調節機制

在模型中，抗體通過相互競爭來獲取生存權利，而競爭是通過親和力來衡量的。當免疫細胞（抗體）與抗原的親和力較高時，免疫細胞通過克隆選擇原理發生克隆增殖和克隆分裂。同時，當免疫細胞與抗原的親和力較低時，將會自然死亡。同時，系統中的抗體也會互相識別，從而產生網絡抑製作用，也就是刪除那些能夠識別自我的抗體，也就是那些彼此太相似的抗體。當網絡學習結束後，網絡中存在的個體即為記憶抗體，這些個體即為訓練數據群體的壓縮形式。記憶抗體的數量與訓練數據群體的特性和抑制閾值 σ_s 有關，σ_s 可以對記憶抗體集合大小進行控制。

該模型通過以下機制來學習抗原模式：

（1）隨機產生網絡種群，種群中的抗體都用固定長度的字符串表示。

（2）把訓練數據集合中的全部數據，也就是抗原，一個一個提呈給網絡進行學習。每次學習時，抗原需與網絡中的全部抗體進行接觸，並計算親和力。

（3）選擇一定數量的高親和力的抗體，對其執行免疫克隆操作，克隆的數目與抗體的親和力成正比。然後，克隆體發生變異，變異率與抗體的親和力成反比。最後，在原抗體與克隆體集合組成的臨時集合中，選擇親和力高的抗體，並把它作為記憶抗體加入網絡。

（4）把記憶抗體加入網絡時，還需要對網絡做些調整，即刪除距離小於一定閾值的抗體。同時，隨機產生一定比例的新抗體加入網絡，取代網絡中親和力較低的抗體。

3. 算法描述

表 5.2 描述了 aiNet 的算法流程。在 aiNet 中，每一個受刺激抗體進行克隆操作的數目 N_c 通過式（5.10）計算而來。

$$N_c = \sum_{i=1}^{n} round(N - D_{ij} \cdot N) \tag{5.10}$$

其中，N 是網絡中的抗體數量，*round*（）是四舍五入函數，D_{ij} 是抗體 j 和抗原 i 間的距離。在 aiNet 的算法流程中使用參數如下：

Ab：抗體集合（$Ab \in SN \times L$，$Ab = Ab_{\{d\}} \cup Ab_{\{m\}}$）。

$Ab_{\{m\}}$：記憶抗體集合（$Ab_{\{m\}} \in Sm \times L$，$m \leqslant N$）。

$Ab_{\{d\}}$：加入網絡的抗體集合（$Ab_{\{d\}} \in Sd \times L$）。

Ag：抗原集合（$Ag \in SM \times L$）。

f_j：表示抗原 Ag_j 與所有抗體 Ab_i（$i=1$，…，N）親和力向量，抗體與抗原的親和力與它們之間的距離成反比。

S：存儲記憶抗體相似性的矩陣。

C：抗體 Ab 的克隆體集合（$C \in SN_c \times L$）。

C^*：抗體 Ab 的克隆體變異後的集合。

d_j：C^* 中的全部抗體與抗原 Ag_j 親和力向量。

ξ：選擇成熟抗體進行克隆操作的比例。

M_j：抗原 Ag_j 的記憶抗體（即 C^* 中經過克隆抑制剩下的抗體）。

M_{j*}：最終剩下的 Ag_j 的記憶抗體。

σ_d：抗體自然死亡閾值，即網絡更新比例。

σ_s：抗體抑制閾值，即距離小於該閾值的抗體將被刪除。

表 5.2　　aiNet 算法流程

For（每一個學習週期）do
Begin
For（數據集合中的每一個 Ag_j）do
Begin
　計算 Ag_j 和網絡中的全部抗體的親和力 f_{ij}，$i=1$，…，N；　/* $f_{ij} = 1/D_{ij}$，$D_{ij} = \| Ab_i - Ag_j \|$，$i=1$，…，$N$ */
　親和力高的 n 個抗體被選中，組成抗體子集 $Ab_{\{n\}}$；
　對這 n 個抗體進行克隆操作，產生一個克隆集合 C；
　對集合 C 進行變異操作，產生集合 C^*；/* $C_{k*} = C_k + \alpha_k (Ag_j - C^k)$，$\alpha_k$ 正比於 $1/f_{ij}$，$k = 1$，…，N_c，$i = 1$，…，N */

For（集合 C^* 中全部抗體）do
計算 Ag_j 親和力 $d_{kj}=1/D_{kj}$；
選擇 C^* 中 $\xi\%$ 的高親和力抗體，加入 M_j 中；
消除 M_j 中所有 $D_{kj}>\sigma_d$ 的克隆；
計算克隆矩陣中抗體之間的親和力 s_{ik}，並消除所有太相似的 $s_{ik}<\sigma_s$ 的抗體；
將 M_j 中最終剩下的克隆加入網絡；
End；
計算 $Ab_{\{m\}}$ 中所有的記憶抗體之間的親和力，並消除過於相似的 $s_{ik}<\sigma_s$；
選取一定的新的隨機抗體加入網絡；
End。

網絡的輸出可以看作是一個記憶抗體集合（$Ab_{\{m\}}$）和一個親和力矩陣 S，其中抗體矩陣就是數據的壓縮形式，而親和力矩陣 S 決定了網絡中各個抗體之間的聯繫。

5.2.3 RLAIS 網絡模型

5.2.3.1 RLAIS 網絡模型

Timmis 等人於 2000 年提出了 ALNE 網絡模型的改進模型，稱其為資源受限人工免疫網絡 RLAIS，其基本結構與 ALNE 模型的結構相似，但更具通用性。

RLAIS 的免疫機制如下。

1. 數量控制

在生物免疫系統中，免疫細胞的數量是有限的，在免疫應答的時候，免疫細胞的數量會呈指數級增加，但是達到一定的峰值就會趨向平衡。一旦抗原被消除，免疫細胞就會減少到平常的水平。免疫細胞之間的相互競爭，最具有識別功能的免疫細胞被留下，而其他的被消除。RLAIS 設定系統的資源是有限的，裡面的 B 細胞需要通過競爭來獲得生存。

2. 動態調節

在生物免疫系統中，在進行初次應答時，系統採用了克隆選擇原理和高頻變異機制來進行學習識別，最後會留下一定數量的記憶細胞，用來進行二次應答。RLAIS 系統的網絡同樣使用克隆選擇和高頻變異機制。因為使用克隆和變異，網絡中的節點數的變化會有較大的差異，當應答結束達到一個平穩階段時，模型通過控制數量保證系統中的資源數目維持在一個穩定的水平。當然，每次應答結束後還是有一些參數不同，比如，識別球之間的互相連接、識別球的刺激水平等。

3. 識別球

識別球的概念來自形態空間理論。Perelson 認為有限的抗體可以識別無限多的抗原，也就是說，一個抗體可以識別一定範圍內的抗原。RLAIS 根據這種理論發展出了人工識別球的概念。每一個網絡中的識別球都可以代表一類 B 細胞，是一個 B 細胞集合，也就是說，系統中沒有明確的 B 細胞概念。

RLAIS 的基本思想如下。

RLAIS 由一定量的識別球（ARB）和識別球之間的相互聯繫構成。每個 ARB 通過競爭可以獲取不定數量的 B 細胞（B 細胞數目有上限值），系統中的 B 細胞數量是有限的，ARB 獲得 B 細胞是通過刺激水平（由一定函數計算）來競爭的。如果 ARB 沒有獲得 B 細胞，那麼這個 ARB 將會被消除。

系統持續不斷地訓練數據，最終獲得數據代表（記憶 ARB），這相當於獲得了數量的分類或壓縮形式。

系統在學習時，為了獲得數據壓縮形式，並且保持數據的多樣性，採用了克隆選擇和高頻變異。系統能夠在某個特定條件下結束，也可以持續不斷地進行學習。新數據進入網絡，能夠被系統記憶，而舊數據集合出現在當前系統中，不會影響當前壓縮的數據形式。換句話說，系統一旦記住了一個強模式，那麼這個模式就不會被遺忘。所以系統能夠維持持續學習的能力，但是會導致壓縮的數據過於龐大。

前面闡述了模型的整體結構和過程，表 5.3 為模型的算法描述。

表 5.3 RLAIS **算法流程**

```
初始化；        /* 從抗原集合中隨機選取一個子集作為最初的 ARB 集合 */
載入一定的抗原，作為最長的訓練集合；
For（訓練集合裡的每一個抗原）do
Begin
  For（網絡中的每一個 ARB）do     /* 克隆選擇和網絡關係 */
  用刺激函數計算它的刺激水平；
  用資源分配機制把 ARB 中具有較低刺激水平的 ARB 消除；   /* 動態調節 */
  For（所有的 ARB）do
  Begin                                    /* 克隆擴張 */
      選取較高刺激水平的 ARB；
      依據 ARB 的刺激水平複製擴張；
  End；
  For（具有較高刺激水平的 ARB）do   /* 高頻變異 */
    根據 ARB 的刺激水平對其進行成反比的變異複製；
  For（變異的 ARB）do
    選擇和網絡中 ARB 的親和力低的識別球 ARB 進入網絡；
End。
```

5.2.3.2 RLAIS 的改進模型

RLAIS 雖然在試驗測試方面獲得了良好的結果，但是仍然存在一些缺陷，如維持多樣性方面、快速適應能力及抗干擾能力等方面，因此許多研究人員對該模型做了一些改進。

Nasraoui 提出了一個在調節性、魯棒性和可計算性方面更好的改進模型（Scalable artificial immune system model-SAISM）。該模型在網絡刺激和刺激水平和抑制中使用了時間因子，並且在每次學習過程中，都會更新識別範圍和刺激。

Neal 針對 RLAIS 存在的缺陷，如資源控制方式是集中式而不是分佈式的，每次學習都會對 ARB 的狀態造成較大影響（過於敏感），多次循環後可能會導致系統衰敗，沒有在系統中考慮時間因子（即系統對時間的改變沒有感覺，只對訓練的數據集合有感覺），等等，對 RLAIS 做了些改進，提出了自穩定人工免疫系統（Self stabilizing artificial immune system-SSAIS）系統。SSAIS 比起 RLAIS 最大的不同就是改進了資源限制的方式，每個 ARB 通過一定機制限制自己的 B 細胞數量。同時在其他方面，比如資源分配的機制，刺激函數、數量控制的機制和克隆的機制，都做了些改進。Neal 在 *meta-stable memory in an artificial immune network* 中提出的算法實際上是 SSAIS 的簡化版，用來說明網絡的自我組織、自我限制的特性和形成的網絡結構的穩定性，該算法刪除了隨機變異的操作。

P. Ross 和 E. Hart 提出的 SOSDM 系統，參照了 SDM（Sparse distributed memories）和免疫系統之間的相似性。該方法和其他方法不同之處在於：它在表示數據方面採用了二進制串，而其他一般的數據壓縮算法在表示數據上採用的是實數。該方法有良好的可擴展性，具有線性複雜度，同時避免了諸多類似模型遇到「勝者為王」局面（即網絡中最終只有較優的幾種節點）的弊端。

5.2.4 opt-aiNet 優化算法

de Castro 和 Jon Timmis 於 2002 年提出了一個 aiNet 的優化版本，簡記為 opt-aiNet。這個算法的特點是能夠動態調整群體中個體的數目；每間隔一段時間，類似的個體互相抑制，只保存一個，從而保證僅有一個個體落在每個峰點上；採用克隆選擇親和力成熟的機制是其關鍵部分。算法中群體中的個體用網絡細胞代表，用實數向量代表，適應度表示成等待優化的目標函數，親和力表示成兩個個體間的歐氏距離。這個算法可以用表 5.4 描述。

表 5.4　　opt-aiNet 算法流程

```
初始化，隨機地在定義域內生成初始群體（群體的規模無足輕重）；
While（終止條件未達到）do
Begin
  While（種群平均適應度相對上一次的變化值大於指定值）Do
  Begin
    計算每一個個體 Ab_i 的適應度 f_i；
    對進行每個個體克隆相同的數目 N_c，稱為克隆群 C；
    對 C 進行變異得到 C*；
    計算 C* 中每個變異克隆的適應度；
    對每個變異克隆群選擇具有最高適應度的個體，組成一個新的種群；
    計算該種群個體的平均適應度；
  End；
  計算種群中任兩個個體的距離 s_ik，對 s_ik<σ_s 的個體，只保留一個；
  隨機產生新個體加入種群。
End。
```

opt-aiNet 算法包括兩層循環。首先是第一層循環，在目標函數的可行域或定義域內，植入特定數量的抗體（即實值向量），構成人工免疫網絡。之後進入第二層循環，為了獲得局部的最優解，對網絡中的每一個抗體執行克隆選擇。具體過程是：第一步通過增殖複製算子去克隆特定數量的抗體；其次每一個克隆體使用變異算子執行變異，並且在克隆體的種群中保存一個沒有發生變異的抗體；最後挑選具有最高適應度的克隆體，如果這個克隆體適應度高於原來抗體的適應度，那麼這個抗體將取代原始抗體。該過程持續到前面一代抗體的平均適應度和當前抗體的平均適應度相近為止，這時網絡趨於穩定。此時跳出第二層循環。當網絡達到穩定時，使網絡中的每個抗體相互作用，當經過否定選擇後，若抗體的親和力低於預先設定的抑制閾值，其餘的抗體就記作記憶單元遺留下來。最終再隨機性地引進新抗體，重複上述過程，一直到滿足收斂條件時停止，算法結束後保留下來的記憶抗體就是我們搜索獲得的局部最優解。

5.3　基於免疫網絡的優化算法研究

基於免疫網絡的優化算法採用了免疫學原理中的克隆選擇原理和免疫網絡原理。在優化算法中，將優化問題中待優化的問題對應免疫系統中的抗原，將問題的解對應免疫系統中的抗體（免疫細胞），解的質量對應抗體和抗原的親和力，求優化問題的可行解即為免疫系統中免疫細胞識別抗原、進行免疫應答的過程。因此免疫系統中的進化鏈，抗體群→免疫選擇→克隆→變異→抑制→產生新抗體→更新抗體群，可以抽象為數學上的尋優過程。設計的關鍵是保證算法對解空間的勘探（全局搜索）與開採（局部搜索）能力。

opt-aiNet 優化算法為 aiNet 算法的優化版本，該算法在克隆選擇算法的基礎上引入了免疫網絡原理的抑制機制，採用距離閾值來抑制抗體的相似性，未引入濃度機制，因而不具有一般性；而且只有抗體繁殖的克隆群體經過突變後的平均適應度與原克隆群體的平均適應度差異不大時才進入下一操作，這使隱含的內循環計算量加大，增加了可行解的評價次數。該算法的收斂條件為記憶種群數量不變，可能會導致算法早熟，因此有待進一步考慮提出合理且有效的一般性免疫算法。

5.3.1　流程描述

本書融合克隆選擇理論及免疫網絡理論，提出了基於免疫網絡的優化算法的一般流程，簡要描述如表 5.5 所示，圖表描述如圖 5.1 所示。

表 5.5　　基於免疫網絡的優化算法的一般流程

步驟 1：初始化，在定義域內隨機產生初始種群。
步驟 2：計算種群中的每個抗體的親和力、濃度及刺激水平。
步驟 3：如果滿足終止條件，則程序結束。否則，根據刺激水平，選擇種群中的優質個體進行克隆，使其活化。
步驟 4：對克隆副本進行變異，使其發生親和力突變，親和力越低，變異率越高。
步驟 5：執行克隆抑制，選擇每個克隆群體中的優質個體組成網絡。
步驟 6：執行網絡抑制，更新種群。
步驟 7：隨機生成新抗體加入網絡，跳轉到步驟 2。

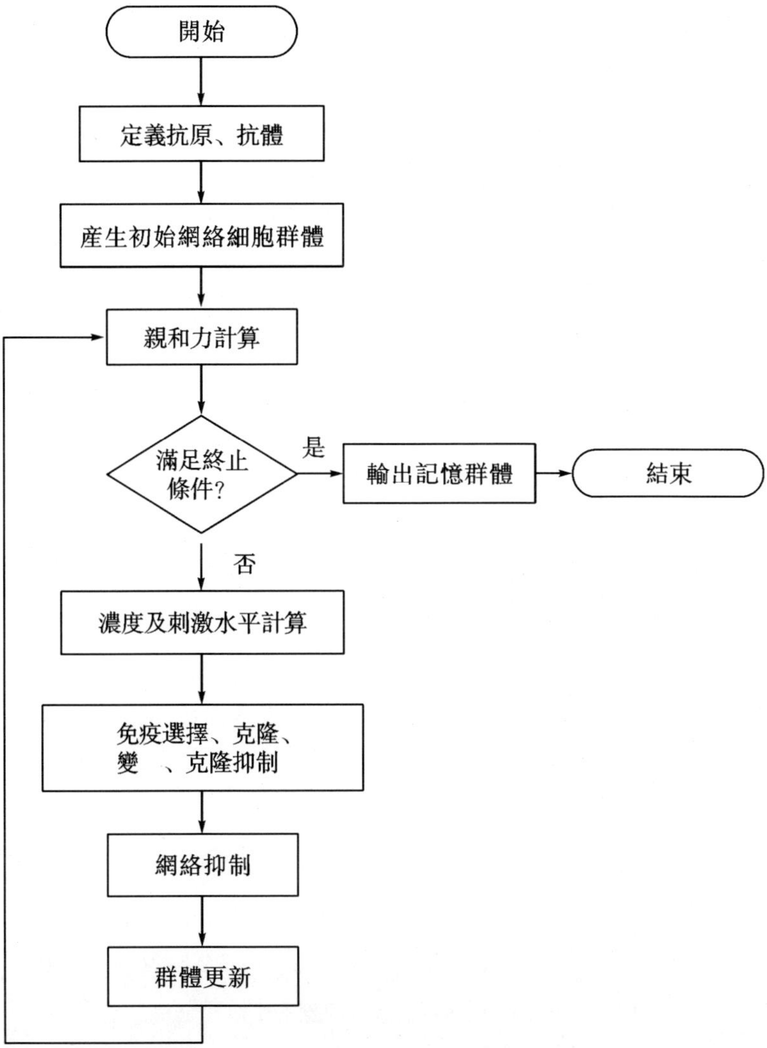

圖 5.1　基於免疫網絡的優化算法的一般流程

5.3.2　算子描述

由基於免疫網絡的優化算法的基本流程可以看出，其算法也是靠操作算子來實現的。基於免疫網絡的優化算法的算子包括：親和力評價算子、濃度評價算子、刺激水平計算算子、免疫選擇算子、克隆算子、變異算子、克隆抑制算子、網絡抑制算子、種群更新算子。由於算法的編碼方式可能為二進制編碼、實數編碼、離散編碼等，不同編碼方式下的操作算子也會有所不同。

1. 親和力評價算子

在免疫機理中，親和力指抗體與抗原的結合強度，即解相對於問題的適應度，匹配度越大，抗體評價值就越高，通常用一個確定性映射來表示，*affinity*（Ab_i）：$S^L \to R$。其中，S 為抗體、抗原的編碼空間，L 為抗體、抗原的維度，R 為實數空間，S^L 為所有抗體構成的空間。親和力函數 *affinity* 的輸入為抗體 Ab_i，輸出為該抗體的親和力評價值。根據具體的問題，*affinity*（Ab_i）可以設置成不同的形式。對於函數優化問題，*affinity*（Ab_i）可以設置成具體的函數值；對於組合優化或多目標優化等，它可以設置成更複雜的形式。

2. 濃度評價算子

該算子的作用是為了保持群體的多樣性，對群體中相同的解的數目加以限制，通常用一個確定性映射來表示，*concentration*（Ab_i）：$S^L \to R$。

抗體濃度可以表示為：

$$concentration(Ab_i) = \frac{1}{N}\sum_j affinity(Ab_i,\ Ab_j) \tag{5.11}$$

其中，N 為種群規模，*affinity*（Ab_i，Ab_j）為抗體與抗體的親和力，表示兩個抗體之間的相似程度。根據算法的編碼方式，*affinity*（Ab_i，Ab_j）可以使用不同的計算函數。如對於實數編碼方式，可採用基於歐氏（*Euclidean*）距離的計算方法；對於離散編碼方式，可採用基於海明（*Hamming*）距離的計算方法、基於信息熵的計算方法。

基於歐式距離的計算方法為：

$$affinity\ (Ab_i,\ Ab_j) = \frac{1}{dis(Ab_i,\ Ab_j)} = 1/\sqrt{\sum_{k=0}^{L-1}(Ab_{ik} - Ab_{jk})^2} \tag{5.12}$$

其中，Ab_{ik}、Ab_{jk} 為抗體 i 和抗體 j 的第 k 維的值，L 為抗體維度。可見，當兩個抗體在 L 維空間中距離越小，兩個抗體越相似，親和力越大。

基於海明距離的計算方法為：

$$affinity\ (Ab_i,\ Ab_j) = dis(Ab_i,\ Ab_j) = \sum_{k=0}^{L-1} s_k\ ,\ s_k = \begin{cases} 1\ Ab_{ik} = Ab_{jk} \\ 0\ Ab_{ik} \neq Ab_{jk} \end{cases} \tag{5.13}$$

其中，Ab_{ik}、Ab_{jk} 為抗體 i 和抗體 j 的第 k 位的值，L 為抗體編碼總長度。可見，當兩個抗體在相同位置的相同編碼值越多，兩個抗體越相似，親和力越大。

基於信息熵的計算方法為：

$$affinity\ (Ab_i,\ Ab_j) = \frac{1}{1 + H_{ij}(2)} \tag{5.14}$$

其中 H_{ij}（2）為抗體 i 和抗體 j 組成的抗體群的平均信息熵，為：

$$H_{ij}(2) = \frac{1}{L}\sum_{k=0}^{L-1} H_{ijk}(2) \tag{5.15}$$

L 為抗體編碼總長度，H_{ijk}（2）為抗體 i 和抗體 j 組成的抗體群第 k 個基因座上信息熵，為：

$$H_{ijk}(2) = \sum_{n=0}^{S-1} - p_{nk} log\, p_{nk} \tag{5.16}$$

S 為離散編碼中每一維可能取值的等位基因數目，如二進制編碼，則 $S=2$，p_{nk}為抗體 i 和抗體 j 組成的抗體群中第 k 維為第 n 個等位基因的概率。

3. 刺激水平計算算子

抗體的刺激水平是對該抗體的質量的最終評價結果，與抗體和抗原的親和力、抗體間的相互刺激作用、抗體間的相互抑製作用有關，可用確定性映射來表示，$stimulation\ (Ab_i)$：$S^L \rightarrow R$。抗體與抗原的親和力越大，抗體的刺激水平就越高；抗體之間的相互刺激作用是一種記憶維持機制，刺激作用越大，抗體的刺激水平就越高；抗體之間存在相互抑製作用是為了保持種群多樣性，用濃度來表示，抗體濃度越大，則抗體的刺激水平就越低。

抗體的刺激水平可用下式計算：

$$\begin{aligned} stimulation(Ab_i) = {} & a \times affinity(Ab_i) + b \times [-concentration(Ab_i)] \\ & -c \times concentration(Ab_i) \end{aligned} \tag{5.17}$$

其中 a、b、c 為抗體和抗原的親和力、抗體間的相互刺激作用、抗體間的相互抑製作用的系數。

4. 免疫選擇算子

免疫選擇算子為根據抗體的刺激水平，在抗體群中選擇部分抗體的確定性映射 T_s：$S^{LN} \rightarrow S^L$。S^{LN}為所有抗體群構成的空間，N 為種群大小。選擇刺激水平高的一定數目的抗體進行後面的克隆等操作，以便在更有價值的空間進行搜索；對於多峰函數，有可能不同峰值親和力較低，致使抗體的刺激水平也比較低，這時也可以選擇全部抗體，如 opt-aiNet 算法即為種群中的全部抗體進入下一步克隆操作。設 Ab_0為抗體群 Ab 中親和力較高的抗體構成的群體 $Ab_{\{n\}}$，按如下概率選擇抗體：

$$P[T_s(Ab) = A\,b_i] = \begin{cases} 1\ Ab_i \in Ab_0 \\ 0\ Ab_i \notin Ab_0 \end{cases} \tag{5.18}$$

5. 克隆算子

對抗體子集 $Ab_{\{n\}}$ 進行克隆，可用一個確定性映射來表示，T_c：$S^{nL} \rightarrow$

$S^{(Nc*n)L}$。克隆算子模擬了免疫應答中的克隆擴增機制，即當抗體檢測到外來抗原時，會發生克隆擴增。可用式（5.19）來表示：

$$T_c\ (Ab_{\{n\}}) = Ab_{\{Nc*n\}} \tag{5.19}$$

對每個抗體進行克隆操作，克隆的數目 Nc 可以為固定值，也可以動態自適應計算，如

$$Nc=\alpha \text{ 或 } Nc=\alpha\times stimulation\ (Ab_i) \text{ 或 } Nc=\alpha\times concentration\ (Ab_i) \tag{5.20}$$

其中 α 為克隆數目參數。

對於固定數目克隆來說，這種策略雖然對增加種群多樣性有利，但克隆數的確定是盲目的，存在搜索過程中評估時間增加和收斂困難等缺點。

對於動態自適應克隆來說，減少了搜索過程中個體增加的盲目性，能有效減少個體評估時間，加快收斂速度。

6. 變異算子

對克隆群體 $Ab_{\{Nc*n\}}$ 進行變異，為抗體空間到自身的隨機映射，表示為 T_m：$S^L\rightarrow S^L$。該算子的作用是使抗體隨機改變自身基因，親和力越小，變異率越大，以產生具有更高親和力的抗體，增強抗體種群的多樣性，實現在鄰域內局部搜索。不同的編碼方式可採用不同的變異操作。

對於實數編碼方式來說，變異操作是在原抗體的 L 維空間位置上加入一個小擾動，使其稍偏離原來的位置，落入原抗體鄰域內的另一個位置，實現對原抗體鄰域的搜索。實數編碼算法變異算子可以描述為：

$$T_m\ (Ab_{ik}) = Ab_{ik}+rand\ (\,)\ \times f\ [affinity\ (Ab_i)\ ] \tag{5.21}$$

其中，Ab_{ik} 為抗體 Ab_i 的第 k 維的值，$f\ [affinity\ (Ab_i)\ ]$ 為抗體 Ab_i 的親和力的函數，$rand\ (\,)$ 為一個隨機值發生器，可以採用均勻分佈、高斯分佈、柯西分佈或混沌映射來產生隨機序列，如：

$rand(\,)=U(0,1)$

$rand(\,)=N(0,1)$

$rand(\,)=C(0,1)$

$rand(\,)=Ab_{ik}\times\mu\times(1-Ab_{ik})$

其中柯西分佈步長較大，取值範圍為（$-\infty$，$+\infty$），比較適合大範圍搜索和脫離極小區域。它能以較大的概率產生大的變異值，有利於全局搜索，可保證算法在整個解空間內搜索，這對解空間較大的函數特別有利。但當算法到了迭代後期，柯西變異過大的步長很容易逃逸出峰值點的區域。高斯分佈步長較小，更適合局部搜索。柯西分佈和高斯分佈的密度函數如圖 5.2 所示。

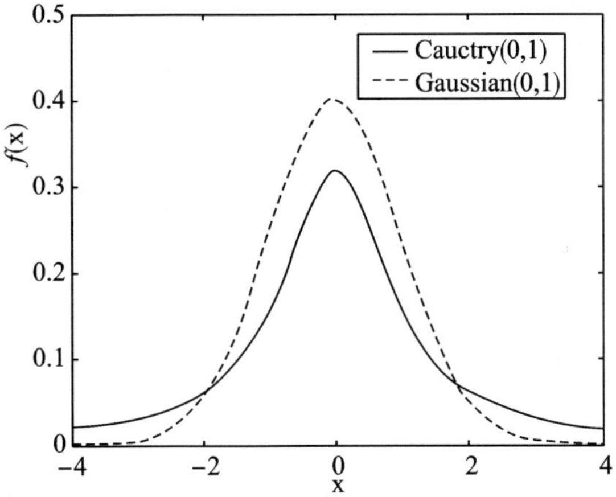

圖 5.2　柯西、高斯密度函數分佈圖

均勻分佈能均勻產生［0，1］之間的值。

混沌映射具有遍歷性、隨機性、規律性的特點。μ 是控制參量，當 μ 值確定以後，由任意初值的 $Ab_{ik} \in [0, 1]$，可迭代出一個確定的時間序列。該序列是沒有任何隨機擾動的確定性系統，如圖 5.3 所示。

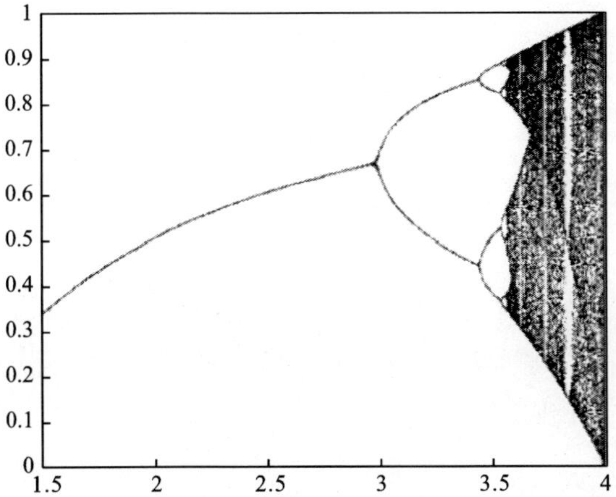

圖 5.3　混沌映射分佈圖

對於離散編碼方式來說，變異操作類似於遺傳算法的變異操作，是針對抗體編碼串的 L 位的一位或幾位進行變異，如採用二進制編碼，變異操作為位取反，變異算子可以描述為：

$$T_m(Ab_{ik}) = \begin{cases} !\ Ab_{ik} & rand() < P_m \\ Ab_{ik} & else \end{cases} \tag{5.22}$$

其中 P_m 為變異概率，可為抗體親和力的函數，*rand*（）通常為均勻分佈產生的序列，則抗體 Ab_i 通過抗體變異算子轉化為抗體 Ab_j 的概率為：

$$P[T_m(Ab_i)=Ab_j]=P_m\times dis(Ab_i,Ab_j)\times(1-P_m)[L-dis(Ab_i,Ab_j)] \quad (5.23)$$

7. 克隆抑制算子

該算子的作用是為了保持群體多樣性，在抗體的克隆群體和原抗體組成的集合中，選擇親和力較高的抗體進入網絡，該操作為確定性映射 T_{cs}：$S^{Nc*L}\rightarrow S^L$。抗體 Ab_i 進入網絡的概率可表示為：

$$P\left[T_{cs}\left(Ab_{\{Nc\}}\right)=Ab_i\right]=\begin{cases}1 & Aff(Ab_i)=\max\left[Aff(Ab_j)\right]\\0 & else\end{cases} \quad (5.24)$$

由於克隆、變異算子操作的原抗體是種群中的優質抗體，而克隆抑制算子操作的臨時抗體集合中又包含了原抗體，因此在基於免疫網絡的優化算法中隱含了最優個體保留機制。

8. 網絡抑制算子

該算子的作用也是為了保持群體多樣性，減少冗餘抗體，消除相似解，反應了免疫系統中的抗體促進與抑制原理，真實地模擬了免疫網絡調節原理。表示為確定性映射 T_{ns}：$S^{NL}\rightarrow S^{xL}$。網絡抑制算子可描述為：

$$T_{ns}(Ab)=Ab-\{Ab_i \mid NS(Ab_i)<\beta\} \quad (5.25)$$

其中 NS 為抗體 Ab_i 的濃度的函數，β 為網絡抑制參數。

9. 種群更新算子

該算子反應了免疫系統的動態平衡機制，在網絡中加入隨機生成的一些抗體，可擴大搜索空間，是算法在解空間中進行勘探的重要操作。表示為隨機映射 T_u：$S^{xL}\rightarrow S^{yL}$。種群更新算子可描述為：

$$T_u(Ab)=Ab_{\{x\}}\cup Ab_{\{u\}} \quad (5.26)$$

其中 $Ab_{\{x\}}$ 為經歷網絡抑制後的抗體網絡，$Ab_{\{u\}}$ 為算法隨機生成的種群，種群的大小 u 或為固定值，或為動態自適應值。

5.3.3 特點分析

根據以上算子描述，我們得知，與標準遺傳算法和標準粒子群算法相比，基於免疫網絡的優化算法具有以下特點。

（1）免疫優化算法與編碼無關，可以是字符串編碼，也可以是實數編碼。各種優化問題的解必須先轉換成相應的編碼，然後對編碼值進行處理。

（2）免疫優化算法是一種並行優化算法，其操作的對象是一個種群。生物的免疫系統務必要分佈在生物機體的每個部位，這是由外界的抗原分佈特性決定的，並且在免疫應答的過程中也沒有進行集中的控制，所以該系統是具有自適應和分佈式的特性。相似地，人工免疫算法能夠實現並行處理，而不需要集中控制，在尋求最優解時，能夠得到問題的許多次優解。也就是說在尋找問題的最優解同時，還能夠獲得很多較優的備選方法，特別在多模態優化問題上尤為適用。

(3) 多樣性的保持是免疫優化算法的重要特徵。生物免疫系統需要以有限的資源來識別和匹配遠遠多於內部蛋白質種類的外部抗原，有效的多樣性個體產生機制是實現這種強大識別能力的關鍵。人工免疫算法借鑑了生物免疫系統的免疫網絡調節原理，利用克隆算子和抑制算子對抗體濃度進行動態調節，把抗體親和力和抗體濃度同時作為評價抗體個體優劣的一個重要因素，使親和力高的抗體克隆擴增，而濃度高的抗體被抑制，保證抗體種群具有很好的多樣性。

(4) 全局搜索與局部搜索的有效結合也是免疫優化算法的重要特徵。生物免疫系統運用多種免疫調節機制產生多樣性抗體以識別、匹配並最終消滅外界抗原。免疫應答中的抗體更新過程是一個全局搜索的進化過程，而識別、匹配並消滅抗原的變種，則是一個局部搜索的進化過程。人工免疫算法借鑑了生物免疫系統的搜索機制，算法利用變異算子和種群更新算子不斷產生新個體，探索可行解區間的新區域，保證算法在完整的可行解區間進行搜索，具有全局收斂性能；同時可調整變異幅度，對優質抗體鄰域進行局部搜索，提高抗體親和力精度。

5.3.4 收斂性分析

目前，在遺傳算法的收斂性分析方面湧現了許多重要成果，這為研究類似算法的收斂性問題（如 GEP 算法、人工免疫算法）提供了重要的突破方向。學術界通常採用馬爾可夫鏈進行收斂性分析，使用 Markov 鏈模型描述人工免疫算法具有直接、精確的優點。

考慮隨機地進行一個有限個或可數個取值的過程 $\{A_n, n=0, 1, 2\cdots\}$，該值域（即取值範圍）Ω 記作狀態空間，使用自然數集合 $\{0, 1, 2, \cdots\}$ 來表示值域。當 Ω 中的狀態數是有限時，Ω 記作有限狀態空間。如果 $\forall\ m, n \geq 1$，那麼當處於任意狀態 $i_0, i_1, i_2, \cdots, i_{m-1}, i, j$，有以下關係：

$$P\{A_{m+n}=j \mid A_m=i, A_{m-1}=i_{m-1}, \cdots, A_0=i_0\} = P\{A_{m+n}=j \mid A_m=i\} \quad (5.27)$$

則稱 A_n 為馬爾可夫鏈，簡記為馬氏鏈。在 Ω 處於有限狀態數時，稱 A_n 為有限狀態的馬爾可夫鏈；不然，記作可列狀態的馬爾可夫鏈。

從式（5.27）能夠看出，在處於時刻 $n+m$ 時，馬爾可夫鏈只和 m 時刻狀態相關，和 m 時刻之前的狀態沒有關係，這種性質稱為馬爾可夫性。馬爾可夫性大大簡化了條件轉移概率的計算，可以將式的條件轉移概率簡記為 p_{ij}（m，$m+n$）。

在馬爾可夫鏈的狀態轉移概率 p_{ij}（m，$m+n$）和時刻 m 沒有關係，只和狀態 i 、j 與時刻的間距 n 相關時，把馬爾可夫鏈稱作齊次馬爾可夫鏈，其轉移概率簡記成 p_{ij}（n）；否則，若 p_{ij}（m，$m+n$）和時刻 m 有關，則把馬爾可夫鏈稱作非齊次馬爾可夫鏈。對於齊次馬爾可夫鏈，有下面的引理。

引理 切普曼-柯爾莫哥洛夫（*Chapman-Kolmogorov*）方程。

設 $\{X_n, n=0, 1, 2, \cdots\}$ 是一個馬爾可夫鏈，在任意的時刻 u，v 有：

$$p_{ij}(u+v)=\sum_{k=1}^{\infty} p_{ik}(u)\, p_{kj}(v) \tag{5.28}$$

上式記為 *Chapman-Kolmogorov* 方程，即 $C-K$ 方程。對有限狀態的馬爾可夫鏈，$C-K$ 方程能夠表示成矩陣形式：

$$P(u+v)=P(u)P(v) \tag{5.29}$$

利用上式容易推出：

$$P(n)=P^n \tag{5.30}$$

對於齊次馬爾可夫鏈，可以把一步狀態的轉移矩陣的 n 次方看作 n 步狀態的轉移矩陣。

5.3.4.1 收斂性定義

以下給出隨機序列收斂性的定義，以及定理 5.1。其中，M^* 表示 f（x）在 S 上取最小值 $f*$ 的解構成的群體。

定義 5.1 如果隨機序列 $\{A_n, n \geqslant 0\}$ 滿足 $\lim\limits_{n\to\infty} P$（$A_n \cap M^* = \emptyset$）$=1$ 則此序列的收斂性為概率弱收斂。

定義 5.2 如果隨機序列 $\{A_n, n \geqslant 0\}$ 滿足 $P[\lim\limits_{n\to\infty}(A_n \cap M^* = \emptyset)] = 1$ 則此序列幾乎處處弱收斂。

定義 5.3 如果隨機序列 $\{A_n, n \geqslant 0\}$ 滿足 $\lim\limits_{n\to\infty} P(A_n \subset M^*) = 1$ 則此序列的收斂性為概率強收斂。

定義 5.4 如果隨機序列 $\{A_n, n \geqslant 0\}$ 滿足 $P[\lim\limits_{n\to\infty}(A_n \subset M^*)] = 1$ 則此序列幾乎處處強收斂。

定義 5.5 如果序列 $\{z[n], n \geqslant 0\}$ 滿足 $\lim\limits_{n\to\infty} E(|z[n]-M^*|) = 0$ 則此序列的收斂性為按期望收斂。

定義 5.6 對於任意給定的 $\delta > 0$，如果對 $\forall\ \varepsilon > 0$，$\exists\ N(\varepsilon) > 0$，當 $n >$

$N(\varepsilon)$時，若序列$\{z[n], n\geqslant 0\}$滿足$P(|z[n]-M^*|\leqslant\delta)\geqslant 1-\varepsilon$，則稱此序列的收斂性為依概率收斂。

因此，隨機序列 $\{A_n, n\geqslant 0\}$ 具有如下收斂關係：

(1) 幾乎處處弱收斂→幾乎處處弱收斂→概率弱收斂；

(2) 幾乎處處強收斂→概率強收斂→概率弱收斂；

定理 5.1 如果隨機序列 $\{A_n, n\geqslant 0\}$ 滿足：

$$a_{n+1}=P(A_{n+1}\cap M^*\neq\emptyset \mid A_n\cap M^*=\emptyset)\geqslant\delta,\ 0<\delta<1$$

$$b_{n+1}=P(A_{n+1}\cap M^*=\emptyset \mid A_n\cap M^*\neq\emptyset)\leqslant\beta_n$$

其中 $\sum_{n=0}^{\infty}\beta_n<\infty$，則序列 $\{A_n, n\geqslant 0\}$ 的收斂性是概率弱收斂。

證明：由全概率公式可知：

$$P(A_{n+1}\cap M^*=\emptyset)=(1-a_n)P(A_n\cap M^*=\emptyset)+b_nP(A_n\cap M^*\neq\emptyset)$$

$$\leqslant(1-\delta)P(A_n\cap M^*=\emptyset)+\beta_n$$

通過歸納得到

$$P(A_{n+1}\cap M^*=\emptyset)\leqslant(1-\delta)n+1\,a_0+\sum_{k=0}^{n}\beta_{n-k}(1-\delta)k$$

$$\leqslant b(1-\delta)n$$

其中 $a_0=(1-\frac{|M^*|}{|s|})N$，$b=(1-\delta)a_0+\sum_{k=0}^{\infty}\frac{\beta_k}{(1-\delta)k}$

由假設 $b<\infty$，從而 $\lim_{n\to\infty}P(A_n\cap M^*=\emptyset)=0$。證畢。

5.3.4.2 收斂性分析

在基於免疫網絡的優化算法中，以免疫回應代數（迭代次數）k，$k\in Z^+$作為時刻坐標，序列 $\{A(k)\}$ 構成了一個有限狀態的齊次馬爾可夫鏈。

假設算法採用二進制方式編碼，L為編碼長度，則抗體空間中個體數量最多為2^L。設種群$|A(k)|<=N$，因此種群狀態規模$<=2^{LN}$，即狀態空間Ω。

每代$A(k)$中的部分個體通過免疫選擇算子T_s、克隆算子T_c、變異算子T_m、克隆抑制算子T_{cs}、網絡抑制算子T_{ns}、種群刷新算子T_u進行改變，本代中的個體分佈決定了下一代個體的分佈概率，與本代以前的分佈無關。

更新過程中的各種操作都是與免疫進化的代數無關的，故狀態之間的轉移只與構成狀態的抗體群個體有關，與免疫回應代數無關。

因此，序列 $\{A(k)\}$ 構成了一個有限狀態的齊次馬爾可夫鏈。用$P_T(i, j)$表示狀態i經算子T轉移為狀態j的概率。

對於基於免疫網絡的優化算法，其種群演化過程表示為如下：

$$A_N(k)\xrightarrow{T_s}A_{N'}(k)\xrightarrow{T_c}A_{N''}(k)\xrightarrow{T_m}A_{N''}(k)\xrightarrow{T_{cs}}A_{N'}(k)\xrightarrow{T_u}A_{N'''}(k)\xrightarrow{T_{ns}}A_{N*}(k+1)$$

定理 5.2 對 $\forall A^i, A^j \in \Omega, P_{T_m}(i, j) > 0.$

證明 設 $Ai=(A_1i, A_2i, \cdots, A_ni)$，$Aj=(A_1j, A_2j, \cdots, A_nj)$。設 P_m 為變異概率，由變異算子的定義可知，$P[T_m(A_ti)=A_tj]=P_m\times dis(A_ti, A_tj)\times(1-P_m)[L-dis(A_tj, A_ti)]>0$，$dis$ 為海明距離，$t=1, 2, \cdots, n$。則存在常數 $\alpha>0$，使 $P_{T_m}(i, j)=\prod_{t=1}^{n}P(T_m(A_ti)=A_tj)>\alpha$。

因此，定理成立。證畢。

定理 5.3 對 $\forall A^i, A^j \in \Omega, P_{T_{s,c,m}}(i, j) > 0$。

證明 由於 T_s 算子為確定性映射，必存在 $A^* \in A^i$，使 $P[T_s(A^i)=A^*]=1$。

因此，存在 $A^k \in \Omega$，根據克隆算子的定義，$P\{T_c[T_s(A^i)]=A^k\}=1$。

由定理及 C-K 方程知，

$$P(T_m(T_c(T_s(A^i)))=A^j)=$$

$$\sum P\{T_c[T_s(Ai)]=Ak\}P[T_m(Ak)=Aj]$$

$$=\sum P[T_m(Ak)=Aj]>0$$

即：$P_{T_{s,c,m}}(i, j)>0$。證畢。

定理 5.4 對 $\forall A^i, A^j \in \Omega, P_{T_{s,c,m,cs}}(i,j) > 0$。

證明 由於 T_{cs} 算子是在克隆群體及原克隆體組成的臨時集合中選取的親和力最大的抗體，為確定性映射，必存在 $A^* \in A^k$，A^* 為臨時集合中親和力最大的抗體，使 $P[T_{cs}(A^k)=A^*]=1$。由定理及 C-K 方程知，

$$P(T_{cs}(T_m(T_c(T_s(A^i))))=A^j)=$$

$$=\sum P(T_m(T_c(T_s(Ak)))=Aj)>0$$

即：$P_{T_{s,c,m,cs}}(i, j)>0$。證畢。

定理 5.5 對 $\forall A^i, A^j \in \Omega, P_{T_{s,c,m,cs,ns}}(i, j)\begin{cases}>0 & A^j\in A^\beta\\ =0 & A^j\notin A^\beta\end{cases}$。其中，$A^\beta$ 為濃度低於 β 的抗體組成的集合，或刺激水平高於 β 的抗體組成的集合，要根據具體抑制策略決定。

證明 由網絡抑制算子定義可知，經過種群更新操作後，要消除相似解，刪除濃度或刺激水平不符合要求的抗體。

因此，若 $A^j\notin A^\beta$，則 $P[T_{ns}(A^k)=A^j]=0$，由 C-K 方程，

$$P(T_{ns}(T_{cs}(T_m(T_c(T_s(A^i)))))=A^j)=$$

$\sum P(T_{cs}(T_m(T_c(T_s(Ak)))) = Ak)\, P[T_{ns}(Ak) = Aj] = 0$

若 $Aj \in A\beta$, 則 $P[T_{ns}(A^k) = A^j] > 0$, 由 C-K 方程及定理

$P(T_{ns}(T_{cs}(T_m(T_c(T_s(A^i)))))) = A^j) =$

$\sum P(T_{cs}(T_m(T_c(T_s(Ai)))) = Ak)\, P[T_{ns}(Ak) = Aj] > 0$

因此，定理成立。證畢。

定理 5.6　對於任意初始分佈，基於免疫網絡的優化算法是概率弱收斂。

證明　要證明基於免疫網絡的優化算法是概率弱收斂，即證明

$P[A(k+1) \cap M^* \neq \varnothing \mid A(k) \cap M^* = \varnothing] \geqslant \delta,\ 0 < \delta < 1$

$P[A(k+1) \cap M^* = \varnothing \mid A(k) \cap M^* \neq \varnothing] \leqslant \beta_k$

設 k 時刻抗體群 $A(k)$ 所處狀態為 A^i，$k+1$ 時刻抗體群為 $A(k+1)$，其所處狀態 A^j，A_t^i 為抗體群 $A(k)$ 中親和力最大的抗體，則有

$P[A(k+1) = A^j \mid A(k) = A^i] = P(T_{ns}(T_{cs}(T_m(T_c(T_s(A^i)))))) = A^k)\, P[(T_u(A^k) = A^j]$。

當 $A_t^i \notin Aj$, $P(T_{ns}(T_{cs}(T_m(T_c(T_s(A^i)))))) = A^j) = 0$。

以下分兩種情況來分析狀態轉移概率。

當 $A(k+1) \cap M^* = \varnothing, A(k) \cap M^* \neq \varnothing$, 則 $P[A(k+1) = A^j \mid A(k) = A^i] = 0$。

即 $P[A(k+1) \cap M^* = \varnothing \mid A(k) \cap M^* \neq \varnothing] = 0$。

當 $A(k+1) \cap M^* \neq \varnothing, A(k) \cap M^* = \varnothing$, 則

$P[A(k+1) = A^j \mid A(k) = A^i] = P(T_{ns}(T_{cs}(T_m(T_c(T_s(A^i)))))) = A^k)\, P[T_u(A^k) = A^j] > 0$

即 $P[A(k+1) \cap M^* \neq \varnothing \mid A(k) \cap M^* = \varnothing] \geqslant \delta$。證畢。

5.3.5　進化機制分析

20 世紀 60 年代，J. Holland 提出了遺傳算法（Genetic algorithms，GA）。它將生物進化過程「物競天擇，適者生存」的自然選擇思想引入數值優化問題的求解中，取得開創性成果。Holland 的模式定理揭示了模式在各代之間變化的規律以及對全局最優解的搜索過程，從而從理論上保證了遺傳算法是一類模擬自然進化的優化算法。模式定理定性地分析了遺傳算法的運行機理，是遺傳算法的理論基礎，也可用於其他智能算法分析進化策略。Neubauer、Spears 等提出了遺傳算法二進制編碼的模式定理。遊雪肖等推導出十進制編碼遺傳算法的模式理論，避免了二進制遺傳算法模式理論中把交叉點的選取看作是相互獨立的，和忽視交叉對染色體生成作用這兩點不足。仁慶道爾吉等提出了在遺傳

算法中有限字符集的編碼方法並證明了有限字符集編碼下的模式定理。明亮等提出了一種新的模式表示法——三進制表示法。利用這種新的表示法，很容易區分模式的存活和新建。他分別估計了在均勻雜交算子作用下模式的存活概率和新建概率。徐淑坦等從組成種群的單個模式出發，通過對群體的平均適應度值採用更準確的表達方式，推導出了模式定理的另一種等價形式。王悅等將模式定理引入 GEP 編程，從 GEP 模式定義出發，提出並證明了 GEP 模式定理。

目前，模式定理較多運用在遺傳算法的分析上，用於人工免疫算法的分析較少。我們引入了 Holland 模式定理，從人工免疫系統的模式出發，對人工免疫算法的進化機制進行分析，詳細闡述了各進化算子對模式生存的作用，根據分析結果推導出了人工免疫優化算法的模式定理，為人工免疫算法的發展提供理論依據。

5.3.5.1 人工免疫模式

優化函數表示為 $P = \min f(x)$，其中 $x = (x_1, x_2, \cdots, x_n) \in Rn$ 是決策變量，n 為變量維度，min 表示求取函數 $f(x)$ 的極小值，也可求取函數 $f(x)$ 的極大值 $\max f(x)$。算法採用二進制編碼，則抗體、抗原均為二進制字符串。抗體規模為 2^L 的種群空間，L 為抗體的長度。引入通配符#，其取值為 0 或 1。將 0，1 以及#所組成的線性串稱為序列。

定義 5.7 人工免疫模式。如果序列滿足下列條件：①其各位編碼的取值範圍是 {0，1，#}；②序列的長度上限為抗體長度。則稱該序列是一個人工免疫模式，記為 S。模式即為一個相同的構型，描述了一個線性串的子集。這個集合中的串在某些位上相同。

例 5.1 根據模式的定義，可以有如下模式：

S_1 = 01010101#111，S_2 = 1011100011#1#0001100，S_3 = 00011101。

命題 5.1 給定抗體 Ab，設 Ab 的長度為 L，則 Ab 的不同模式組合數目為 2^L。

證明：一個長度為 L 的序列 S 可能包含通配符「#」的數目為 0, 1, 2, …, L。則在 S 的 L 位中選擇 n 位，令其為#，則產生 Cn_L 種模式。因此，總的模式個數為：

$$C_L^0 + C_L^1 + C_L^2 + \cdots + C_L^L = 2^L。$$

定義 5.8 模式的實例。設 S 為一個人工免疫模式，Ab 是一個抗體，如果存在一個映射，f：$S \to Ab$，使 $\exists s \in S$，$f(s) = Ab$，則稱 S 代表了 Ab，或者 Ab 是 S 的實例。

例 5.2 人工免疫模式 $S = 011\#\#$，可以代表如下 4 個抗體：01100，01101，01110，01111。即，一個模式 S 代表了一組與它結構匹配的抗體。

定義 5.9 設 S 為一個人工免疫模式。

模式的階定義為 S 中所有非#位的數目，記為 $\Delta(S)$，即為所有確定位的數目。

S 中全部符號的位數稱為模式的長度，記為 $L(S)$。

S 中第一個確定位和最後一個確定位之間的距離稱為模式的跨距，記為 $D(S)$。

對於給定的代數 t，一個特定的模式 S 在群體 $A(t)$ 中包含了 m 個實例，則稱 m 為 t 代時的人工免疫模式實例數，即為 $m = M(S, t)$。

如果在父代中含有模式 S 的個體，經過進化算子作用後，子代中仍含有模式 S 的個體，則稱為模式 S 的存活。

例 5.3 人工免疫模式 $S=01010101\#111$，$\Delta(S)=11$，$L(S) = 12$，$D(S) = 12-1 = 11$。又如，人工免疫模式 $S = 011\#\#$，$\Delta(S) = 3$，$L(S) = 5$，$D(S)= 3-1 = 2$。設在抗體進化過程中，第 3 代種群中屬於模式 S 的個體數目為 10，則 $m = M(S, 3) = 10$。

命題 5.2 給定一個人工免疫模式 S，S 能代表的抗體數目最多為 $2^{L(S)-\Delta(S)}$。

證明：根據模式的長度和階的定義，模式 S 中所有非確定位的數目為 $L(S) - \Delta(S)$，則 S 能代表的抗體數目最多為 $2^{L(S)-\Delta(S)}$。

5.3.5.2 人工免疫模式定理

人工免疫模式定理將揭示模式中各代之間變化的規律。根據人工免疫優化算法的一般流程可以看出，在人工免疫優化算法中，基本的進化算子包括免疫選擇算子、克隆算子、變異算子、克隆抑制算子、網絡抑制算子、種群更新算子。本書通過研究各算子對模式生存的影響，推導出人工免疫模式定理。

1. 免疫選擇算子

免疫選擇算子為根據抗體的刺激水平，在抗體群中選擇部分抗體的確定性映射 $T_s: S^{LN} \rightarrow S^L$。

設在第 t 代，抗體 ab 的刺激水平表示為 $Sti(ab, t)$。則一個匹配了模式 S 的抗體 $ab = S_i$ 被選擇的概率為：$p_i = \dfrac{Sti(S_i, t)}{\sum_{j=1}^{N} Sti(ab_j, t)}$。在 $t+1$ 代，模式 S 的生存數量為：

$$M(S,t+1)=N\cdot\sum_{i=1}^{M(S,t)}p_i=N\cdot\sum_{i=1}^{M(S,t)}\frac{Sti(S_i,t)}{\sum_{j=1}^{N}Sti(ab_j,t)}=\frac{\sum_{i=1}^{M(S,t)}Sti(S_i,t)}{\sum_{j=1}^{N}Sti(ab_j,t)/N}$$

(5.31)

設模式 S 的平均刺激水平為 $Sti(S,\ t)=\sum_{i=1}^{M(S,\ t)}Sti(S_i,\ t)/M(S,\ t)$，種群的平均刺激水平為 $Sti(t)=\sum_{j=1}^{N}Sti(ab_j,\ t)/N$。則：

$$M(S,t+1)=[Sti(S,t)/Sti(t)]\cdot M(S,t) \tag{5.32}$$

命題 5.3 在模式刺激水平和群體平均刺激水平的比值為定值時，在進化計算過程中只採用選擇算子的進化算法，平均刺激水平之上的模式會保留到下一代，其數量將按指數增長。

證明：設 $R=Sti(S,\ t)/Sti(t)$，則 $M(S,\ t+1)=R\cdot M(S,\ t)=Rt+1\cdot M(S,\ 0)$。因此，當 R 大於 1 時，模式的數量將按指數增長；當 R 小於 1 時，模式的數量將按指數衰減。

在進化初期，一個較好的模式，其刺激度比值開始將是個大於 1 的正數，隨著進化的進行，刺激度比值會漸漸減小，到常數 R。這種情況，我們可近似認為該模式 S 的選擇方式是呈指數形式的。其中 R 的變化可分為三種情況：①當刺激度很高的模式 S 在進化初期出現時，R 值大於 1；②如果此模式可以實例全局最優解，隨著進化過程，R 值將逐漸趨於 1；③如果此模式不能實例全局最優解，那麼種群平均刺激度將慢慢大於 S 的刺激度，R 值將逐漸趨於小於 1。

由以上結果可看出，選擇算子會增加較好模式的數量，減少較差模式的數量，因此，選擇算子減少了群體多樣性。在進化計算過程中只採用選擇算子的進化算法，群體最終只包含能夠實例全局最優解的模式。

2. 克隆算子

對抗體子集 $Ab_{\{n\}}$ 進行克隆，可用一個確定性映射來表示 T_c：$S^{nL}\to S^{(Nc*n)L}$。

對每個抗體 ab 進行克隆操作，克隆的數目根據下式動態自適應計算：

$$Nc=\alpha\cdot\frac{Sti(ab,t)}{\sum_{j=1}^{N}Sti(ab_j,t)} \tag{5.33}$$

Nc 為抗體克隆的個數，α 為克隆算子的調節參數。

則在 $t+1$ 代，只有克隆算子的作用下，群體中模式 S 的生存數量為

$$M(S,t+1)=\sum_{i=1}^{M(S,t)} Nc_i=\alpha\cdot\sum_{i=1}^{M(S,t)}\frac{Sti(S_i,t)}{\sum_{j=1}^{N}Sti(ab_j,t)}=\alpha\cdot\frac{\sum_{i=1}^{M(S,t)}Sti(S_i,t)}{\sum_{j=1}^{N}Sti(ab_j,t)} \tag{5.34}$$

與選擇算子類似，設模式 S 的平均刺激水平為 $Sti(S,\ t)=\sum_{i=1}^{M(S,\ t)} Sti(S_i,\ t)/M(S,\ t)$，種群的平均刺激水平為 $Sti(t)=\sum_{j=1}^{N} Sti(ab_j,\ t)/N$。則：

$$M(S,\ t+1)=\frac{\alpha}{N}\cdot Sti(S,\ t)/Sti(t)\cdot M(S,\ t) \tag{5.35}$$

命題 5.4 在模式刺激水平和群體平均刺激水平的比值為定值且群體規模不變時，在進化計算過程中只採用克隆算子的進化算法，平均刺激水平之上的模式會保留到下一代，其數量將按指數增長。

證明：設 $C=\frac{\alpha}{N}\cdot Sti(S,\ t)/Sti(t)$，則 C 為模式被平均克隆的數量。則 $M(S,\ t+1)=C\cdot M(S,\ t)=Ct+1\cdot M(S,\ 0)$。因此，當 C 大於 1 時，模式的數量將按指數增長；當 C 小於 1 時，模式的數量將按指數衰減。

在只有選擇算子和克隆算子的作用下，群體中模式 S 的生存數量為：

$$M(S,\ t+1)=C\cdot R\cdot M(S,\ t) \tag{5.36}$$

因此，在只有選擇算子和克隆算子的作用下，隨著算法的進化，群體中個體的相似程度將逐漸增加，最終達到個體完全相同。

3. 變異算子

對克隆群體 $Ab_{\{Nc*n\}}$ 進行變異，為抗體空間到自身的隨機映射，表示為 T_m：$S^L\rightarrow S^L$。對二進制編碼來說，可對抗體編碼串的 L 位的一位或幾位進行變異，抗體 Ab_i 通過變異算子轉化為抗體 Ab_j 的概率為：

$$P[T_m(Ab_i)=Ab_j]=P_m*dis(Ab_i,Ab_j)*(1-P_m)[L-dis(Ab_i,Ab_j)] \tag{5.37}$$

其中 P_m 為變異概率，可以是抗體親和力的函數，dis $(x,\ y)$ 為抗體 x 和 y 之間的距離。

為了使模式 S 在變異操作中生存下來，模式的各確定位不變的概率為 $1-P_m$，模式不被破壞的概率為 $(1-P_m)\cdot(S)$。即在只有變異算子的作用下，模式 S 在 $t+1$ 代的生存數量為：

$$M(S,t+1)=\sum_{i=1}^{M(S,t)} S_i=(1-P_m)^{\Delta(S)}\cdot M(S,t) \tag{5.38}$$

命題 5.5 在變異概率不變時，在進化計算過程中只採用變異算子的進化算法，模式 S 不被破壞的概率隨著階的增大而變小，且低階模式在進化過程中存活的時間更長。

證明：由以上分析可得，$M(S, t+1)=(1-P_m)^{\Delta(S)(t+1)}\cdot M(S, 0)$。因此，當 P_m 為定值時，$\Delta(S)$ 越小，模式被保留的數量越多，存活時間越長。

變異算子的目的是為了產生具有更高親和力的抗體，增強了種群的多樣性。

4. 克隆抑制算子

該算子的作用是為了保持群體多樣性，在抗體的克隆群體和原抗體組成的集合中，選擇親和力較高的抗體進入網絡，該操作為確定性映射 T_{cs}：$S^{Nc*L}\rightarrow S^{L}$。

在克隆抑制算子的作用下，模式 S 的生存概率應與模式的親和力成正比。一個匹配了模式 S 的個體生存概率為：

$$p_i=\frac{Aff(S_i,t)}{\sum_{j=1}^{N}Aff(ab_j,t)} \tag{5.39}$$

則在 $t+1$ 代，只有克隆抑制算子的作用下，群體中模式 S 的生存數量為：

$$M(S,t+1)=N\cdot\sum_{i=1}^{M(S,t)}p_i=N\cdot\sum_{i=1}^{M(S,t)}\frac{Aff(S_i,t)}{\sum_{j=1}^{N}Aff(ab_j,t)}=\frac{\sum_{i=1}^{M(S,t)}Aff(S_i,t)}{\sum_{j=1}^{N}Aff(ab_j,t)/N} \tag{5.40}$$

設模式 S 的平均親和力為 $Aff(S, t)=\sum_{i=1}^{M(S,\ t)}Aff(S_i, t)/M(S, t)$，種群的平均親和力為 $Aff(t)=\sum_{j=1}^{N}Aff(ab_j, t)/N$。則：

$$M(S,t+1)=[Aff(S,t)/Aff(t)]\cdot M(S,t) \tag{5.41}$$

設 $S_{cs}=Aff(S, t)/Aff(t)$，為克隆抑制概率，$M(S, t+1)=S_{cs}\cdot M(S, t)$。因此當 S_{cs} 值大於 1 時，模式數量將越來越多；反之，當 S_{cs} 值小於 1 時，模式數量將越來越少。可見，在克隆抑制算子的作用下，群體有減少個體多樣性的趨勢。隨著算法的進化，群體中個體的親和力逐漸增加，種群平均親和力逐漸增加，該算子會增加親和力高的模式的數量，減少親和力低的模式的數量。因此，克隆抑制算子減少了群體多樣性。

5. 網絡抑制算子

該算子反應了免疫系統中的抗體促進與抑制原理，表示為確定性映射 T_{ns}：$S^{NL}\rightarrow S^{xL}$。

一個匹配了模式 S 的抗體的生存概率與其濃度成反比，表示為：

$$p_i=1-Con(S_i, t)/\sum_{j=1}^{N}Con(Ab_j, t) \tag{5.42}$$

則在 $t+1$ 代，在網絡抑制算子的作用下，群體中模式 S 的生存數量為：

$$M(S,t+1) = N \cdot \sum_{i=1}^{M(S,t)} p_i$$

$$= N \cdot \sum_{i=1}^{M(S,t)} [1 - Con(S_i,t) / \sum_{j=1}^{N} Con(Ab_j,t)]$$

$$= N[M(S,t) - \frac{\sum_{i=1}^{M(S,t)} Con(S_i,t)}{\sum_{j=1}^{N} Con(Ab_j,t)}] \tag{5.43}$$

設模式 S 的平均濃度為 $Con(S, t) = \sum_{i=1}^{M(S,t)} Con(S_i,t)/M(S,t)$，種群的平均濃度為 $Con(t) = \sum_{j=1}^{N} Con(ab_j, t)/N$。則：

$$M(S,t+1) = M(S,t)[N - Con(S,t)/Con(t)] \tag{5.44}$$

命題 5.6 在模式濃度和群體濃度的比值為定值且群體規模不變時，只採用網絡抑制算子的進化算法在進化計算過程中，濃度較低的模式數量將按指數增長。

證明：設 $S_{ns} = Con(S, t)/Con(t)$，$M(S, t+1) = (N - S_{ns}) \cdot M(S, t) = (N - S_{ns})^{t+1} \cdot M(S, 0)$。當模式的濃度較高時，模式的生存數量將減少；相反，當模式的濃度較低時，模式的生存數量將增加。

顯然，通過抑制算子減少個體的相似度，有利於提高個體間的多樣性，可加快算法的收斂速度。

6. 種群更新算子

該算子反應了免疫系統的動態平衡機制，表示為隨機映射 T_u：$S^{xL} \to S^{yL}$。

該算子可能產生包含模式 S 的抗體，也可能產生不包含模式 S 的抗體。因此在該算子作用下：

$$M(S,t+1) \geq M(S,t) \tag{5.45}$$

7. 人工免疫模式定理

定理 5.7 人工免疫優化算法中，在 t 代經過選擇 T_s、克隆 T_c、變異 T_m、克隆抑制 T_{cs}、網絡抑制 T_{ns}、種群更新算子 T_u 的共同作用，在 $t+1$ 代，模式 S 的抗體數量滿足：

$$M(S,t+1)$$
$$\geq M(S,t) \cdot \frac{\alpha}{N} \cdot \left[\frac{Sti(S,t)}{Sti(t)}\right]^2 \cdot (1 - P_m)\Delta(S) \cdot \frac{Aff(S,t)}{Aff(t)} \cdot \left[N - \frac{Con(S,t)}{Con(t)}\right]$$

證明：$M(S, t+1) = M(S, t) \cdot P_{ai}$，$P_{ai}$ 為模式 S 在整個抗體種群單步進化後不被破壞的概率。由人工免疫優化算法的一般過程可知，$P_{ai} = P_{T_s} \cdot P_{T_c} \cdot P_{T_m} \cdot$

$P_{T_{cs}} \cdot P_{T_m} \cdot P_{T_n}$。$M(S, t+1) \geqslant M(S, t) \cdot R \cdot C \cdot (1-P_m)\Delta(S) \cdot S_{cs}(N-S_{ns})$。將 R、C、S_{cs}、S_{ns} 各值代入得證。

從上式可看出，在人工免疫優化算法中，刺激水平高、親和力高、濃度低且低階的抗體在進化過程中將呈指數增長；而刺激水平低、親和力低、濃度高且高階的抗體在進化過程中將呈指數衰減。

5.3.5.3　實驗分析

本節通過分析函數優化的過程來驗證人工免疫模式定理。實驗採用兩個函數進行考察，一個較簡單的函數和一個較複雜的函數。

設置算法的參數如下：種群規模為 $N=30$，克隆參數為 $\alpha=100$，變異率 $P_m=0.1$，抑制閾值為 $\beta=0.05$，種群更新比例 $u\%=0.3$。

1. 實驗 1

本節首先以一個簡單的優化實例說明人工免疫優化算法的進化過程。採用的函數為：

$$f(x)=1-x^2$$

很顯然，此函數在 $x=0$ 處有最大值為 1，但實際上由於自變量的取值範圍為一個閉區間［-1，2］，函數在 $x=-1$ 處有另外一個峰值 0，因此 $f(x)$ 為一個簡單的多峰函數。

本書利用人工免疫優化算法仿真程序以隨機生成的初始種群對 $f(x)$ 進行尋優運算，尋優過程如圖 5.4 所示。圖中的曲線為待優化函數曲線，共有兩個峰值，x 代表抗體所處位置。

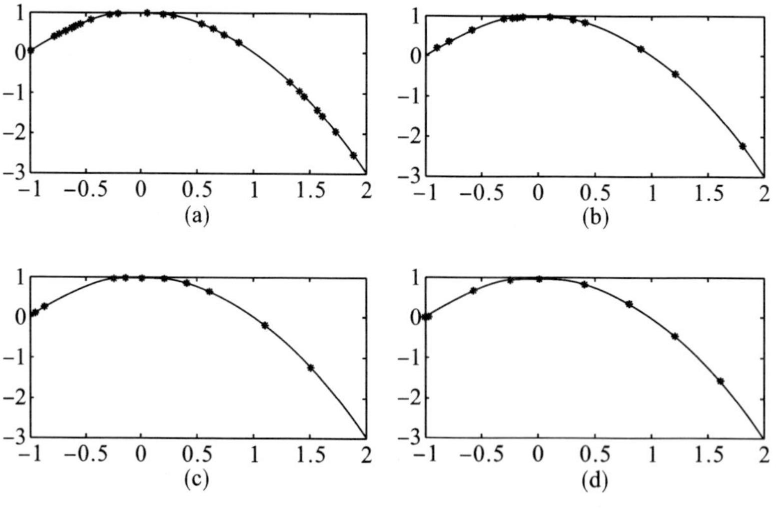

圖 5.4　人工免疫優化算法的尋優過程

搜索的初始狀態如圖 5.4（a）所示，30 個抗體隨機地分佈於問題的求解空間；經過 5 次迭代後，如圖 5.4（b）所示，對應函數值較小（抗體親和度較低）的區域中存在的抗體明顯減少，抗體向搜索空間中兩個峰值所在的區域靠攏，而且向全局最優解所在區域靠攏的抗體數目明顯多於向另一個峰值靠攏的抗體數目；經過 10 次迭代後，如圖 5.4（c）所示，抗體向搜索空間中兩個峰值所在的區域進一步靠攏，對應函數值較小（抗體親和度較低）的區域中存在的抗體繼續減少，但仍然有一部分抗體存在，表現出人工免疫算法可以保持很好的抗體多樣性；經過 20 次迭代，尋優計算停止，得到的搜索結果如圖 5.4（d）所示，大部分抗體聚集在全局最優解周圍，而函數的另一個峰值也有一些抗體存在，體現出人工免疫算法的多模態函數尋優能力。同時，在兩個峰值所在區域之外，對應函數值較小的區域中仍然有部分抗體存在，算法仍然保持著很好的個體多樣性。

抗體採用二進制位串編碼方式，其最優模式為 000000000000，考慮某一較優模式 S_1 = 00000000####，則 $\Delta(S_1) = 8, D(S_1) = 7$。獨立運行算法 10 次，圖 5.5 為模式 S_1所含個體數隨進化代數的變化情況。可見，在隨機生成初始種群時，模式 S_1的數量隨機；隨著進化代數的增加，在選擇、克隆、變異算子的作用下，算法具有較好的多樣性，並產生了新抗體，模式 S_1的數量有不斷上升的趨勢，在抑制算子的作用下，濃度高的模式數量將減少；在進化後期，算法找到了最優解，模式的變化趨於穩定。

考慮另一模式 S_2 = 000###010001，則 $\Delta(S_2) = 9, D(S_2) = 11$。可以看出，$Aff(S_1) > Aff(S_2)$。獨立運行算法 10 次，圖 5.6 為模式 S_2所含個體數隨進化代數的變化情況。可見，在隨機生成初始種群時，模式 S_2的數量隨機；隨著進化代數的增加，由於 S_2不包含最優抗體，雖然算法具有較好的多樣性，模式 S_2的數量總體在不斷減少；在進化後期，算法找到了最優解，但由於種群更新操作，模式 S_2的數量不一定會減為 0。

這兩個模式在進化過程中的存活情況表明，在人工免疫優化算法中，抗體的進化過程遵循模式定理。

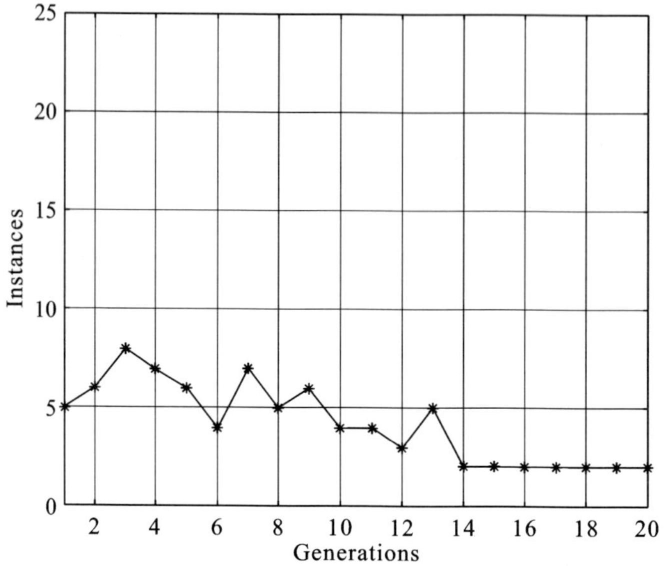

圖 5.5　模式 S_1 所含個體數隨進化代數的變化情況

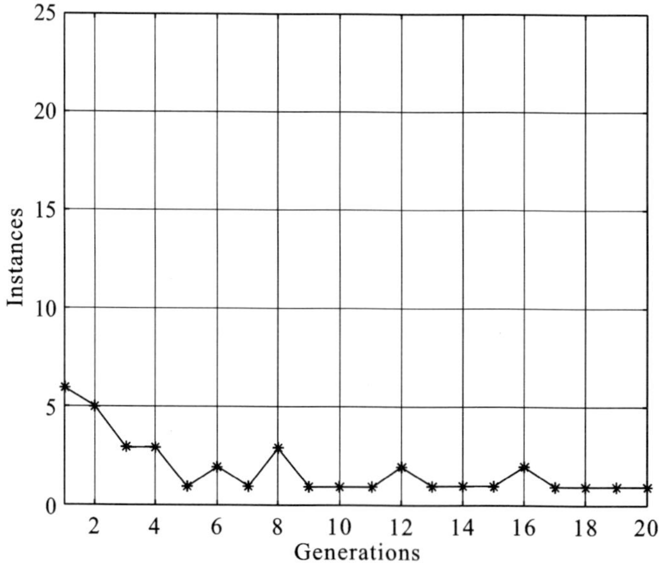

圖 5.6　模式 S_2 所含個體數隨進化代數的變化情況

2. 實驗 2

本小節採用一個複雜函數來驗證基於人工免疫的模式定理。此函數較為複雜，包括大量的局部最優解及一個全局最優解，這些解分佈相對均勻，且在全局最優解的附近有較多的局部最優解，廣泛用於智能算法優化問題的測試及評價。函數如下：

$$F_4(x)=\left[\sum_{i=1}^{D}\left(\sum_{j=1}^{i}z_j\right)^2\right]\cdot[1+0.4|N(0,1)|]+f_{bias4}$$

$$z=x-o,x=[x_1,x_2,\cdots,x_D]$$

$$x\in[-100,100]D,F_4(o)=f_{bias4}=-450$$

該函數的最小值為-450，抗體採用二進制位串編碼方式，其最優模式為100000011100001000000000，考慮某一較優模式 S = 1000000111 ######00000000，則 $\Delta(S)$ = 18，D (S) = 23。獨立運行算法 20 次，圖 5.7 為模式 S 所含個體數隨進化代數的變化情況。與實驗 1 類似，在隨機生成初始種群以後，進化初期沒有出現模式 S；隨著進化代數的增加，模式 S 的數量總體呈不斷上升的趨勢；在進化後期，模式的數量基本穩定。

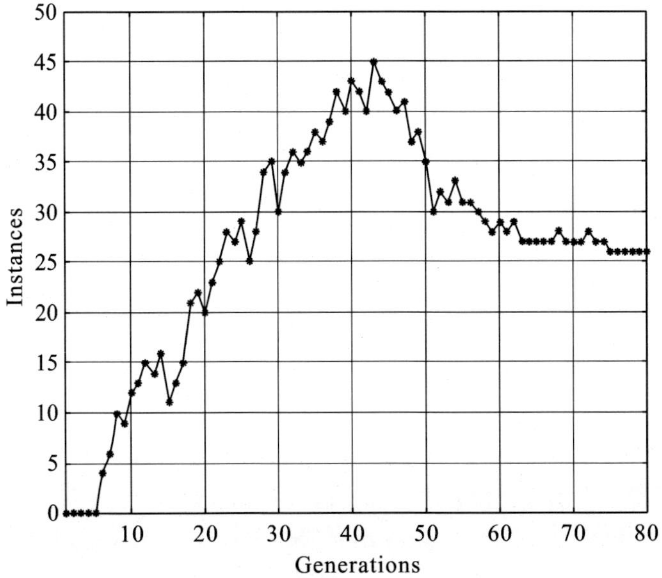

圖 5.7　模式 S 所含個體數隨進化代數的變化情況

下面我們對比不同模式結構對其傳播代數的影響。選擇 3 個同源模式 S_1 = 100##0011100001000000000，S_2 = 100##001##00001000000000，S_3 = 100##001##0##01000000000，則 $\Delta(S_1)$ = 22，$\Delta(S_2)$ = 20，$\Delta(S_3)$ = 18。同樣，獨立運行算法 20 次，圖 5.8 為模式 S_1、S_2、S_3 所含個體數隨進化代數的變化情況。從圖中可看出，隨著進化代數的增加，階低的模式，其實例的次數較多。前期實例數呈上升趨勢，後期由於抑制算子的作用，實例數將有所減少。

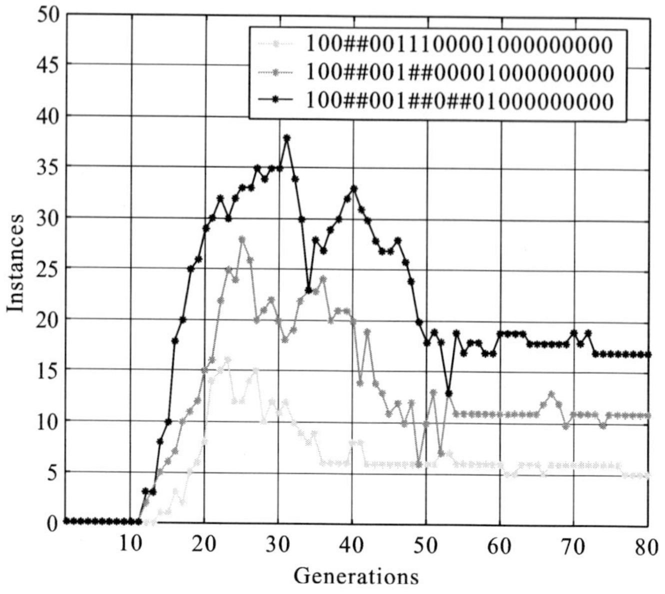

圖 5.8　不同模式結構對其傳播代數的影響

5.3.6　性能測試

5.3.6.1　性能評價指標

智能搜索算法的性能評估，普遍歸納為算法的求解效率和求解質量。算法的求解效率是比較獲得同樣的可行解所需的計算時間；算法的求解質量是在規定時間內所獲得可行解的優劣。主要的性能評價指標有下面幾個。

1. 適應值函數計算次數 *FES*

該指標是指發現同樣適應性的個體，或同樣質量的可行解，即規定精度的解，所需要的關於個體評價的適應值函數的計算次數（Function evaluations）。顯然，該值越小說明相應的算法搜索效率越高。

一次成功的尋優指的是，算法運行期間，當評價次數不大於最大適應值函數計算次數時，找到了滿足規定精度的解，此為一次成功的尋優。如果在規定最大評價次數內，沒有找到滿足規定精度的解，則為失敗的尋優。

2. 尋優成功率

尋優成功率表示尋優成功的次數與總運行次數的比值。該指標反應了算法尋優的總體性能，是一個最基本的指標。定義如下：

$$Success\ Rate = successful\ runs\ /\ total\ runs \tag{5.46}$$

3. 尋優成功性能

尋優成功的平均 *FES* 乘以總運行次數與尋優成功次數的比值，表示尋優成功性能。該指標反應了尋優成功的 *FES* 值的變化，顯然該值越小越好。定義如下：

$$Success\ Performance$$
$$= mean(FES\ for\ successful\ runs) * (total\ runs) / (successful\ runs) \quad (5.47)$$

4. 收斂圖

該圖顯示了算法總運行次數的平均性能。該圖橫坐標為 *FES*，縱坐標為 $\log10[f(x)-f(x*)]$，即誤差的對數值。

5. 多樣性動態評估指標

多樣性是智能搜索算法重要指標，多樣性動態評估指標是用來評估算法在搜索過程中的多樣性變化指標，Neal 的研究引入了表現型多樣性（Phenotypical diversity，PDM）和基因型多樣性（Genotypical diversity，GDM）測量指標，定義如下：

$$PDM = f(A_{m,n})_{avg} / f(A_{m,n})_{max} \quad (5.48)$$

$$GDM = (d-d_{min}) / (d_{max}-d_{min}) \quad (5.49)$$

其中，$f(A_{m,n})_{avg}$ 和 $f(A_{m,n})_{max}$ 分別為當代系統中個體的平均適應度值和最大適應度值，$PDM \in [0, l]$，當算法收斂時，其值趨於 1；d、d_{max}、d_{min} 分別為當代系統中所有個體與最佳個體間的平均歐氏距離、最大和最小歐氏距離。$GDM \in [0, l]$，當 *GDM* 趨於 0 時，表明個體趨於一致，算法呈收斂狀態；而當 *GDM* 較大時，則個體差異較大。通常，如果 $PDM>0.9$ 且 $GDM<0.1$，認為算法已趨收斂；如果 $0<PDM<0.9$ 且 $GDM \geq 0.1$，則算法處搜索階段。

6. 在線性能評估準則

在環境 e 下算法 s 的在線性能 $X_e(s)$ 如式（5.50）所示。

$$X_e(s) = \frac{1}{T}\sum_{t=1}^{T} f_e(t) \quad (5.50)$$

其中，$f_e(t)$ 是在環境 e 下第 t 時刻或第 t 代種群中，個體的平均目標函數值或平均適應度。由定義可知，算法的在線性能指標反應了算法的動態性能。若在線性能使用平均適應度來計算，即 $f_e(t)$ 表示種群各代的平均適應度，那麼通過計算第一代開始到當前代的各代的平均適應度值與代數相比的平均值，就可求得算法的在線性能。

7. 離線性能評估準則

在環境 e 下算法 s 的離線性能 $X_e^*(s)$ 如式（5.51）所示。

$$X_e^*(s) = \frac{1}{T}\sum_{t=1}^{T} f_e^*(t) \tag{5.51}$$

其中，$f_e^*(t) = best\{f_e(1), f_e(2), \cdots, f_e(t)\}$ 是在環境 e 下，在 $[0, t]$ 時間段內，出現的最大的適應度或最好的目標函數值。由定義可知，算法的離線性能指標反應了算法的收斂性能，它表示的是運行過程中種群從第一代到當前代的最佳適應度值，是算法最佳適應度的累積均值。

5.3.6.2 優化過程

本節以一個簡單的優化實例說明人工免疫算法的優化過程。本書採用的實例為函數優化，待優化的函數為：

$$f(x) = x^2 \quad x \in [-1, 2]$$

很顯然，此函數在 $x=0$ 處有最小值 0，實際上由於自變量的取值範圍為一個閉區間 $[-1, 2]$，函數在 $x=-1$ 和 $x=2$ 處有最大值 1 和 4，因此 $f(x)$ 為一個簡單的多峰函數。

本書利用 opt-aiNet 算法仿真程序，以隨機生成的初始種群對 $f(x)$ 進行尋優運算，尋優過程如圖 5.9 所示。圖中的曲線為待優化函數曲線，共有兩個峰值，x 代表抗體所處位置。

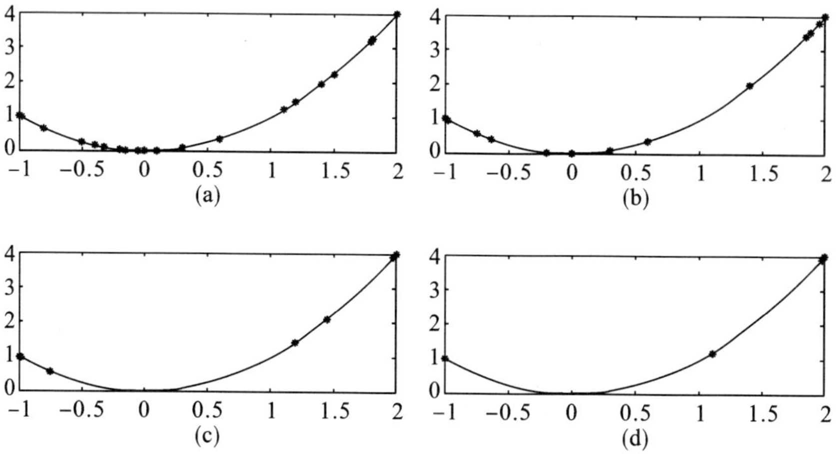

圖 5.9 簡單函數尋優過程

搜索的初始狀態如圖 5.9（a）所示，20 個抗體隨機地分佈於問題的求解空間；經過 5 次迭代後，如圖 5.9（b）所示，對應函數值較小（抗體親和度較低）的區域中存在的抗體明顯減少，抗體向搜索空間中兩個峰值所在的區域靠攏，而且向全局最優解所在區域靠攏的抗體數目明顯多於向另一個峰值靠攏的抗體數目；經過 10 次迭代後，如圖 5.9（c）所示，抗體向搜索空間中兩個峰值所在的區域進一步靠攏，對應函數值較小（抗體親和度較低）的區域中存在的抗體繼續減少，但仍然有一部分抗體存在，表現出人工免疫算法可以保持很好的抗體多樣性；經過 20 次迭代，尋優計算停止，得到的搜索結果如圖 5.9（d）所示，大部分抗體聚集在全局最優解周圍，而函數的另一個峰值也有一些抗體個體存在，體現出人工免疫算法的多模態函數尋優能力，同時，在兩個峰值所在區域之外，對應函數值較小的區域中仍然有部分抗體存在，算法仍然保持著很好的個體多樣性，這是算法能夠進行全局搜索，不會輕易陷入局部極值的保證。

5.3.6.3 優化性能

本節通過將 opt-aiNet 與遺傳算法 GA、粒子群優化算法 PSO、克隆選擇算法 CLONALG 比較，來說明基於免疫網絡的優化算法 opt-aiNet 的性能。

1. 測試函數及參數說明

採用的測試函數來自優化算法中常用的 benchmark 函數，為：

$$g(x,y) = x.sin(4\pi x) - y.sin(4\pi y+\pi) + 1,\ x,y \in [-2,2]$$

該函數為一個簡單的 2 維多峰函數，變量取值範圍是［-2, 2］，該函數包含一個最優解和若干個非均勻分佈的局部極值點，如圖 5.10 所示。通過考察各個算法在該函數的執行過程，來說明 opt-aiNet 的優化性能。

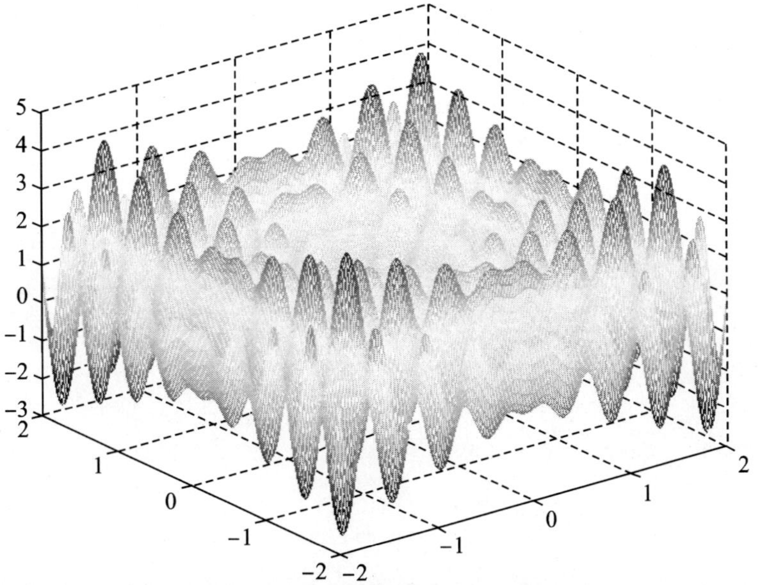

圖 5.10 測試函數的二維分佈圖

針對該函數搜索最優解的停止條件為：達到最大函數評價次數 10,000 次，

或最優解誤差為 10^{-5}。

算法參數共有以下幾個。

種群規模：種群規模即抗體種群中抗體個體的數目，往往要根據問題的複雜程度來設置。設置較大的種群規模將有助於算法對問題可行解區間的搜索，但會增加算法的運算量，通常設置範圍為 15~100。GA 的種群規模 100，PSO 的種群規模為 100，CLONALG 的種群規模為 100，opt-aiNet 的種群規模為 20。

克隆數目：抗體克隆操作所產生的副本數目。此參數設置過低會降低算法局部搜索性能，設置過高則會加大算法運算量，通常設置範圍為 5~30。本書在 CLONALG 和 opt-aiNet 中將其設置為 10。

變異率：克隆體產生變異時的變異概率。GA 的變異率為 0.01，交叉率為 0.7；CLONALG 的變異率為 0.01；opt-aiNet 的變異率為 0.01。

下面三個參數為 PSO 的參數。

慣性權重：該參數反應了微粒先前行為的慣性，通常設置範圍為 0.5~1。此時設置為 0.8。

加速常數 $c1$ 和 $c2$：這兩個參數反應了微粒本身的飛行經驗和同伴的飛行經驗對它的影響，此時設置為 $c1 = c2 = 2$。

下面的兩個參數為 opt-aiNet 的參數。

更新比例：更新種群中劣質抗體的比例。設置過高會使算法搜索的盲目性增加，通常設置範圍為 0.1~0.5。本書設置為 0.4。

抑制閾值：刪除相似抗體時的距離閾值。設置過高會使不同峰值的解被捨棄，設置過低會使同一峰值保留多個解。本書設置為 0.2。

2. 算法尋優效果對比

獨立運行四種算法各 25 次，GA、PSO、CLONALG 及 opt-aiNet 對測試函數的平均尋優效果如圖 5.11 所示。該圖為算法的收斂圖，圖中橫坐標表示算法運行時的函數評價次數 *FES*，縱坐標為搜索過程中最小誤差的對數值 log10 $[f(x^*)-f(x)]$。

從 25 次的平均運行結果來看，GA 前期的進化速度比較快，但後期陷入了局部最優。對 GA 來說，全局操作以交叉算子為主，局部操作以變異算子為主。GA 只在變異算子中提供了多樣性。

PSO 同樣存在這樣的問題，前期收斂速度比較快，但運行一段時間後，速度開始減慢，易陷入局部最優。PSO 算法依靠的是群體之間的合作與競爭，通過跟隨當前最優解來增加種群多樣性，因而單個粒子一旦受某個局部極值約束後本身很難跳出局部極值，需借助其他粒子的發現。

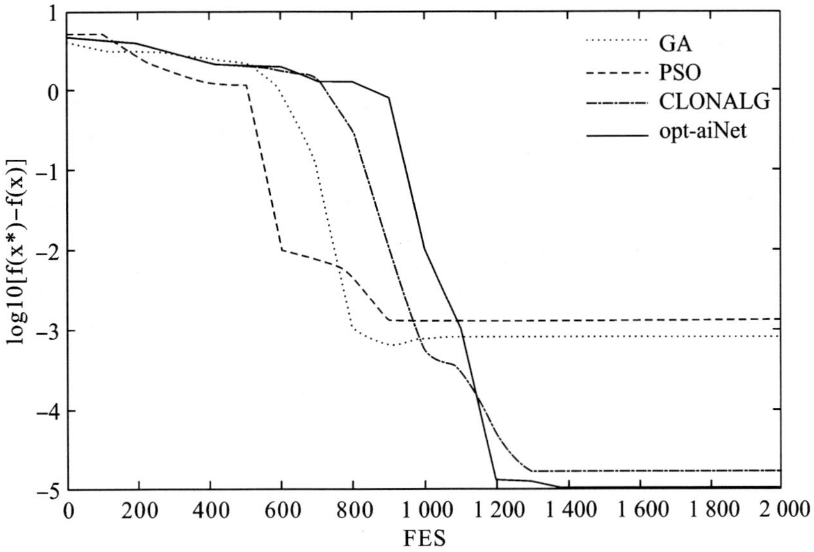

圖 5.11　四種算法的收斂圖對比

CLONALG 的前期進化速度略遜於 GA 和 PSO，但後期進化效果比 GA 和 PSO 效果好，能使適應度較高的個體得到擴張，且免疫基因操作如：選擇、克隆、變異，能產生新個體，保持了抗體的多樣性，但搜索精度有待提高。

opt-aiNet 雖然前期的進化速度比較慢，但能最終找到全局最優，主要是因為操作算子中的克隆、變異、種群更新及局部操作算子中的抗體抑制具有很好的多樣性保持能力，且能較好地平衡全局與局部搜索，收斂於全局最優解。

3. 算法的種群多樣性對比

獨立運行四種算法各 25 次，GA、PSO、CLONALG 及 opt-aiNet 對測試函數的種群多樣性對比效果如圖 5.12 所示。使用 *PDM* 來考察種群多樣性，圖中橫坐標表示算法的迭代次數，縱坐標為 *PDM* 值，即當代系統中個體的平均適應度值和最大適應度值的比值，*PDM* 值越大，表示種群的多樣性越小。在種群進化過程中，全部個體向較優解靠攏，會使種群多樣性減少。如果在算法執行前期，種群多樣性減少過快，使種群中的個體大多比較相似，種群不能再進化出更優的個體了，這時種群陷入了局部極值。因此，群體有更多的多樣性表示群體有更多的進化機會，而多樣性喪失的直接結果就是產生早熟。保持種群多樣性可以使算法能夠不斷地搜索到未知區域，從而保證算法的全局搜索能力和搜索到最優解的可能性。典型的進化優化算法的執行過程總是在大範圍搜索之後又在一個個局部區域細緻搜索。

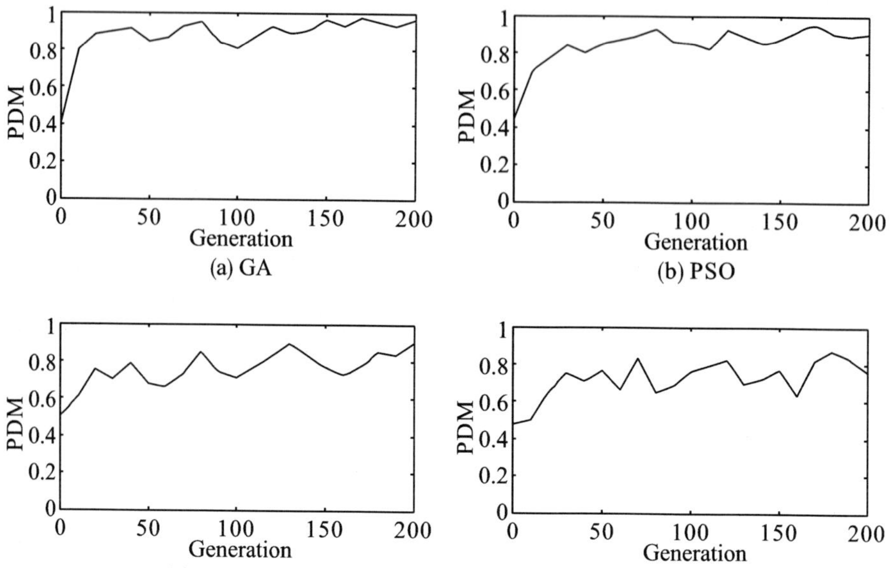

(a) GA　(b) PSO　(c) CLONALG　(d) opt-aiNet

圖 5.12　四種算法的多樣性對比

從圖 5.12 容易看出，GA 和 PSO 的多樣性保持能力比 CLONALG 和 opt-aiNet 差，而 opt-aiNet 的全局尋優能力又優於 CLONALG。這可從四種算法的 *PDM* 多樣性運行曲線反應出來。在進化前期階段，*PDM* 值隨解的適應值的增加，呈上升趨勢，即多樣性呈下降趨勢，這是必經階段，因為如果多樣性一直很高的話，說明種群一直在大範圍內進行全局搜索，這樣算法很難達到收斂；在進化後期階段，個體的適應值變化很小，因此多樣性變化也較小，說明種群在進行小範圍局部搜索了，種群已達到或接近最優解。

從 GA 和 PSO 的運行結果看，在進化前期階段，多樣性曲線 *PDM* 上升較快，達到一定代數時，*PDM* 保持在一個較高的水平，說明種群已呈收斂狀態，已收斂於最優解或局部次優解；在整個進化過程中，曲線整體震動頻率和振幅變化不大，說明種群多樣性變化較小。

從 CLONALG 和 opt-aiNet 的運行結果來看，它們的多樣性曲線的振幅和震動頻率相對大些，這說明在進化過程中，種群個體在空間中分佈較開，隨著進化過程，種群有時具有相對較大的多樣性，有時具有相對較小的多樣性。這說明，種群可以在全局搜索和局部搜索之間變換。

可見，效果較好的算法的種群多樣性曲線有兩個重要特徵：保持緩慢下降，充分開發種群空間；保持較大的震動頻率和振幅，保持種群多樣性，尤其是前期進化的震動頻率和振幅。

5.4 本章小結

本章首先討論了免疫網絡理論的基本原理，Jerne 的獨特型免疫網絡理論的主要內容、微分方程表示及一般框架；然後介紹了著名的免疫網絡模型，aiNet 網絡模型和 RLAIS 網絡模型，對兩個模型的基本原理及學習過程做了詳細討論；最後介紹了 aiNet 網絡模型的優化版本 opt-aiNet 算法，分析了此算法的進化流程。通過對免疫網絡的研究，本章提出了基於免疫網絡的優化算法的基本流程，構建了基於免疫網絡的優化算法的一般框架，分析了流程特點。該流程利用人工免疫系統中的自學習、自組織和自適應等免疫特性對優化問題進行建模、執行免疫應答和免疫記憶，並在 Markov 鏈的基礎上，證明了基於免疫網絡的優化算法的收斂性；同時在模式定理的基礎上，分析了基於免疫網絡的優化算法的進化機制，給出了基於免疫網絡的優化算法的模式定理。本章利用仿真實驗對基於免疫網絡的優化算法的優化過程和優化性能進行了驗證，並與遺傳算法 GA、粒子群優化算法 PSO、克隆選擇算法 CSA 等其他智能優化算法進行比較，結果表明基於免疫網絡的優化算法是一種很有優勢的智能優化算法，對於解決實際優化問題有著廣泛的應用前景。

參考文獻

[1] 蔣加伏，蔣麗峰，唐賢瑛. 基於免疫遺傳算法的多約束 QoS 路由選擇算法 [J]. 計算機仿真，2004，2 (13)：51-54.

[2] 曹恒智，餘先川. 單親遺傳模擬退火及在組合優化問題中的應用 [J]. 北京郵電大學學報，2008，3 (31)：11-14.

[3] 郁嘉嘉，黄少先. 基於免疫原理的蟻群算法在配電網恢復中的應用 [J]. 電力系統保護與控制，2008，17 (36)：28-31.

[4] 王焱濱，虞厥邦. 遺傳算法在多用户檢測中的應用研究 [J]. 電路與系統學報，2008，2 (13)：39-43.

[5] JAIN A K，DUBES R C. Algorithms for Clustering Data [J]. Prentice-Hall Advanced Reference Series，1988 (1)：334.

[6] JAIN A K，MURTY M N，FLYNN PJ. Data clustering：A review [J].

ACM Computing Surveys, 1999, 31 (3): 264-323.

[7] JAIN A K, DUIN R P W, MAO J C. Statistical pattern recognition: A review [J]. IEEE Trans. on Pattern Analysis and Machine Intelligence, 2000, 22 (1): 4-37.

[8] SAMBASIVAM S, THEODOSOPOULOS N. Advanced data clustering methods of mining Web documents [J]. Issues in Informing Science and Information Technology, 2006, (3): 563-579.

[9] MARQUES J P. Pattern Recognition Concepts, Methods and Applications [M]. 2nd ed. Beijing: Tsinghua University Press, 2002: 51-74.

[10] FRED A L N, LEITÃO J M N. Partitional vs hierarchical clustering using a minimum grammar complexity approach [C] // Proc. of the SSPR&SPR 2000. LNCS 1876, 2000. 193-202. http://www.sigmod.org/dblp/db/conf/sspr/sspr2000.html.

[11] GELBARD R, GOLDMAN O, SPIEGLER I. Investigating diversity of clustering methods: An empirical comparison [J]. Data & Knowledge Engineering, 2007, 63 (1): 155-166.

[12] KUMAR P, KRISHNA P R, BAPI R S, et al. Rough clustering of sequential data [J]. Data & Knowledge Engineering, 2007, 3 (2): 183-199.

[13] GELBARD R, GOLDMAN O, SPIEGLER I. Investigating diversity of clustering methods: An empirical comparison [J]. Data & Knowledge Engineering, 2007, 63 (1): 155-166.

[14] KUMAR P, KRISHNA P R, BAPI R S, et al. Rough clustering of sequential data [J]. Data & Knowledge Engineering, 2007, 3 (2): 183-199.

[15] HUANG Z, NG M A. Fuzzy k-modes algorithm for clustering categorical data [J]. IEEE Trans. on Fuzzy Systems, 1999, 7 (4): 446-452.

[16] CHATURVEDI A D, GREEN P E, CARROLL J D. K-modes clustering [J]. Journal of Classification, 2001, 18 (1): 35-56.

[17] ZHAO Y C, SONG J. GDILC: A grid-based density isoline clustering algorithm [M] // ZHONG YX, CUI S, YANG Y. Proc. of the Internet Conf. on Info-Net. Beijing: IEEE Press, 2001: 140-145. http://ieeexplore.ieee.org/iel5/7719/21161/00982709.pdf.

[18] PILEVAR A H, SUKUMAR M. GCHL: A grid-clustering algorithm for high-dimensional very large spatial data bases [J]. Pattern Recognition Letters, 2005, 26 (7): 999-1010.

[19] TSAI C F, TSAI C W, WU H C, et al. ACODF: A novel data clustering approach for data mining in large databases [J]. Journal of Systems and Software, 2004, 73 (1): 133-145.

[20] BHUYAN J N, RAGHAVAN V V, VENKATESH K E. Genetic algorithm for clustering with an ordered representation [C] // Proceedings of the 4th International Conference on Genetic Algorithms. San Francisco: Morgan Kaufmann, 1991: 408-415.

[21] JONES D, BELTRAMO M A. Solving partitioning problems with genetic algorithms [M] // Proceedings of 4th International Conference on Genetic Algorithms. San Francisco: Morgan Kaufmann, 1991: 442-429.

[22] 李潔, 高新波, 焦李成一種基於 GA 的混合屬性特徵大數據集聚類算法 [J]. 電子與信息學報, 2004, 26 (8): 1203-1209.

[23] 劉靖明, 韓麗川, 侯立文. 一種新的聚類算法——粒子群聚類算法 [J]. 計算機工程與應用, 2005, 41 (20): 183-185.

[24] CHIU C Y, LIN C H. Cluster analysis based on artificial immune system and ant algorithm [C] // Proceedings of the 3rd International Conference on Natural Computation. Washington D C: IEEE Computer Society, 2007: 647-650.

[25] NIKNAM T, AMIN B. An efficient hybrid approach based on PSO, ACO and k-means for cluster anaysis [J]. Applied Soft Computing, 2009, article in press.

[26] JERNE N K. Towards a network theory of the immune system [J]. Annals of Immunology (Paris), 1974, 125C: 373-389.

[27] VARELA F J, STEWART J. Dynamics of a Class of Immune Network Global Stability of Idiotype Interactions [J]. Theoretical Biology, 1990 (144): 93-101.

[28] TIMMIS J, NEAL M, HUNT J. An artificial immune system for data analysis [J]. Biosystems, 2002, 55 (1/3): 143-150.

[29] TIMMIS J, NEAL M. A resource limited artificial immune system for data analysis [J]. Knowledge Based Systems, 2001, 14 (3-4): 121-130.

[30] CASTRO, ZUBEN. aiNet: Artificial Immune Network for Data Analysis [M]. [S. l.]: Idea Group Publishing, 2001.

[31] NASRAOUI O, GONZALEZ F, CARDONA C, et al. A scalable artificial immune system model for dynamic unsupervised learning [C] // Proceedings of International Conference on Genetic and Evolutionary Computation. San Francisco: Mor-

gan Kaufmann, 2003: 219-230.

[32] NEAL M. An artificial immune system for continuous analysis of time-varying data [C] // Proceedings of the First International Conference on Artificial Immune Systems. Berlin: Springer, 2002: 76-85.

[33] NEAL M. Meta-stable memory in an artificial immune network [C] // Proceedings of the Second International Conference on Artificial Immune Systems. Berlin: Springer, 2003: 168-181.

[34] HART E, ROSS P. Exploiting the analogy between the immune system and sparse distributed memories [J]. Genetic Programming and Evolvable Machines, 2003, 4 (4): 333-358.

[35] DE CASTRO L N, TIMMIS J. An Artificial Immune Network for Multimodal Function Optimisation [J]. Proc. Of IEEE World Congress on Evolutionary Computation, 2002 (1): 669-674.

[36] 張文修，梁怡. 遺傳算法的數學基礎 [M]. 西安：西安交通大學出版社，2001.

[37] HOLLAND J H. Adaptation in Natural and Artificial Systems [M]. Ann Arbor: University of Michigan Press, 1992.

[38] NEUBAUER A. The Circular Schema Theorem for Genetic Algorithms and Two2point Crossover. Genetic Algorithms in Engineering Systems: Innovations and Applications [C]. London: IEE Press, 1997: 209-214.

[39] SPEARS W M, DE JONG K A. A Formal Analysis of the Role of Multi2Point Crossover in Genetic Algorithms [J]. Annals of Mathematics and Artificial Intelligence, 1992, 5 (1): 1-26.

[40] 遊雪肖，鐘守楠. 十進制編碼遺傳算法的模式理論分析 [J]. 武漢大學學報（理學版），2005, 51 (5): 542-546.

[41] 仁慶道爾吉，王宇平. 有限字符集編碼下的模式定理及其證明 [J]. 西安電子科技大學學報（自然科學版），2012, 39 (6): 118-123.

[42] 明亮，王宇平. 基於三進制表示的新模式定理 [J]. 控制理論與應用，2005, 22 (2): 266-268.

[43] 徐淑坦，孫亮，孫延風. 關於遺傳算法模式定理的進一步探討 [J]. 吉林大學學報，2009, 27 (6): 295-601.

[44] 王悅，唐常杰. 基於基因表達式編程的進化模式定理 [J]. 四川大學學報（工程科學版），2009 (2): 167-172.

6 基於免疫網絡的優化算法的改進研究

6.1 引言

在第 5 章的研究中，人工免疫算法在優化計算方面表現出了若干優勢，如多樣性保持機制、多峰函數優化能力、全局搜索與局部搜索相統一等。人工免疫算法通過促進或抑制抗體的產生，體現了免疫反應的自我調節功能，保證了個體的多樣性，而遺傳算法和粒子群算法只是根據適應度選擇父代個體，並沒有對個體多樣性進行調節。人工免疫算法在記憶單元基礎上運行，確保了其快速收斂於最優解；而遺傳算法和粒子群算法則是基於父代群體，標準遺傳算法並不能保證概率 1 收斂。

同時，在仿真結果中，人工免疫算法在優化計算方面也反應出了一些不足，如存在早熟收斂、局部搜索能力不強等，因此需要對算法進行改進研究，以彌補算法不足，增強算法的優化能力。

6.2 一種基於危險理論的免疫網絡優化算法

從生物免疫機理中的體液免疫應答來看，克隆選擇的主要思想是當免疫細胞受到抗原刺激後，會發生克隆增殖，產生大量克隆體，然後通過高頻變異分化為效應細胞和記憶細胞。在增殖過程中，效應細胞會生成大量抗體，之後抗體會發生增殖複製和高頻變異，使親和力逐步提高，而最終達到親和力成熟。

免疫網絡的主要思想是在抗體識別侵入抗原時，各種抗體通過它們之間的相互作用構成一個動態網絡，根據免疫調節機制保持平衡，當抗體相似度較高時會產生抑製作用，當抗體相似度較低時會產生刺激作用。因此其可以維持群體多樣性，並保持抗體總數平衡，最終形成一個由各種記憶細胞構成的穩定網絡。

生物免疫學家 Matzinger 提出的免疫危險理論認為免疫系統之所以能分辨異己抗原，其關鍵是異己抗原使機體產生不同於自然規則的生化反應，這種生化反應將會產生不同程度的危險信號，因此，生物機體以環境變動為依據產生危險信號進而引導免疫應答。從本質上來講，危險信號在其周圍建立了一個危險區域，在該區域內的免疫細胞將被活化參與免疫回應。與傳統的 CLONALG 和免疫網絡理論相比，危險理論引入了機體的環境因素，通過此環境因素描述了生物免疫系統的部分重要特徵，並解釋了傳統的免疫理論不能解釋的免疫現象，如自身免疫疾病等。因此，危險理論可與 CLONALG 及免疫網絡理論相結合，更為完整準確地模擬生物免疫機理。

本書把危險理論引入優化算法中，融合克隆選擇理論及免疫網絡理論，提出了一種基於危險理論的免疫網絡優化算法，簡記為 dt-aiNet。

6.2.1 流程描述

dt-aiNet 算法主要由危險信號計算、克隆選擇、變異機制和克隆抑制、網絡抑制、種群更新等要素組成。算法首先通過定義危險區域來計算每個抗體的危險信號值，並通過危險信號來調整抗體濃度，利用克隆增殖對一定數量的隨機抗體進行複製生成克隆群；然後通過變異機制產生子抗體，對每個克隆群中的子抗體與父抗體進行比較後，保留危險區域內親和度最高的抗體及不在父抗體危險區域內的高親和力子抗體；最後補充隨機產生的新抗體以調節種群規模，此時重新計算危險信號，並刪除濃度為 0 的抗體。種群中的個體組成了免疫網絡，網絡在不斷進化中提高抗體群的親和度，並在危險信號的作用下使低親和力低濃度抗體死亡，存活的抗體則作為記憶單元保留下來，直到記憶單元的抗體數目不再發生變化，最後記憶單元中的抗體即為多峰函數的優化解。

1. 算法步驟

算法的停止條件為達到最大 *FES*，或者找到誤差小於指定值的最優解。

該算法中用到的參數說明如下。表 6.1 對算法步驟做了簡要描述。

N：初始種群大小。

con_0：抗體的初始濃度。

Nc_{min}：抗體克隆數目最小值。

Nc_{max}：抗體克隆數目最大值。

r_danger：危險區域半徑。

k：變異調節參數。

t_0：變異幅度的分界點。

β_0：變異初始範圍。

$d\%$：種群更新的個體數量比例。

PDM_{max}、PDM_{min}、GDM_{max}、GDM_{min}：種群多樣性調整參數。

表 6.1　　dt-aiNet 算法的流程

初始化，在定義域內隨機產生初始網絡細胞群體；
While（停止條件不滿足）do
Begin
設置種群中每個抗體的初始濃度，並計算每個抗體的親和力、危險信號；
選擇種群中的優質個體進行克隆，使其活化，個體克隆數量與濃度有關；
對克隆副本進行變異，使其發生親和力突變，變異率與親和力有關，且能自適應調整；
執行克隆抑制，選擇每個克隆群體中的優質個體組成網絡；
更新種群適應度、危險信號及濃度，執行網絡抑制；
定時執行局部搜索，定時判斷是否需調整危險區域半徑；
隨機生成一定數量的新抗體並使其加入網絡。
End；
執行局部搜索；
執行網絡抑制。

2. 算法流程圖

算法流程圖如圖 6.1 所示。

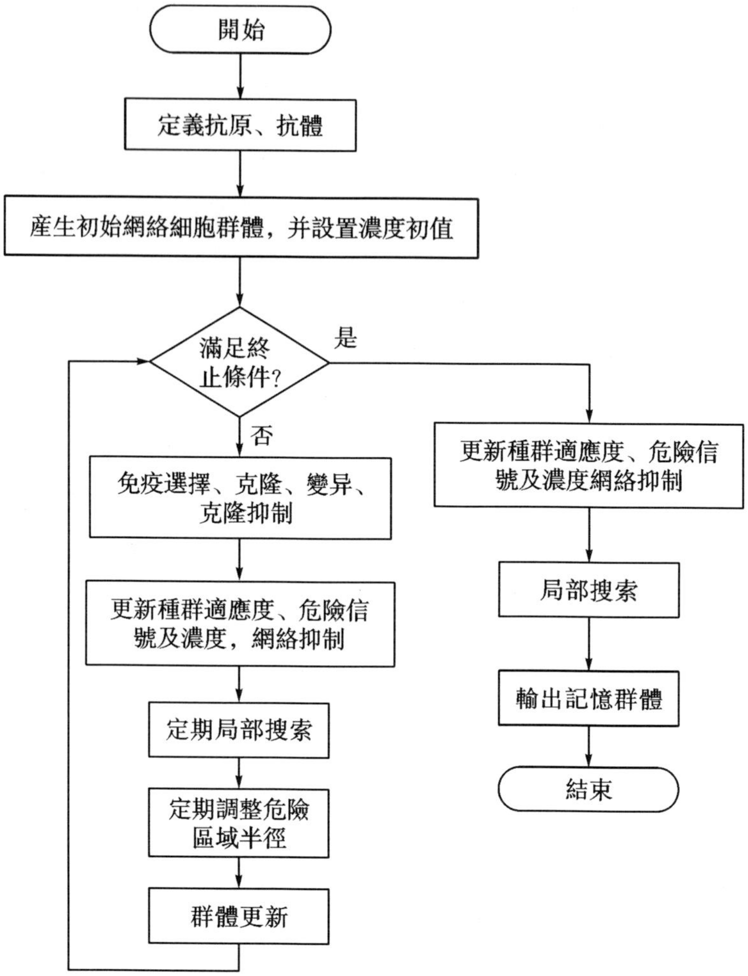

圖 6.1　dt-aiNet 算法流程圖

6.2.2　優化策略

6.2.2.1　抗體抗原及親和力

優化函數表示為 $P = \min f(x)$，其中 $x=(x_1, x_2, \cdots, x_n) \in R^n$ 是決策變量，n 為變量維度，min 表示求取函數 $f(x)$ 的極小值，也可求取函數 $f(x)$ 的極大值 $\max f(x)$。算法採用實數編碼，則抗體、抗原均為 n 維實數向量。抗體規模為 R^n 的種群空間。於是優化問題 P 可轉化為：$\min \{f(Ab_i), Ab_i \in R^n\}$ 或 $\max \{f(Ab_i), Ab_i \in R^n\}$。

抗體、抗原親和力為抗體與抗原的結合強度，即解相對於問題的適應度，表示為 affinity（Ab_i），為抗體函數值 f（Ab_i）的歸一化表示，計算公式如下。如 $P = \max f(x)$，則

$$affinity(Ab_i) = \frac{f(Ab_i) - f_{min}}{f_{max} - f_{min}} \tag{6.1}$$

$f(Ab_i)$ 為抗體 Ab_i 的函數值，f_{min} 為當前群體中的最小函數值，f_{max} 為當前群體中的最大函數值，如 $P = \min f(x)$，則

$$affinity(Ab_i) = 1 - \frac{f(Ab_i) - f_{min}}{f_{max} - f_{min}} \tag{6.2}$$

抗體與抗體的親和力，表示兩個抗體之間的相似程度。對於實數編碼來說，通常與兩個抗體之間的距離有關。計算公式如下：

$$affinity(Ab_i, Ab_j) = \frac{1}{dis(Ab_i, Ab_j)} \tag{6.3}$$

其中 dis 為兩個抗體之間的歐式距離，為：

$$dis(Ab_i, Ab_j) = \sqrt{\sum_{k=1}^{n} (Ab_{ik} - Ab_{jk})^2} \tag{6.4}$$

6.2.2.2 危險區域及危險信號

危險理論強調以環境變動產生的危險信號來引導不同程度的免疫應答，危險信號周圍的區域即為危險區域。我們用親近度量來模擬危險區域，由於危險信號與環境相關，對於優化問題而言，危險區域內的抗體種群濃度體現了環境狀態。

根據危險理論，如果某抗原 Ag_i 直接壞死，則以 Ag_i 為中心的附近區域將成為危險區域 D（Ag_i）。對於優化問題，因為抗原是隱形的，我們假設每個抗體都是峰值點，以峰值點的附近區域作為危險區域。定義如下：

$$D(Ab_i) = \{Ab_j \mid dis(Ab_i, Ab_j) < r\_danger\} \tag{6.5}$$

其中 r_danger 為危險區域半徑，該值應是峰值點的半徑，與峰值點的密集程度有關。

對每個抗體 Ab_i 來說，危險區域內抗體的相互作用，即為 Ab_i 的周圍環境狀態。則危險信號函數 DS（danger signal function）定義如下，該函數以危險區域內，與抗原親和力大於 affinity（Ab_i）的抗體 Ab_j 的抗體濃度 con（Ab_j）和距離 dis（Ab_i, Ab_j）為輸入，產生該抗體所處危險信號值。

$$DS(Ab_i) = \sum_{Ab_j \in D(Ab_i) \cap affinity(Ab_j) > affinity(Ab_i)} con(Ab_j)\left[r_{danger} - dis(Ab_i, Ab_j)\right] \tag{6.6}$$

con 為抗體的濃度。可見，在種群中，個體 Ab_j 只有在抗體 Ab_i 的危險區域內，並且與抗原親和力大於 Ab_i 的抗原親和力，才會對 Ab_i 的環境產生影響；Ab_j 數量越多，對抗體環境產生的影響越大；Ab_j 與 Ab_i 的距離越近，對抗體環境產生的影響越大。抗體所處環境受損或者正在受損的概率相應較大，在此環境中抗體所處危險信號就相應較大。

定義危險信號提取算子 T_d 為根據抗體的環境信息，計算抗體的危險信號，以便引導免疫應答，確定性映射 T_d：$R^n \rightarrow R$。

$$T_d(Ab_i) = DS(Ab_i) \tag{6.7}$$

6.2.2.3　濃度計算

抗體的濃度是動態變化的，與該抗體的危險信號及與抗原親和力有關。這兩個因素為抗體濃度變化的主要原因。

當抗體周圍環境改變時，抗體濃度將會發生變化。當危險信號存在時，說明在該抗體周圍存在更好的解，因此該抗體濃度將隨著進化代數而衰減。危險信號越大，表明周圍環境改變對該抗體的影響越大，這會對抗體產生一個抑制的作用，抗體濃度減少。而且當抗體周圍環境沒有改變時，說明該抗體處在一個相對穩定的環境中，即該抗體周圍不存在更好的解，該抗體為候選峰值點，因此抗體濃度將隨著進化代數而增益。

而抗體與抗原的親和力也將對抗體濃度產生影響，與抗原的親和力越大，表明該抗體作為解的適應度越大。當抗體為候選峰值點時，將使抗體的增益與抗原的親和力成正比。當抗體存在危險信號時，將使抗體的衰減與抗原的親和力成反比。

抗體 Ab_i 的濃度 $con(Ab_i)$ 的計算公式如下：

$$con(Ab_i)_{t+1} = \begin{cases} con(Ab_i)_t\{1 + \exp[affinity(Ab_i)\,0.25]\}\ DS(Ab_i) = 0 \\ con(Ab_i)_t\{1 - \ln[1 + affinity(Ab_i)]/affinity(Ab_i)\} - DS(Ab_i)\ DS(Ab_i) > 0 \end{cases} \tag{6.8}$$

對於初始群體，每個抗體設置一個初始濃度 con_0。隨著群體的進化，當抗體周圍存在危險信號時，抗體濃度將逐漸衰減，最終至0；當抗體周圍不存在危險信號時，抗體濃度將逐漸增加，最大至1。因此，$con(Ab_i)\dfrac{dC_i}{dt} = C_i\sum_{j=1}^{n} f(E_j, K_j, t) - C_i\sum_{j=1}^{n} g(I_j, K_j, t) + k_1 - k_2 C_i\,[0, 1]$。危險信號為抗體濃度的變化提供了基準，保持了群體的多樣性。

6.2.2.4 克隆操作

克隆算子模擬了免疫應答中的克隆擴增機制，當抗體檢測到外來抗原時，會發生克隆擴增。該算子是對群體中的抗體執行克隆操作。此時，並不是選擇親和力較高的抗體執行克隆操作，而是對群體中的每個抗體執行克隆操作，擴大搜索空間。對每個抗體的克隆個數進行限制，當抗體濃度較大時，克隆個數較多；當抗體濃度較小時，克隆個數較少。設置抗體最大允許克隆數目 Nc_{max} 和最小允許克隆數目 Nc_{min}，則抗體 Ab_i 的克隆個數 Nc （Ab_i） 計算公式如下：

$$Nc(Ab_i) = Nc_{min} + con(Ab_i)(Nc_{max} - Nc_{min}) \tag{6.9}$$

$con(Ab_i) \in [0, 1]$，因此 $Nc(Ab_i) \in [Nc_{min}, Nc_{max}]$。該公式顯示了抗體濃度與克隆規模的關係，體現了不同危險信號刺激下各抗體的克隆擴增規模。當抗體的危險信號較高時，該抗體濃度會逐漸衰減，抗體複製水平較低，此時給了抗體一定時間來逃離危險區域；當抗體的危險信號較低時，該抗體濃度會逐漸增加，抗體複製水平較高，給抗體更多機會來搜索更優值。該方法減少了搜索過程中的盲目性，加快了收斂速度。

6.2.2.5 變異操作

變異算子模擬了免疫應答中的高頻變異機制，通過變異產生具有更高親和力的抗體，增強抗體種群的多樣性。通常變異算子應該既可以產生小範圍的擾動也可以產生大範圍的擾動。這樣可以使變異算子在重點進行局部搜索的同時也具有一定的全局搜索能力，進而使算法具有更強的優化搜索性能。

在 opt-aiNet 中採用了高斯變異，變異公式如下：

$c' = c + \alpha N(0,1)$

$\alpha = (1/\beta) exp(-f^*)$

其中 N （0，1） 為高斯隨機變量，均值為 0，偏差為 1。β 為控制參數，調節變異幅度，在 opt-aiNet 中為用戶指定固定值，f^* 為抗體函數值。

此種方式存在一定的缺點。對於不同的函數，β 的確定比較困難。而且在搜索過程中，如果 β 值較大，則個體以較大的概率進行搜尋，更利於全局搜索，但會導致算法收斂速度緩慢；如果 β 值較小，則個體以較小的概率進行搜索，更利於局部搜索，但會使算法在局部極值點附近搜索而跳不出局部區域，導致早熟。

因此，本書採用動態自適應的 β 值，變異機制如下所示：

$$Ab_i(t+1) = Ab_i(t) + \alpha N(0,1) \tag{6.10}$$

$$\alpha = \beta(t)\ exp[-affinity(Ab_i)] \tag{6.11}$$

$$\beta(t) = \frac{\beta_0}{1 + exp\ (\frac{t - t_0}{k})} \tag{6.12}$$

可見，在算法初始階段，β 值較大，算法以較大的概率向群體的峰值點靠近，加快算法收斂速度；當算法迭代一定次數後，β 值較小，算法可在峰值點的鄰域內進行搜索，提高算法精度。

因為 $affinity\ (Ab_i) \in [0, 1]$，則 $exp\ [-affinity\ (Ab_i)\ ] \in [0.367,9, 1]$。

β_0為控制參數，決定了 β 值的範圍，則 $\beta \in [0, \beta_0]$。

k 為調節參數，調整 $exp\ (t-t_0)$ 的變化速率。k 值越大，則 $exp\ (t-t_0)$ 隨著 t 的增加，變化率越大；k 值越小，則 $exp\ (t-t_0)$ 隨著 t 的增加，變化率越小。

t_0為 β 值變化的分界點，即為算法進行大概率全局搜索與小概率局部搜索的分界點。當 $t<t_0$時，$\beta \in [\beta_0/2, \beta_0]$，算法應搜索到各個峰值點的臨近點；當 $t>t_0$時，$\beta \in [0, \beta_0/2]$，算法開始在各個峰值臨近點進行小範圍搜索。圖 6.2 為 β 在不同的初始 k 值和 β_0值下的變化曲線。

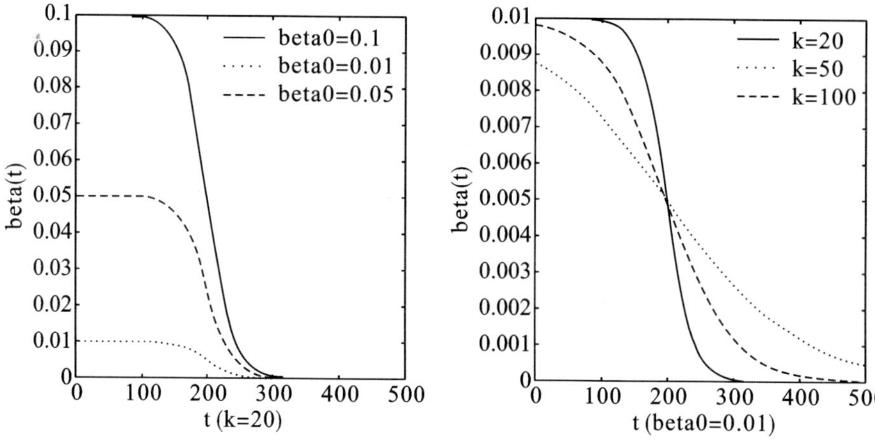

圖 6.2 $\beta\ (t)$ 的變化曲線

6.2.2.6 抑制操作

在人工免疫優化算法中，抑制操作分為兩種：克隆抑制和網絡抑制。

克隆抑制是指，在克隆群體和原抗體組成的臨時集合中，選擇親和力最大的抗體加入網絡。在 dt-aiNet 中，依然採取這種抗體加入網絡的方式，同時把親和力較大且不在原抗體危險區域內的抗體也加入網絡。因此，克隆抑制 T_{cs} 操作表示如下：

$$T_{cs}\ (Ab_{\{i\}}) = Ab_{\{i\}0} + Ab_{\{i\}1} \tag{6.13}$$

其中 $Ab_{\{i\}}$為抗體 Ab_i和 Ab_i的克隆集合。$Ab_{\{i\}0}$為 Ab_i的危險區域內親和力最高的抗體集合，$Ab_{\{i\}1}$為不在 Ab_i的危險區域內且其親和力高於 Ab_i 的親和力的抗體集合。表示如下：

$$Ab_{\{i\}0}=\{Ab_{ik}\mid affinity(Ab_{ik})=max(Ab_{\{i\}})\cap Ab_{ik}\in D(Ab_i)\}\quad(6.14)$$

$$Ab_{\{i\}1}=\{Ab_{ik}\mid affinity(Ab_{ik})>affinity(Ab_i)\cap Ab_{ik}\notin D(Ab_i)\}\quad(6.15)$$

因此，$|T_{cs}(Ab_{\{i\}})|\geq 1$，$Ab_{\{i\}0}$集合中的個體為$Ab_i$的危險區域內的最佳個體；$Ab_{\{i\}1}$集合中的個體為$Ab_i$的危險區域外的優質個體，有可能為另一峰值點的臨近點。可見，新的克隆抑制操作增加了種群多樣性。

網絡抑制模擬了免疫網絡調節原理，即減少冗餘抗體，消除相似解。在 dt-aiNet 中，網絡抑制操作為刪除濃度為 0 的抗體。抗體濃度為 0 表明該抗體的危險信號一直存在，在該抗體周圍存在更好的優質個體，該抗體為冗餘個體。網絡抑制 T_{ns}操作表示如下：

$$T_{ns}(Ab)=Ab-\{Ab_i\mid con(Ab_i)=0\}\quad(6.16)$$

6.2.2.7 局部搜索

變異算子可以保證算法不斷尋求更優的結果，但由於搜索過程中以隨機變異為唯一的抗體調整機制，搜索精度不高，搜索手段過於簡單化。局部搜索算子 T_{ls} 在記憶抗體的鄰域內進行單維搜索，即依次對抗體的一個維度進行變異，其他維度保持不變，變異範圍限制在該抗體的危險區域內。T_{ls}表示如下：

$$T_{ls}[Ab_{ik}(t)]=Ab_{ik}(t)+\gamma\qquad con(Ab_i)=1\quad(6.17)$$

γ 為擾動值，$\gamma\in[0, D(Ab_i)]$。初值為$\beta(t)$，當變異後的親和力降低時，則衰減 γ 變為 0.7γ 並繼續進行擾動變異，直到 γ 變為一個很小的值；當變異後的親和力提高時，則繼續沿同一方向變異，直到到達危險區域邊界。可見，局部搜索是在抗體的危險區域內進行更精細的搜索，該搜索會增加個體評價次數，因此限制局部搜索使其僅對濃度為 1 的個體進行操作，且定期執行。

6.2.2.8 危險區域的動態更新

危險區域的大小限制了抗體的環境範圍。若危險區域太小，則一些相似抗體之間的相互作用未計算在內，使得危險信號不強，造成個別個體的濃度過高，有大量冗餘抗體存在；若危險區域太大，則使得危險信號被強化，造成個別個體的濃度過低，最後被清除。因此，危險區域半徑的設置很重要，它將影響算法的收斂能力。本書利用種群多樣性來調整危險區域半徑。種群多樣性因子 *PDM* 和 *GDM* 計算公式如下：

$$PDM=affinity(Ab)_{avg}/affinity(Ab)_{max}\quad(6.18)$$

$$GDM=(d-d_{min})/(d_{max}-d_{min})\quad(6.19)$$

其中 $affinity(Ab)_{avg}$為種群 *Ab* 的親和力的平均值，$affinity(Ab)_{max}$為種群 *Ab* 的親和力的最大值。

$$affinity\ (Ab)_{avg} = \frac{1}{|Ab|}\sum_{i=1}^{|Ab|} affinity(Ab_i) \tag{6.20}$$

d、d_{max}、d_{min}分別為當代系統中所有個體與最佳個體間的平均歐氏距離、最大歐氏距離和最小歐氏距離。

通常，如果 $PDM>0.9$ 且 $GDM<0.1$，可認為算法已趨收斂，為了避免早熟，則應增加種群多樣性，減少危險區域半徑，降低環境影響；如果 $0<PDM<0.9$ 且 $GDM\geqslant 0.1$，則算法處於搜索階段，為了減少計算量，避免算法重複搜索，需增大危險區域半徑，強化危險信號。

因此，設閾值 $PDM_{max}=0.8$ 和 $PDM_{min}=0.001$、$GDM_{max}=0.2$ 和 $GDM_{min}=0.8$。當 $PDM>PDM_{max}$且 $GDM<GDM_{min}$，即種群趨於收斂時，r_danger 設為 $r\_dangerdis(Ab_i,\ Ab_j)=\sum_{k=0}^{L-1} s_k\ 0.7$；當 $PDM<PDM_{min}$且 $GDM>GDM_{max}$，即種群搜索時，r_danger 設為 $r\_danger\ /\ 0.7$。

6.2.2.9　*種群更新*

種群更新操作是指在網絡中加入隨機生成的一些抗體，可擴大搜索空間。設置新加入的個體數量為種群大小的 $d\%$。在把這些抗體加入網絡時，需判斷個體是否在某些抗體的危險區域內。如果個體在某個抗體的危險區域內，則說明該個體的搜索空間已經勘探過了，捨棄該個體；如果個體沒有在任何抗體的危險區域內，則說明這些區域為新的搜索空間，把該個體加入網絡。種群更新算子 T_u表示如下：

$$T_u(Ab)=Ab \cup Ab_{\{u\}} \tag{6.21}$$

$$Ab_{\{u\}} = \{Ab_j \mid Ab_j \notin \sum_{i\in |D|} D(Ab_i)\} \tag{6.22}$$

6.2.3　算法特點

本算法由以上免疫算子構成，特點有如下幾個方面。

（1）算法採用危險信號來表示抗體周圍的環境信息，根據危險信號來調整抗體濃度，影響了抗體種群對抗原的免疫應答，進而間接引導了抗體種群的進化。

（2）算法採用濃度來表示抗體的綜合評價，不僅給濃度高的抗體提供更多選擇機會，而且也給濃度低的抗體提供生存機會，使得存活的抗體種群具有多樣性。

（3）算法的變異操作能更好地平衡開採與勘探的度量，局部搜索可增強算法的局部搜索能力，使算法盡快收斂。

（4）算法的搜索過程處於開採、探測、抑制、自我調節的協調合作過程，並可隨時加入新個體，增強群體多樣性，體現了免疫應答中抗體學習抗原的行為特徵。

6.2.4 算法收斂性分析

從本算法的運行機理看，每一代種群由兩部分組成，一部分是上一代的記憶抗體，另一部分是隨機加入的新抗體。由克隆變異操作可知，變異算子產生的更高親和力的抗體多在原抗體的附近。而經過克隆抑制後，種群的親和力要比上一代的親和力高。更高親和力的抗體的出現將使周圍環境改變，從而使危險區域內低親和力的抗體的危險信號加強，降低它們的濃度。隨著代數的增加，低親和力抗體的濃度在加強危險信號的作用下，若不能逃出危險區域，則濃度最終衰減為 0 而死亡。高親和力抗體由於周圍環境不變，而被保留在記憶種群中。在這種機制下，記憶種群中保留的基本為高親和力抗體，即為峰值點。每一代隨機加入的新抗體，需要確保它們不在記憶抗體的危險區域內，因此它們將開發新的搜索空間，這樣隨著進化代數的增加，最終將找到全部峰值點。

由於種群 $Ab(t+1)$ 所處的狀態僅與前一代種群 $Ab(t)$ 有關，與過去的種群狀態無關，所以整個種群序列構成的隨機過程 $\{Ab(t)\}$ 為馬氏鏈。即：

$$Ab_N(t) \xrightarrow{T_c} Ab_{N\cdot Nc}(t) \xrightarrow{T_m} Ab_{N\cdot Nc}(t) \xrightarrow{T_s} Ab_{N'}(t) \xrightarrow{T_{ls}} Ab_{N'''}(t) \xrightarrow{T_u} Ab_{N*}(t+1)$$

由於變異參數的設置是隨進化代數變化的，因此 $\{Ab(t)\}$ 為非齊次馬氏鏈。

定理 6.1 對於任意初始分佈，dt－aiNet 為概率弱收斂，即：$\lim_{t\to\infty} P[Ab(t) \cap Ab* \neq \emptyset] = 1$，其中 Ab^* 為包含最優解的集合。

證明：由全概率公式可知，

$P[Ab(t+1) \cap Ab* = \emptyset]$

$= P[Ab(t) \cap Ab* = \emptyset]\{1-P[Ab(t+1) \cap Ab* \neq \emptyset] \mid Ab(t) \cap Ab* = \emptyset\} + P[Ab(t) \cap Ab* \neq \emptyset]\{P[Ab(t+1) \cap Ab* = \emptyset] \mid Ab(t) \cap Ab* \neq \emptyset\}$

種群 $Ab(t)$ 經過克隆、變異、抑制操作後，種群親和力要提高。即：

$affinity[Ab(t+1)] \geqslant affinity[Ab(t)]$

則 $P[Ab(t+1) \cap Ab* = \emptyset] \mid [Ab(t) \cap Ab* \neq \emptyset] = 0$

代入上式，則：

$P[Ab(t+1) \cap Ab* = \emptyset]$

$= P[Ab(t) \cap Ab* = \emptyset]\{1-P[Ab(t+1) \cap Ab* \neq \emptyset] \mid [Ab(t) \cap Ab* = \emptyset]\}$

設 $Ab_i \in Ab^*$，$Ab_i \in Ab\ (t+1)$，且 $Ab_i \notin Ab\ (t)$，則

$P[Ab(t+1) \cap Ab* \neq \emptyset] \mid [Ab(t) \cap Ab* = \emptyset]$

$= P\{T_{c,\ m,\ s,\ ls,\ u}[Ab(t)] = Ab(t+1)\}$

$\geqslant P[T_m(Ab_j) = Ab_i] = \varepsilon$

由歸納法知：$P[Ab(t) \cap Ab* = \emptyset] \leqslant (1-\varepsilon)t$

因此，$\lim\limits_{t\to\infty} P[Ab(t) \cap Ab* = \emptyset] = 0$

即：$\lim\limits_{t\to\infty} P[Ab(t) \cap Ab* \neq \emptyset] = 1 - \lim\limits_{t\to\infty} P[Ab(t) \cap Ab* = \emptyset] = 1$。證畢。

6.2.5 算法計算複雜度分析

由算法流程可知，dt-aiNet 算法主要由 5 大部分組成：克隆操作、變異操作、抑制操作、種群更新及危險信號和濃度調整操作。設 N 為種群大小，n 為待求解問題的維數。在第 t 次的迭代過程中，克隆操作的計算次數不超過 $N \cdot Nc_{max}$，變異操作的計算次數不超過 $N \cdot Nc_{max} \cdot n$，抑制操作的計算次數不超過 $N \cdot Nc_{max}$。設抑制操作後的種群大小為 N_1，$N_1 \geqslant N$，種群更新操作的計算次數為 $d\% \cdot N_1$，危險信號和濃度調整操作的計算次數為 $N_1 \cdot (N_1-1)/2$，則第 t 次迭代中算法計算的總次數 $N\ (t)$ 滿足：

$N(t) \leqslant [N \cdot Nc_{max} + N \cdot Nc_{max} \cdot n + N \cdot Nc_{max} + d\% \cdot N_1 + N_1 \cdot (N_1-1)]/2$

因此，若算法總迭代次數為 t'，則算法的時間複雜度為 $O\ (t' \cdot N^2 \cdot n)$。該式表明算法的時間複雜度與種群規模 N 線性相關。

同樣，可以對比分析 GA、PSO、CLONALG 和 opt-aiNet 算法，表 6.2 為這些算法的時間複雜度比較。可見在一定維數情況下，減少群體規模可以大大減少算法的複雜度。

表 6.2　dt-aiNet 算法與 GA、PSO、CLONALG 和 opt-aiNet 算法的時間複雜度比較

算法名稱	時間複雜度
標準遺傳算法 GA	$O(t' \cdot N \cdot n)$
粒子群優化算法 PSO	$O(t' \cdot N \cdot n)$
克隆選擇算法 CLONALG	$O(t' \cdot N \cdot Nc \cdot n)$
opt-aiNet 算法	$O(t' \cdot N^2 \cdot n)$或$O(t' \cdot N \cdot Nc \cdot n)$
dt-aiNet 算法	$O(t' \cdot N_{12} \cdot n)$或$O(t' \cdot N \cdot Nc_{max} \cdot n)$

6.2.6 算法魯棒性分析

本算法中包含了一些參數，大部分對算法搜索性能影響不大，可常規設

置。其中兩個參數 k 和 t_0 較為關鍵，會影響算法性能。其中，k 為 β 調節參數，決定了變異率 β 的變化速率，t_0 為 β 值變化的分界點，即為算法進行大概率全局搜索與小概率局部搜索的分界點。魯棒性測定評估指標有兩個，收斂概率和函數平均評價次數，與參數組（k，t_0）的關係。

下面給出兩個定義來更清晰地說明評估指標。試驗成功指的是：在給定的參數值及給定的最大終止迭代條件下，運行一次算法得到的最好的解與最優解的函數值誤差不大於 ε，則稱此次試驗成功，試驗成功後算法即停止。收斂概率指的是：m 次試驗成功的比率。平均評價次數指的是：在給定參數值及給定的最大終止迭代條件下，m 次試驗過程中對目標函數的計算次數的平均值。

相關的測試函數，我們選擇 Suganthan 等人的研究中定義的第 9 個函數，其中規定了此函數的優化精度為 1e−2。函數在三維空間中的分佈如圖 6.3 所示。取定 $\varepsilon = 0.01$，$m = 25$。

$$F_9(x) = \sum_{i=1}^{D} [z_i^2 - 10\cos(2\pi z_i) + 10] + f\_bias_9$$

$$z = x - o, x = [x_1, x_2, \cdots, x_D], D \text{ 為維度}, x \in [-5, 5]^D$$

$$o = [o_1, o_2, \cdots, o_D] \text{ 函數極值點}, F_9(o) = f\_bias_9 = -330$$

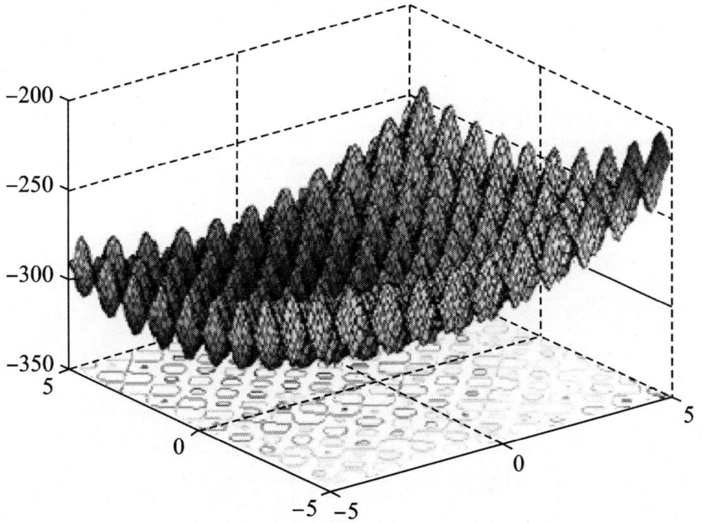

圖 6.3　函數在三維空間中的分佈圖

從函數在三維空間中的分佈圖可看出，此函數包括大量的局部最優解及一個全局最優解，這些解分佈相對均勻，且在全局最優解的附近有較多的局部最優解，函數的最小值為−330。我們選擇此函數來進行算法魯棒性測試，主要因為此函數相對來說較複雜，性質較差，一般智能算法很難得到理想的結果。

選擇 $N=50$，$con_0=0.5$，$Nc_{min}=2$，$Nc_{max}=10$，$r\_danger=3$，$\beta_0=0.01$，$d\%=0.2$，$PDM_{max}=0.8$ 和 $PDM_{min}=0.001$、$GDM_{max}=0.2$ 和 $GDM_{min}=0.8$。

圖 6.4 顯示了在進化過程前期、中期和後期中，在 k 和 t_0的作用下，變異率的變化圖。它與收斂概率 $p(k, t_0)$ 及平均評價次數 $\psi(k, t_0)$ 的關係如圖 6.5 所示。

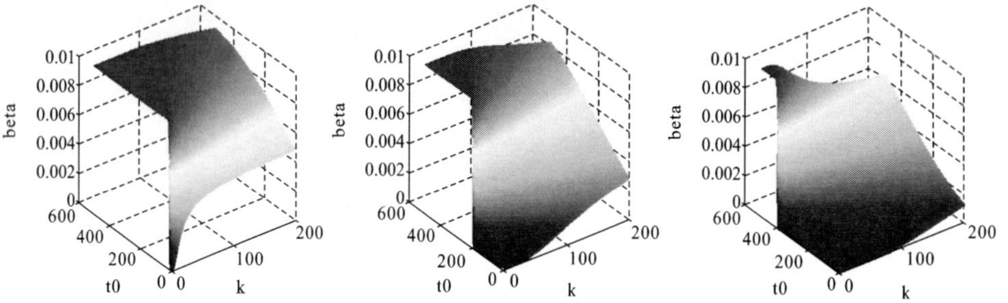

圖 6.4　變異率變化圖

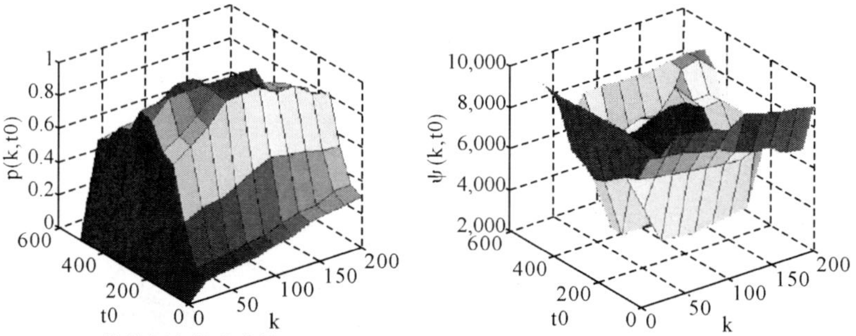

收斂概率變化曲線　　平均評價次數變化曲線

圖 6.5　參數魯棒性變化曲線

從圖 6.4 可以看出，當 $k\to 0$ 且 $t_0\to 0$ 時，變異率 $\beta\to 0$，此範圍為不收斂區，因為此時變異很小，幾乎可以忽略不計，僅有免疫選擇及種群更新對群體的搜索有貢獻，搜索完全處於隨機狀態，因而算法基本不能保證收斂性。當 $k\to 200$ 且 $t_0\to 500$ 時，變異率 $\beta\to\beta_0$，此時變異率較大，算法容易跳出極值點鄰域，需經過較長時間的搜索，才有可能搜索到最優解，因此，此範圍為危險區。當 $20\leqslant k\leqslant 100$，且 $100\leqslant t_0\leqslant 300$，此時變異率取值靠中，能夠保證算法的收斂性，此區域為收斂區。

從圖 6.5 可以看出，測試結果與我們的分析一致。當 $k\to 0$ 且 $t_0\to 0$ 時，收斂概率 $p(k, t_0)$ 基本為 0，平均評價次數趨近最大評價次數 10,000；而當 $k\to$

200 且 t_0→500 時，收斂概率 p（k，t_0）大於 0，但較小，平均評價次數同樣趨近最大評價次數；當 k 和 t_0 在中間範圍時，收斂概率 p（k，t_0）趨近 1，平均評價次數趨於 3,400，此值為該函數找到最優解的最小評價次數。

6.2.7 仿真結果與分析

6.2.7.1 函數選擇及評價標準

針對優化算法性能評價標準不統一的情況，Suganthan、Hansen、Liang、Deb 等聯合發表了關於實值優化的問題定義及評價準則，該研究共定義了 25 個標準函數，以及算法終止條件、算法初始化規則等。我們的測試函數選擇該研究定義的第 2、4、9、12 函數，及相關評價標準，即採用最優解誤差值、獲得峰值個數、成功率及收斂圖四個標準來評估算法質量和算法效率。

$$F_2(x) = \sum_{i=1}^{D} \left(\sum_{j=1}^{i} z_j \right) 2 + f_{bias\,2}$$

$$z = x - o, x = [x_1, x_2, \cdots, x_D], x \in [-100, 100] D, F_2(o) = f_{bias\,2} = -450$$

$$F_4(x) = \left[\sum_{i=1}^{D} \left(\sum_{j=1}^{i} z_j \right)^2 \right] \cdot [1 + 0.4 \,|N(0,1)|] + f_{bias\,4}$$

$$z = x - o, x = [x_1, x_2, \cdots, x_D], x \in [-100, 100] D, F_4(o) = f_{bias\,4} = -450$$

$$F_9(x) = \sum_{i=1}^{D} [z_i 2 - 10\cos(2\pi z_i) + 10] + f_{bias\,9}$$

$$z = x - o, x = [x_1, x_2, \cdots, x_D], x \in [-5, 5] D, F_9(o) = f_{bias\,9} = -330$$

$$F_{12}(x) = \sum_{i=1}^{D} [A_i - B_i(x)]^2 + f_{bias\,12}$$

$$x = [x_1, x_2, \cdots, x_D], x \in [-\pi, \pi] D, F_{12}(o) = f_{bias\,12} = -460$$

對這些函數尋優要達到的精度如表 6.3 所示。

表 6.3　　測試函數的精度

函數	精度
F2	−450 + 1e−6
F4	−450 + 1e−6
F9	−330 + 1e−2
F12	−460 + 1e−2

算法停機條件為 *FES* 達到 $n * 10^4$（n 為維度），或找到最優解的誤差≤上述誤差，參數如下。

dt−aiNet 算法參數：

$N=50$，$k=20$，$t_0=200$，$\beta_0=0.01$，$con_0=0.5$，$Nc_{min}=2$，$Nc_{max}=10$，$r\_danger=0.1$，$d\%=0.3$，$PDM_{max}=0.8$ 和 $PDM_{min}=0.001$、$GDM_{max}=0.2$ 和 $GDM_{min}=0.8$。

CLONALG 算法參數：

$N=50$，$\beta=0.01$，$Nc=10$。

opt-aiNet 算法參數：

$N=50$，$Nc=10$，$\beta=100$，$\sigma_s=0.2$ 或 0.05，$d\%=0.4$。

dopt-aiNet 算法參數：

$N=50$，$Nc=10$，$\beta=100$，$\sigma_s=0.5$，$d\%=0.4$。

6.2.7.2　性能測試

針對以上函數，算法分別在 2 維空間和 10 維空間中運行，以便我們更精確地評估算法性能。

表 6.4 為四種算法在 2 維空間分別執行 25 次的結果，包括函數最優解誤差值（f-f^*）和峰值個數，均為平均值，其中括號內值為方差。從表 6.4 中可見，opt-aiNet 的誤差值要低於 CLONALG 和 dopt-aiNet，而 dt-aiNet 的誤差值又低於 opt-aiNet。dopt-aiNet 雖然有局部搜索操作，但由於新增的兩個變異操作，單維變異和基因複製，占用了太多評價次數，導致算法在到達最大評價次數時還未找到最優解。另外，對於 F2 和 F4 這兩個單峰函數，dt-aiNet 的搜索結果找到了唯一最優解，而 CLONALG、opt-aiNet 和 dopt-aiNet 除了找到最優解外還有一些冗餘解存在。

表 6.4　　　　算法在 2 維空間的執行結果（誤差值）

		誤差值	個數
F2	dt-aiNet	1.62 * 10-11(2.1 * 10-11)	1(0)
	CLONALG	5.78 * 101(3.34 * 101)	1(1.46)
	opt-aiNet	6.01 * 10-5(4.61 * 10-5)	5(1.42)
	dopt-aiNet	2.13 * 10-1(4.5 * 10-1)	2.41(1.2)
F4	dt-aiNet	5.86 * 10-11(1.25 * 10-11)	1(0.2)
	CLONALG	6.93 * 101(3.38 * 101)	3.6(2.21)
	opt-aiNet	4.57 * 10-5(4.32 * 10-5)	5.8(2.2)
	dopt-aiNet	1.03 * 10-1(5.81 * 10-1)	3.69(1.3)
F9	dt-aiNet	1.2 * 10-9(1.03 * 10-9)	82.54(8.22)

表6.4(續)

		誤差值	個數
	CLONALG	2.12 * 100(4.58 * 100)	45.6(20.28)
	opt-aiNet	3.99 * 10-5(2.47 * 10-5)	60.11(23.87)
	dopt-aiNet	6.87 * 10-1(3.9 * 10-1)	32.09(12.7)
F12	dt-aiNet	1.68 * 10-11(1.06 * 10-11)	7.22(0.43)
	CLONALG	7.56 * 101(4.35 * 101)	4.6(3.10)
	opt-aiNet	5.01 * 10-2(2.23 * 10-2)	5(1.43)
	dopt-aiNet	7.61 * 10-1(5.84 * 10-1)	8.67(1.33)

表 6.5 為四種算法在 2 維空間分別執行 25 次的結果，包括函數尋優的成功率和成功性能。尋優成功率為 *Success Rate = successful runs / total runs*。尋優成功性能指 *Success Performance = mean* (*FES for successful runs*) * (*total runs*) / (*successful runs*)。從表 6.5 可見，在限定了最大函數評價次數時，只有 dt-aiNet 能搜索到滿足精度的解。

表 6.5　　算法在 2 維空間的執行結果（成功率）

	dt-aiNet		CLONALG		opt-aiNet		dopt-aiNet	
	成功率	成功性能	成功率	成功性能	成功率	成功性能	成功率	成功性能
F2	100%	2.209 * 103	0%	-	0%	-	0%	-
F4	100%	2.576 * 103	0%	-	0%	-	0%	-
F9	100%	3.413 * 103	0%	-	0%	-	0%	-
F12	100%	5.278 * 103	0%	-	0%	-	0%	-

圖 6.6 為四種算法在 2 維空間中的收斂圖對比。可見，在隨機生成初始種群以後，各個算法的收斂曲線隨著進化均在不斷降低。其中，CLONALG 算法易陷入局部極值。opt-aiNet 算法保持了較好的種群多樣性，但由於算法中嵌套循環，增加了無用的函數評價次數，使算法收斂較慢。dopt-aiNet 算法雖然有局部搜索操作，可搜索到更大精度的解，但對記憶種群和非記憶種群執行的兩種變異操作浪費了很多函數評價次數，算法收斂更慢。dt-aiNet 算法由於提取了種群環境信息，保持了較好的種群多樣性，且具有動態變異率，使種群能快速收斂到最優解。

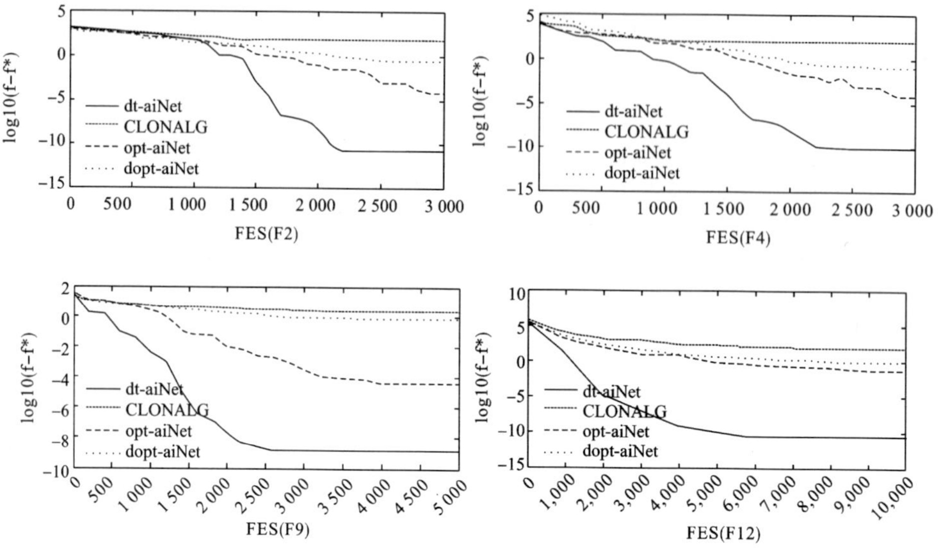

圖 6.6　算法在 2 維空間的收斂圖對比

表 6.6 和表 6.7 為四種算法在 10 維空間分別執行 25 次的結果。從表中可見，隨著測試維數的增加，dt-aiNet 算法在高維空間中仍然具有較好的尋優性能，優於 CLONALG、opt-aiNet 和 dopt-aiNet，且 25 次獨立運行後的 dt-aiNet 的平均尋優誤差值和方差變化比較穩定，均能保持比較高的水平。

表 6.6　　算法在 10 維空間的執行結果（誤差值）

		誤差值	個數
F2	dt-aiNet	7.52 * 10-10(1.84 * 10-10)	1(0)
	CLONALG	9.74 * 101(2.67 * 101)	57.80(7.26)
	opt-aiNet	5.32 * 10-3(4.61 * 10-3)	13.76(6.81)
	dopt-aiNet	1.56 * 10-2(5.77 * 10-2)	46.49(1.33)
F4	dt-aiNet	9.65 * 10-7(3.24 * 10-7)	1(0.1)
	CLONALG	1.32 * 101(5.79 * 101)	123.6(11.02)
	opt-aiNet	8.68 * 10-3(3.54 * 10-3)	5(1.17)
	dopt-aiNet	7.14 * 10-1(2.94 * 10-1)	12.2(2.32)
F9	dt-aiNet	1.12 * 10-2(2.11 * 10-2)	188.33(0.31)
	CLONALG	3.17 * 102(4.58 * 102)	45.6(20.28)
	opt-aiNet	5.66 * 101(2.47 * 101)	433.55(3.43)
	dopt-aiNet	7.43 * 101(2.80 * 101)	52.5(4.67)

表6.6(續)

		誤差值	個數
F12	dt-aiNet	1.83 * 100(5.66 * 100)	193.5(5.65)
	CLONALG	3.22 * 104(6.43 * 104)	376.67(5.19)
	opt-aiNet	2.06 * 103(1.33 * 103)	379.43(0.33)
	dopt-aiNet	5.69 * 103(2.14 * 103)	41.61(2.26)

表 6.7　　算法在 10 維空間的執行結果（成功率）

	dt-aiNet		CLONALG		opt-aiNet		dopt-aiNet	
	成功率	成功性能	成功率	成功性能	成功率	成功性能	成功率	成功性能
F2	100%	2.677 * 104	0%	–	0%	–	0%	–
F4	100%	5.542 * 104	0%	–	0%	–	0%	–
F9	100%	4.798 * 104	0%	–	0%	–	0%	–
F12	93%	5.415 * 104	0%	–	0%	–	0%	–

圖 6.7 為四種算法在 10 維空間中的收斂圖對比。從表中可見，隨著測試維數的增加，dt－aiNet 算法在高維空間中仍然有較好的尋優性能，優於 CLONALG、opt-aiNet 和 dopt-aiNet。

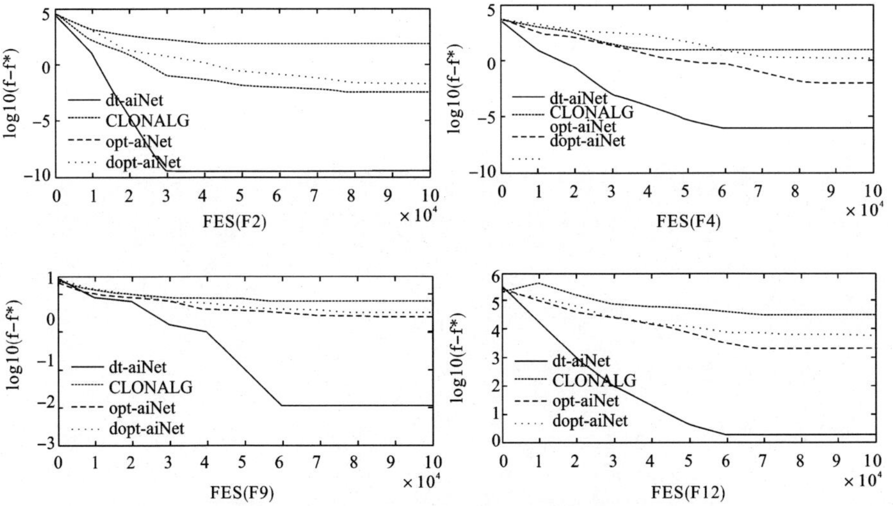

圖 6.7　算法在 10 維空間中的收斂圖對比

6.3 一種基於危險理論的動態函數優化算法

6.3.1 動態環境的基本概念

進化算法在解決靜態的問題時取得了很大的成功。實際上，許多問題不是靜態不變的，如在工程優化上、生產計劃上及經濟學上，當約束條件發生變化、優化標準發生變化或兩者都變化時，靜態優化問題便成為動態優化問題。關於動態問題，我們認為任何基於時間的問題都為動態的過程，但是動態的優化算法並不能解決所有問題。使用動態的優化算法在進行求解時，只針對在環境有變化時，對於要進行優化的問題，其適應度具有一定歷史繼承性。因此，若一個問題和以前的歷史無關，那麼稱它為獨立問題，這時可使用處理靜態問題的算法來進行求解。其中，Branke 描述了四個環境變化的特徵：

（1）環境是否頻繁地變化。因為進化算法在解決問題時主要由時間決定。也就是說，進化算法在求解問題時判斷是否收斂決定於進化代數，而環境是否頻繁地變化，就取決於進化時的計算代價。

（2）環境變化的過程是否嚴格。由於適應度值的景觀（Landscape）具有複雜性，所以環境在變化時，不一定會引起最優值發生改變。環境變化是否具有嚴格性，能夠用上一次最優值與一次環境發生變化後的當前最優值間的歐式距離進行衡量。

（3）環境變化能否預測。環境的變化是否有相同模式或變化趨勢，從而讓一些有學習特性的算法可以推斷出下一次環境變化的時間、方向和最優值。

（4）環境的變化是否有循環性。當次變化以後得到的最優值，是不是這個動態算法從一開始運行直到目前時段期間搜索獲得的最優值，或趨近於該動態算法求到的最優值。這個條件將決定算法是否有必要保存以往求到的最優值，即算法是否應具有記憶功能。

6.3.2 動態優化算法的研究

在靜態問題求解時採取進化算法，這要求群體收斂於最優解；而在求解動態問題時，它的收斂性會引起算法中個體向解空間中的某個最優解的方向搜索，從而因為環境變化使當前的最優解變成一個局部的最優解，讓該算法喪失了對環境變化的追蹤能力。運行進化算法時，由於一些算子操作，會逐漸地降低種群多樣性，在運行時引起算法收斂。這是在動態的環境中進化算法所面對的挑戰，同時也是在解決靜態問題與動態問題時，進化算法所表現出的最大不同。因此，有必要讓算法具備動態的追蹤能力。

Branke 把動態算法總結為以下四類：多群體策略、基於記憶功能的算法、在算法運行過程中保持解個體的分佈度和在環境變化之後加大解個體的分佈度。

（1）多種群策略。在多峰環境下，當峰值發生較大的動態變化時，利用記憶體存儲的信息變得冗餘。而要減少這種冗餘，較好的方式是在搜索空間中保持多個較小的種群來追蹤山峰的移動和改變，多種群的策略在一定程度上能夠解釋成自適應記憶體的機制。就多種群的策略，一種常見的方法是用一個子群體去追蹤當前最優解，其他的群體去追蹤局部的最優解。相對於環境變化，該算法可以在搜索效應上達到相應的穩定。

（2）基於記憶功能的算法。進化算法具有了記憶功能，能夠儲存潛在優秀的或者優秀的解個體，而且能在某個特定時刻重新應用這些個體。所以，在關於具有週期性的變化的動態環境的優化問題上，最好的解決問題的機制是記憶存儲。

（3）在算法執行過程中維持解個體的分佈度。在靜態的環境中，在求解全局的最優解過程中保持進化算法分佈度策略，可以避免該算法陷進局部的最優解，這是至關重要的。在動態的環境中，這一點尤為重要，因為如果環境發生變化後，目前得到的最優解很有可能是一個局部的最優解。無分佈度維持技術，算法容易在當前的最優解進行收斂，這樣會使這個算法喪失追蹤環境發生變化的能力。所以，在靜態問題上求解的某些算法能夠應用到動態變化的環境中，如隨機遷移算法等。隨機遷移算法是指對於進化算法中的每一代，群體中的某些個體能夠被隨機產生的個體替代。和變異算子相比較，這個方法只對群體中的某些個體有影響，而不會終止搜索過程，同時也可以維持群體的分佈度。

（4）在環境變化之後加大解個體的分佈度。在環境動態發生變化的解決方法中，重新進行初始化群體是最簡單的方法。但是，如果在某個時刻，問題的環境變化只是細微的一小部分，尤其當變化前最優解和當前的最優解之間有特定聯繫，重新進行初始化群體不僅會增加算法的計算量，同時也沒有很好地利用之前獲得的最優解的信息。所以，對於群體中的全部個體的變化，最為有效的方法是讓某些個體發生變化。該類算法中有代表性的是變量的局部搜索（VLS：Variable local search）和超變異（Hypermutation）。變量的局部搜索是在超變異的算法基礎上，使用逐步加大變異的概率，在觀測到環境發生變化後，即當群體的適應度在設定的代數中不再改變時，加大局部的搜索範圍。超變異的算法則是在環境發生變化時，維持整個群體不變，而在隨後的代數中，急遽地增加變異的概率，讓分佈度在整個群體中擴大。

在人工免疫優化算法中，關於動態函數的優化算法研究尚不多見。Franca等對 opt-aiNet 進行了改進，改進的算法簡稱為 dopt-aiNet，該算法能夠適應動態函數的優化；他們的研究提出了基於黃金分割的局部搜索策略以及兩種變異操作——單維變異和基因複製，來增強種群多樣性，優化解個體。張著洪等利用抗體的記憶特性和記憶池動態維持功能設計了動態記憶池，並建立了環境判別規則和初始抗體群的生成規則。吴秋逸等採用了協同策略增強子群體間的信息交流，並利用量子編碼種群的關聯性，提高了群體多樣性和算法穩定性。

6.3.3 流程描述

在靜態環境下，人工免疫優化算法中的抗體通過不斷變異在鄰域空間進行搜索，而逐漸逼近最優位置，並通過種群刷新，擴大搜索空間。但在動態環境下，最優位置在不斷變化，原位置對應的適應度也在不斷變化，因此難以在動態環境下有效逼近最優位置。針對動態環境，本書提出了一種基於危險理論的動態函數優化算法，簡記為 ddt-aiNet。該算法的主要思想是，在搜索最優解時，擴大搜索範圍，增強種群多樣性，引入探測機制，在檢測到環境變化時能準確、快速地跟蹤到極值點的變化。

算法在解空間中設置探測抗體，通過監測探測抗體的危險信號來感知環境的變化。當感知到環境發生變化時，算法對種群按比例重新初始化。算法流程與 dt-aiNet 類似，增加了環境檢測和變化回應操作。

該算法的主要參數如下所示。簡要步驟如表 6.8 所示。

N_e：探測抗體個數；

ds_t：危險信號閾值。

表 6.8　　ddt-aiNet **算法的流程**

初始化，在定義域內隨機產生初始網絡細胞群體，同時產生探測抗體集合； While（停止條件不滿足）do Begin 　設置種群中每個抗體的初始濃度，並計算每個抗體的親和力、危險信號； 　選擇種群中的優質個體進行克隆，使其活化，個體克隆數量與濃度有關； 　對克隆副本進行變異，使其發生親和力突變，變異率與親和力有關，且能自適應調整； 　執行克隆抑制，選擇每個克隆群體中的優質個體組成網絡； 　更新種群適應度、危險信號及濃度，執行網絡抑制； 　計算探測抗體的危險信號變化量之和，若超過閾值，則重新按比例初始化網絡細胞群體，否則隨機生成一定數量新抗體加入網絡。 End。

6.3.4 優化策略

6.3.4.1 檢測抗體

檢測抗體 dAb 與一般抗體結構相同，只是其作用為監視環境是否發生變化，且不參與群體進化。算法中網絡細胞群體中抗體的行為與 dt-aiNet 中的個體行為類似。

檢測抗體 dAb_i 的危險信號計算公式與 6.2 節中抗體的危險信號計算公式類似，增加了抗體親和力的影響，表示如下：

$$DS(dAb_i) = \left\{ \sum_{Ab_j \in D(Ab_i) \cap affinity(Ab_j) > affinity(Ab_i)} con(Ab_j)\left[r_{danger} - dis(dAb_i, Ab_j)\right] \right\} \cdot eaffinity(dAb_i) \tag{6.23}$$

其中 Ab_j 為在 dAb_i 的危險區域內，與抗原的親和力大於 dAb_i 的抗體。檢測抗體 dAb_i 的危險信號 DS（dAb_i）反應了兩部分變化，一部分是危險區域內周圍抗體的變化，另一部分是自身親和力的變化。當 dAb_i 與抗原的親和力發生變化時，dAb_i 的危險信號值也將發生變化；當周圍抗體對 dAb_i 的作用發生變化時，dAb_i 的危險信號值也將發生變化。因此，通過監視 dAb_i 的危險信號是否發生變化，即可知環境是否發生變化。

6.3.4.2 環境檢測

首先把解空間均勻劃分為 $n1$ 個子空間，然後在子空間中隨機生成 $n2$ 個檢測抗體，則解空間共有 $n1 * n2$ 個檢測抗體。因此，種群中的抗體分為兩部分，一部分是正常抗體的集合，另一部分是檢測抗體的集合。通過監視檢測抗體的每次迭代中的危險信號變化量，可以感知環境的變化。當變化量不為 0，則說明環境發生改變；當變化量超過一定閾值，說明環境發生大範圍改變，則重新初始化種群。

種群 Ab 可表示為：$Ab = Ab_m \cup Ab_d$

檢測抗體 dAb_i 的危險信號變化量 $\Delta DS(dAb_i)$ 為：

$$\Delta DS(dAb_i) = \Delta DS(dAb_i)_{t+1} - \Delta DS(dAb_i)_t \tag{6.24}$$

檢測抗體集合 Ab_d 的總變化量為：

$$\Delta DS(Ab_d) = \sum_{i=1}^{n1\Delta n2} abs\left[\Delta DS(dAb_i)\right] \tag{6.25}$$

環境檢測算子 T_e 可表示為：

$$T_e(Ab) = T_e(Ab_d) = \begin{cases} 1 & \Delta DS(Ab_d) > DS_t \\ 0 & \Delta DS(Ab_d) \leqslant DS_t \end{cases} \tag{6.26}$$

6.3.4.3　變化回應

當 $\Delta DS(Ab_d)$ 等於 0 時，說明種群環境未發生改變。當 $\Delta DS(Ab_d)$ 大於 0 且小於等於 DS_t時，說明種群環境發生輕微改變，此時抗體根據其危險信號值進行濃度調整，可及時跟蹤環境的變化。當 $\Delta DS(Ab_d)$ 大於 DS_t時，說明種群環境發生較大變化，此時算法需對環境的變化做出回應，保留濃度較大的抗體作為記憶抗體，並重新初始化種群，開始下一次迭代。變化回應算子 T_r表示如下：

$$T_r(Ab) = Ab_{\{m\}} \cup Ab_{\{u\}} \tag{6.27}$$

其中，$Ab_{\{m\}}$ 為保留的濃度較高的記憶抗體集合，$Ab_{\{u\}}$ 為隨機生成的新抗體種群。

6.3.5　仿真結果與分析

6.3.5.1　簡單動態環境測試

令函數的全局最優解按照不同的軌跡週期地或隨機地移動，可以構成以下 3 種不同類型的動態優化環境（模型），稱為 Angeline 測試試驗環境。

1. 線性模型

在線性動態模型中，最優解在每次迭代更新時，以固定速率發生變化。最簡單的是在每一維上增加 Δk，Δk 計算公式如下：

$$\Delta k = \Delta k + \tau \tag{6.28}$$

其中 τ 為位移量。

圖 6.8 為三維空間中最優解的移動軌跡圖的例子：

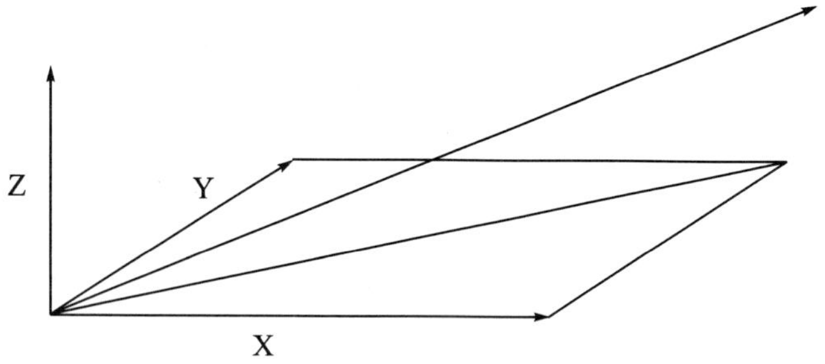

圖 6.8　線性模型舉例

2. 環形動態模型

在環形動態模型中，最優解沿著 25 單位一週期的軌跡進行更新，計算公式如下：

$$\Delta k = \begin{cases} \Delta k + \tau \cdot sin \dfrac{2\pi t}{25} t \text{ 為奇數} \\ \Delta k + \tau \cdot cos \dfrac{2\pi t}{25} t \text{ 為偶數} \end{cases} \tag{6.29}$$

其中，t 為當前函數更新次數。

圖 6.9 為三維空間中最優解的移動軌跡圖。

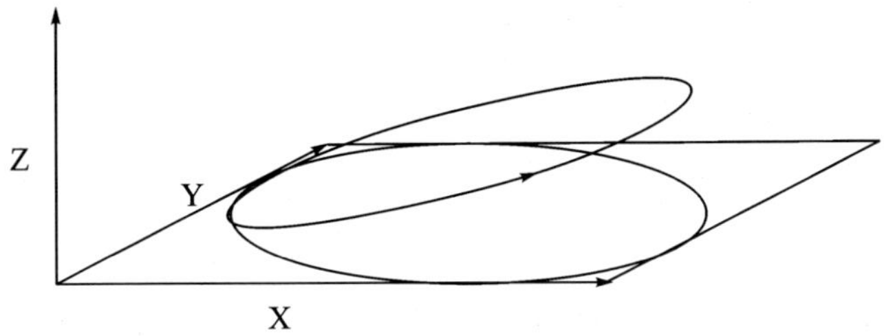

圖 6.9　環形模型舉例

3. 高斯動態模型

在高斯動態模型中，最優解的運動軌跡是符合高斯隨機變量的，每一維的變化量符合下述公式：

$$\Delta k = \Delta k + N\ (1,\ 0) \tag{6.30}$$

圖 6.10 為三維空間中最優解的移動軌跡圖：

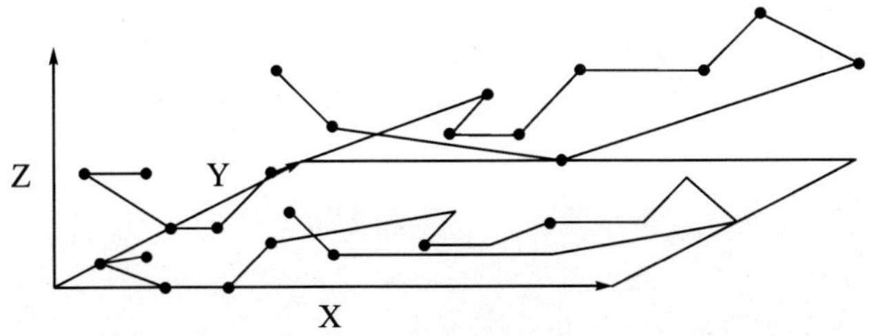

圖 6.10　高斯模型舉例

在這三種運動中，共有 2 個調節參數：τ 和 f。τ 指最優解的位移量，f 為最優解的更新頻率，即每 f 次迭代，函數更新 τ。

在這三種實驗環境下，設置 $f=1$，$\tau=0.1$，通過在以下 4 個函數中執行 1,000 次迭代來考察算法在動態環境中的性能。這四個函數也是 Angeline 等常用的測試函數。

$$Sphere = \sum_{i=1}^{n} x_i^2$$

$$Rosenbrock = \sum_{i=1}^{N-1} [100(x_i - x_{i+1})^2 + (x_i - 1)^2]$$

$$Griewank = \frac{1}{4,000}\sum_{i=1}^{N} x_i^2 - \prod_{i=1}^{N}\cos\left(\frac{x_i}{\sqrt{i}}\right) + 1$$

$$Rastrigin = \sum_{i=1}^{n} [x_i^2 - 10\cos(2\pi x_i) + 10]$$

以上函數的初始化信息如表 6.9 所示。

表 6.9　　動態函數的初始化信息

函數	變量範圍	問題維度 n	最優值
Rastrigin	$[-5.12, 5.12]^n$	30	0
Griewank	$[-600, 600]^n$	30	0
Rosenbrock	$[-100, 100]^n$	30	0
Sphere	$[-1.28, 1.28]^n$	30	0

算法設置參數如下。

dt-aiNet 算法參數：

$N=50$，$k=20$，$t_0=200$，$\beta_0=0.01$，$con_0=0.5$，$Nc_{min}=2$，$Nc_{max}=10$，$r\_danger=0.1$，$d\%=0.3$，$N_e=20$，$ds_t=0.5$。

dopt-aiNet 算法參數：

$N=50$，$Nc=10$，$\beta=100$，$\sigma_s=0.5$，$d\%=0.4$。

採用函數最大值、最小值、平均值和誤差值來評價函數性能。其中最大值、最小值、平均值和誤差值是指函數在找到了極值點之後的迭代中表現出的性能。誤差值指函數當前最優解與實際最優解之間的距離，反應了函數跟蹤極值變化的能力，越小越好。

表 6.10 顯示了算法在這四個函數和三種變化中的測試結果，以及與 dopt-aiNet 的比較。從表 6.10 中可以看出，ddt-aiNet 的平均函數值和誤差值較小，同時方差也較小，反應了算法能較好地跟蹤環境變化並且效果穩定。

表 6.10　　動態函數的測試結果

函數		線性		環形		高斯	
		ddt-aiNet	dopt-aiNet	ddt-aiNet	dopt-aiNet	ddt-aiNet	dopt-aiNet
Rastrigrin	Max	39.87	39.56	78.43	74.05	57.32	55.11
	Min	0	9.4 * 10-9	0	0	0	0
	Mean	0.03±0.59	0.35±1.47	0.36±2.54	16.05±15.46	0.05±0.63	0.48±2.62
	Error	0.002±0.06	0.03±0.16	0.009±0.07	0.38±0.58	0.01±0.18	0.03±0.16
Griewank	Max	1.49	1.48	0.09	0.02	3.97	3.8
	Min	0	0	0	0	0	0.01
	Mean	1e-4±2e-4	0.003±0.06	1e-4±1e-5	0.006±0.005	1e-4±5e-4	0.04±0.23
	Error	0.07±0.66	0.13±1.76	0.02±0.46	0.33±0.17	0.45±1.68	7.57±5.79
Rosenbro-ck	Max	3.87	2.59	45.63	43.79	0.95	0.92
	Min	0.008	0.14	0.01	0.21	0.002	0.06
	Mean	0.08±0.02	0.74±0.58	0.12±0.95	8.49±7.44	0.02±0.06	0.14±0.19
	Error	0.004±0.01	0.50±0.17	0.04±0.07	0.57±0.24	0.13±0.19	0.22±0.17
Sphere	Max	48.32	46.76	0.76	0.75	0.05	0.05
	Min	2.12×10-18	4.16×10-16	3.64×10-18	8.32×10-16	5.75×10-19	8.12×10-19
	Mean	0.001±0.52	0.05±1.47	0.02±0.047	0.13±0.13	0.000,5	7.11×10-4
	Error	0.003±0.01	0.02±0.22	0.04±0.02	0.32±0.18	0.01±0.005	0.02±0.02

圖 6.11 顯示了在線性動態環境下，ddt-aiNet 算法及 dopt-aiNet 算法的最優解隨迭代次數增加的變化情況。圖的橫坐標為迭代次數，圖的縱坐標為函數誤差值。在算法找到極值點之後的迭代中，算法的最優解總是在實際最優解周圍，且隨著實際最優解移動而變化。ddt-aiNet 算法能更快地跟蹤到極值點的變化。

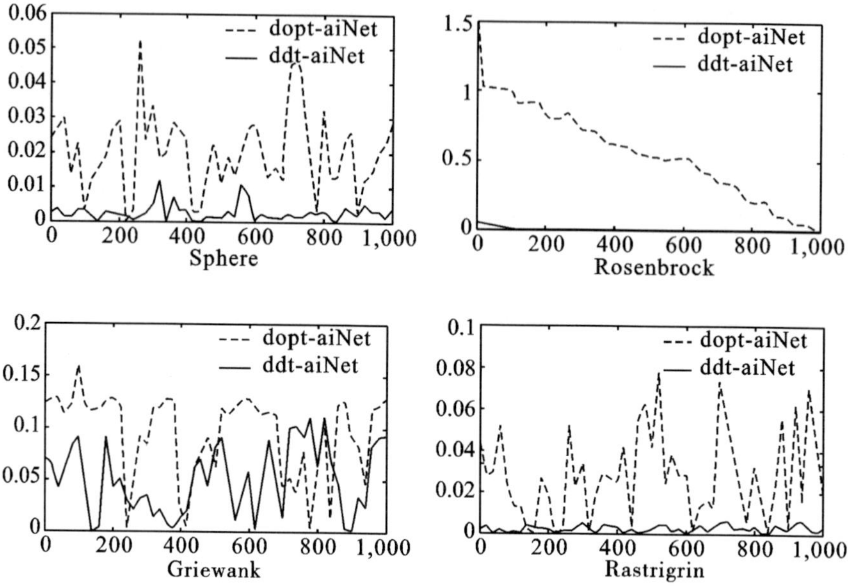

圖 6. 11　ddt-aiNet 算法與 dopt-aiNet 算法的性能比較

6. 3. 5. 2　DF1 函數動態環境測試

DF1 函數是由 Morrison 和 De Jong 提出來的，該函數利用一定量的錐體來組合產生複雜環境。對於二維空間問題，DF1 中的靜態評價函數定義如下：

$$f(x,\ y) = max_{i=1,\ \cdots,\ N}[H_i - R_i\sqrt{(x-x_i)^2+(y-y_i)^2}]$$

其中，$f(x, y)$ 是點 (x, y) 適應度值，N 是該動態環境的錐體個數，(x_i, y_i)、H_i、R_i分別是第 i 個錐體的頂點位置、高度、斜度參數。$f(x, y)$ 為適應度函數，說明在問題空間內，曲面上的任一點取值都可以由函數確定。圖 6. 12 是由該函數隨機產生的一個 3 錐體曲面。

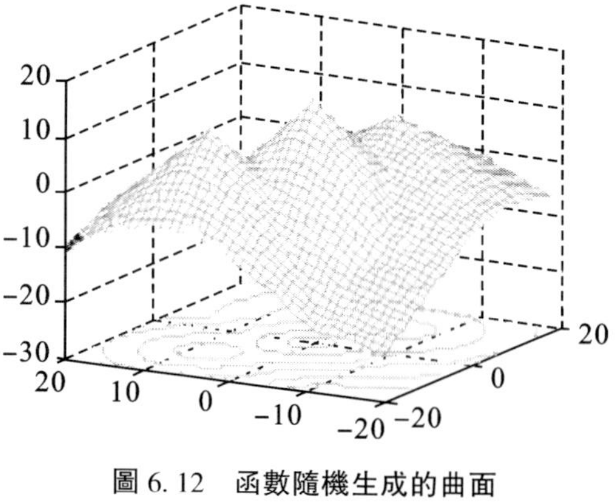

圖 6. 12　函數隨機生成的曲面

1. 實驗 1

實驗 1 由 DF1 生成 3 個錐體，錐體分別記為 A、B、C。在實驗 1 的環境中，錐體 A 和 B 的高度和位置保持不變，錐體 C 的高度和位置則是動態變化的，且每經過 50 代進行一次變化更新。錐體 A 的高度為 0.1，頂點為（-0.1，-0.1）；錐體 B 的高度為 0.3，頂點為（0.2，0.3）；錐體 C 的初始位置為（0.6，0.6），初始高度為 0.2，最大高度為 0.4。算法的最大迭代次數為 1,000，將實驗運行 25 次取平均值。圖 6.13 顯示了錐體 A、B、C 的高度隨迭代次數的變化規律，圖 6.14 顯示了最優值隨迭代次數的變化規律。

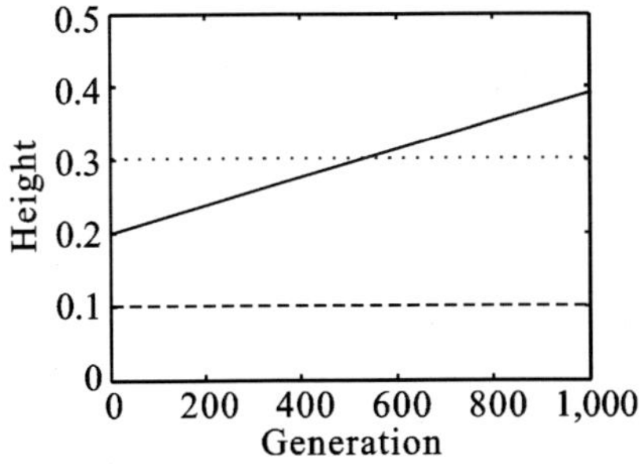

圖 6.13　實驗 1 高度變化規律

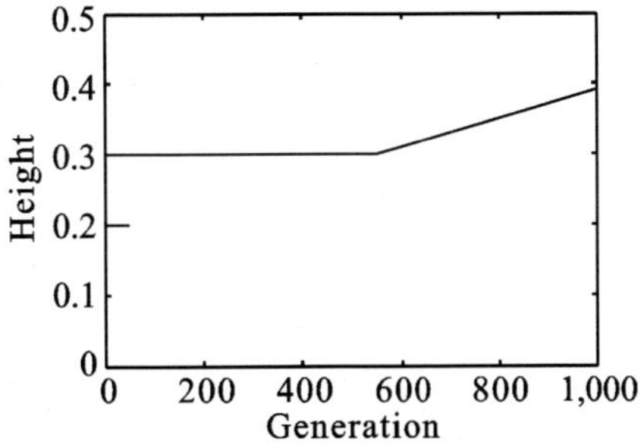

圖 6.14　實驗 1 最優值變化規律

實驗結果如圖 6.15 和圖 6.16 所示。圖 6.15 顯示了算法的最優解隨迭代次數的變化情況，圖 6.16 顯示了算法的誤差值隨迭代次數的變化情況。從圖中可以看出，當最優解位置發生巨大變化時，也就是在 550 代時，dopt-aiNet 算法延遲較大，而 ddt-aiNet 算法可以追蹤到極值的變化。當外部環境發生變化時，ddt-aiNet 算法能通過危險信號的變化探測出環境變化，並迅速對環境變化做出回應。

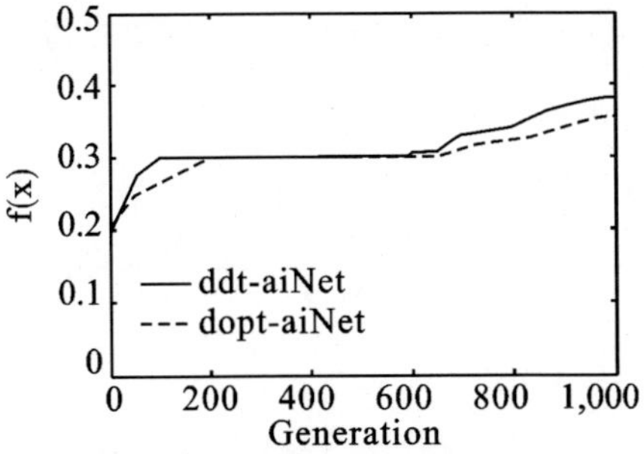

圖 6.15　最優解隨迭代次數的變化情況

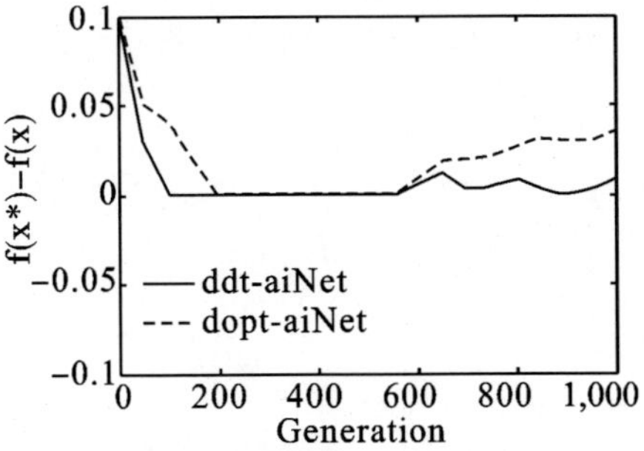

圖 6.16　誤差值隨迭代次數的變化情況

2. 實驗 2

實驗 2 採用混沌模型使環境的改變更複雜。與實驗 1 相同，實驗 2 由 DF1 生成 3 個錐體，錐體分別記為 A、B、C。在實驗 2 的環境中，錐體 A 和 B 的高度和位置保持不變，錐體 C 位置不變，高度是動態變化的，且每經過 50 代進行一次變化更新。錐體 A 的高度為 0.2，頂點為（-0.1，-0.1）；錐體 B 的高度為 0.5，頂點為（0.2，0.3）；錐體 C 的位置為（0.6，0.6），高度由混沌模型生成，其中 μ 值取 4，初值為 0.2，則高度在（0，1）之間變化。算法的最大迭代次數為 1,000，將實驗運行 25 次取平均值。圖 6.17 顯示了錐體 A、B、C 的高度隨迭代次數的變化規律，圖 6.18 顯示了最優值隨迭代次數的變化規律。極值點較為頻繁的在 A、B、C 之間跳動。

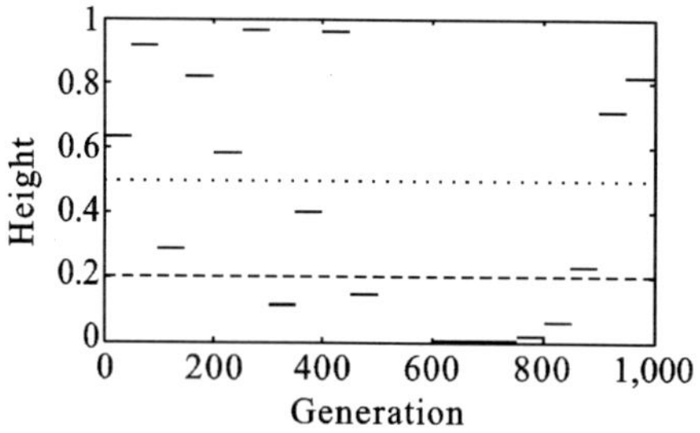

圖 6.17　實驗 2 高度變化規律

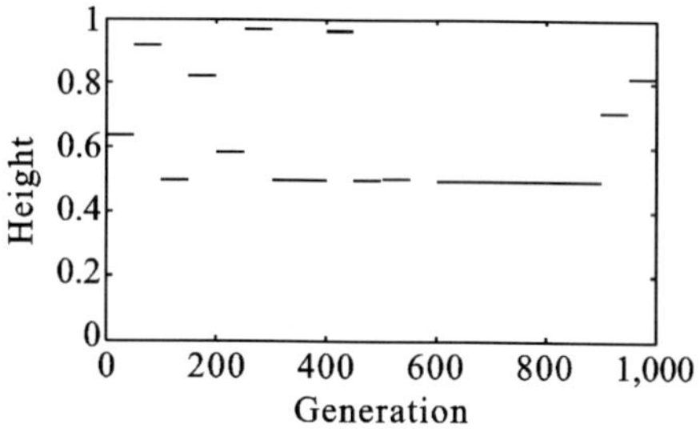

圖 6.18　實驗 2 最優值變化規律

實驗結果如圖 6.19 和圖 6.20 所示。圖 6.19 顯示了算法的最優解隨迭代次數的變化情況，圖 6.20 顯示了算法的誤差值隨迭代次數的變化情況。在實驗 2 中，環境變化較為劇烈。從圖中可以看出，當最優解位置發生巨大變化時，也就是在 250、400、450、550 代等時，dopt-aiNet 算法不能跳出局部極值點，群體多樣性稍差，而 ddt-aiNet 算法可以追蹤到極值的變化，當外部環境發生變化時，該算法能通過危險信號的變化探測出環境變化，並通過環境變化閾值來區分是否為巨大變化，並對不同的環境變化做出不同回應。

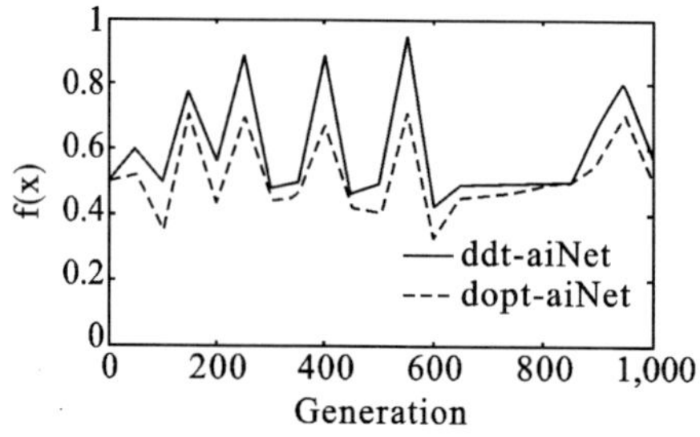

圖 6.19　最優解隨迭代次數的變化情況

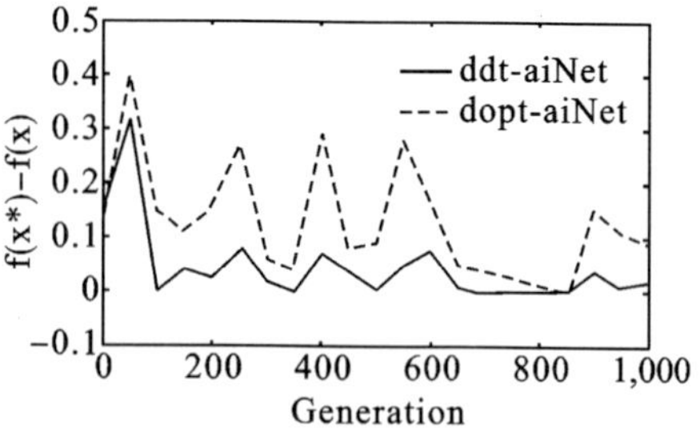

圖 6.20　誤差值隨迭代次數的變化情況

6.4 本章小結

本章在第 5 章的基礎上，首先對危險理論做了簡要介紹；然後針對人工免疫優化算法的一些不足，如存在早熟收斂、局部搜索能力不強等，提出了一種基於危險理論的免疫網絡優化算法 dt-aiNet，詳細討論了該算法的優化策略、算法特點，對算法的收斂性、魯棒性、收斂速度估計及計算複雜度做了數學分析，並通過仿真實驗與其他優化算法做了對比，顯示了該算法在求解質量和種群多樣性方面具有較大優勢；最後介紹了動態環境的基本概念，針對動態環境提出了一種基於危險理論的動態函數優化算法 ddt-aiNet，詳細討論了算法的優化策略，通過仿真實驗，驗證了算法的有效性。算法測試研究包括性能測試、比較；靜態測試函數選擇為 2005CEC 規定的低維及高維單峰值、多峰值函數；動態函數測試選擇 Angeline 測試試驗中的簡單動態函數及 DF1 動態函數。選擇參與比較的算法包括基於人工免疫的 CLONALG 克隆選擇算法、opt-aiNet 算法、dopt-aiNet 算法等。

參考文獻

[1] GREENSMITH J, AICKELIN U, TWYCROSS J. Detecting danger: applying a novel immunological concept to intrusion detection systems [C] // 6th International Conference in Adaptive Computing in Design and Manufacture (ACDM 2004 Poster). Bristol, UK: [s. n.], 2004.

[2] MATZINGER P. The danger model: a renewed sense of self [J]. Science, 2002, 296: 301-305.

[3] SUGANTHAN P N, HANSEN N, LIANG J J, et al. Problem definitions and evaluation criteria for the CEC 2005 special session on real - parameter optimization [D]. Singapore: Nanyang Technological University, 2005.

[4] BRANKE J. Evolutionary Approaches to Dynamic Optimization Problems-Introduction and Recent Trends [C] // GECCO Workshop on Evolutionary Algorithms for Dynamic Optimization Problems. [S. l.: s. n.], 2001: 27-30.

[5] BRANKE J. Evolutionary approaches to dynamic environments - updated

survey [C] // GECCO Workshop on Evolutionary Algorithms for Dynamic Optimization Problems. [S. l.: s. n.], 2003.

[6] COBB H G. An investigation into the use of hypermutation as an adaptive operator in genetic algorithms having continuouis, time-dependent nonstationary environments [C] // Technical Report AIC-90-001. Washington: Naval Research Laboratory, 1990.

[7] VAVAK F, JUKES K, FOGARTY T C. Adaptive combustion balancing in multiple burner boiler using a genetic algorithm with variable range of local search [C]. International Conference on Genetic Algorithms , 1997 : 719-726.

[8] BRANKE J, KAUBLER T, SCHMIDT C, et al. A multi-population approach to dynamic optimization problems [C] // Adaptive Computing in Design and Manufacturing 2000. Springer, 2000: 299-308.

[9] URSEM R K. Multinational GA optimization techniques in dynamic environments [C] // Genetic and Evolutionary Computation Conference. Morgan Kaufmann, 2000: 19-26.

[10] DE FRANCA F O, VON ZUBEN F J, DE CASTRO L N. An artificial immune network for multimodal function optimization on dynamic environments [C] // Proc. of the 2005 Conference on Genetic and Evolutionary Computation. ACM, 2005: 289-296.

[11] 張著洪, 錢淑渠. 自適應免疫算法及其對動態函數優化的跟蹤 [J]. 模式識別與人工智能, 2007 (1): 85-94.

[12] 吴秋逸, 焦李成, 魏峻, 等. 量子協同免疫動態優化算法 [J]. 模式識別與人工智能, 2009 (6): 862-868.

[13] ANGELINE P J. Tracking extrema in dynamic environments [C] // Proceedings of the 6th International Conference on Evolutionary Programming. Indianapolis, USA: [s. n.], 1997.

[14] KIRAZ B, UYAR A, ZCAN E. An Investigation of Selection Hyper-heuristics in Dynamic Environments [J]. International Conference on Applications of Evolutionary Computation, 2011 , 6624 (12) : 314-323.

[15] SUYKENS J A K, VAN GESTEL T, DE BRABANTER J, et al. Least squares support vector machines [M]. Singapore: World Scientific Publishing Co Pte Lte, 2002.

[16] GOLDBERG D E. Genetic Algorithms in Search, Optimization, and Ma-

chine Learning [M]. [S. l.]: House of Addison-Wesley, 1989.

[17] LI L Z, DING Q L. Routing optimization algorithm for QoS anycast flows based on genetic algorithm [J]. Computer Engineering, 2008, 6 (34): 45-47.

[18] KAO Y T, ZAHARA E. A hybrid genetic algorithm and particle swarmoptimization formultimodal functions [J]. Applied Soft Computing Journal, 2008, 8 (2): 849-857.

[19] DASGUPTA D, YU S, NINO F. Recent advances in artificial immune systems: models and applications [J]. Applied Soft Computing Journal, 2011, 11 (2): 1574-1587.

[20] HALAVATI R, SHOURAKI S B, HERAVI M J, et al. An artificial immune system with partially specified antibodies [C] // Proceedings of the 9th Annual Genetic and Evolutionary Computation Conference. [S. l.: s. n.], 2007.

[21] FRESCHI F, COELLO C A C, REPETTO M. Multiobjective optimization and artificial immune systems: a review [M] // Multiobjective Optimization. [S. l.: s. n.], 2009.

7　基於免疫網絡的增量聚類算法研究

7.1　引言

第 4 章介紹了著名的人工免疫數據聚類算法：aiNet 和 RLAIS。RLAIS 和 aiNet 都是基於免疫網絡原理的針對靜態數據的聚類算法，它們借鑑了網絡中免疫細胞之間存在相互作用的機理，實現了對實值數據的聚類。但是，它們模擬角度不同，RLAIS 更注重細胞作用等微觀的特徵，而 aiNet 強調記憶群體生成、抗體群進化等宏觀整體的特性。而且，RLAIS 使用了刺激度（Stimulation）概念，而 aiNet 則使用了親和度（Affinity）概念。在 RLAIS 中，最後得到的壓縮數據過於龐大，對於維持多樣性不理想，且執行資源分配計算的本質要求刺激水平正常化，這導致在每次迭代後產生一些不精確、冗長和不必要的複雜計算。aiNet 作為一種新的數據挖掘技術，在許多方面都取得了一定成績。但是，它不擅長處理動態的或者說增量的數據集。此外，還有基於蟻群系統的數據聚類算法 ACODF、基於遺傳算法的聚類方法、基於免疫進化的聚類算法、基於克隆選擇的聚類算法、基於基因表達式編程的聚類算法及基於混合智能方法的聚類算法等。

在基於 AIS 的增量聚類方面，有幾個比較有影響的算法。自穩定人工免疫系統（Self stabilizing artificial immune system-SSAIS）是對 RLAIS 的改進。理論上說，它可以處理連續的數據流，並能保持免疫網絡的穩定性。但是，單一的 NAT 參數對於不斷變化的數據簇是不現實的。而且為了保持網絡穩定，SSAIS 使用了大量數據去訓練網絡，因此它適應新模式的速度非常緩慢。即使 SSAIS 不需要存儲全部的數據集，它也要存儲和處理免疫網絡中細胞間的交互行為，這使得 SSAIS 不具有擴展性，且沒有提取增量數據的特徵。Neal 的研究（*meta-stable memory in an artificial immune network*）提出的算法實際上是 SSAIS 的簡化版，來說明網絡的自我組織、自我限制的特性和形成的網絡結構穩定性，該算法刪除了隨機變異的操作。Nasraoui 等基於 aiNet 算法，提出了一個新的、可擴展的 AIS（Scalable artificial immune model-SAISM）。Nasraoui 等使用 k-means 算法把整個網絡大致劃分為幾個子網絡，提高算法可擴展性。然而由於 SAISM 是基於 k-means 的，需事先確定聚類中心數目，如果聚類中心數目不準確，將會嚴重影響算法性能。Yue 等也在 aiNet 基礎上，提出了 ISFaiNet 算法來實現增量數據聚類，可對數據流進行特徵提取，該算法在反垃圾郵件中取得了較好效果。但該算法的效果取決於時間窗的選擇，且對參數設置具有敏感性。

7.2 一種基於流形距離的人工免疫增量數據聚類算法

本書提出了一種基於流形距離的人工免疫增量數據聚類算法，簡記為 md-aiNet。算法借鑑了免疫網絡的思想，引入了流形距離作為全局相似性度量，提出了一種基於免疫回應模型的增量數據聚類方法。

7.2.1 流形距離

在對現實世界數據的聚類中，數據集在空間中的分佈通常是不可預期的，具有很複雜的結構。對這樣相似性度量還採用基於歐氏距離的話，就只能反應數據分佈的局部一致性（即在空間位置上相近的樣本點相似性比較高），不能反應數據分佈的全局一致性（即分佈在同一流形上的樣本點相似性比較高）。從圖 7.1 中可以看出，我們希望樣本點 1 和樣本點 3 是屬於同一類的，即它們的相似性大於樣本點 1 和樣本點 2 的相似性。如果按照歐氏距離來度量相似性，樣本點 1 與樣本點 2 的歐氏距離顯然小於樣本點 1 和樣本點 3 的歐氏距離。因此樣本點 1 和樣本點 2 將會歸為一類，這樣就不符合現實世界的認知。所以對於現實世界的具有複雜分佈的數據集，我們不能只簡單使用歐氏距離度量相似性，否則會造成錯誤結果。

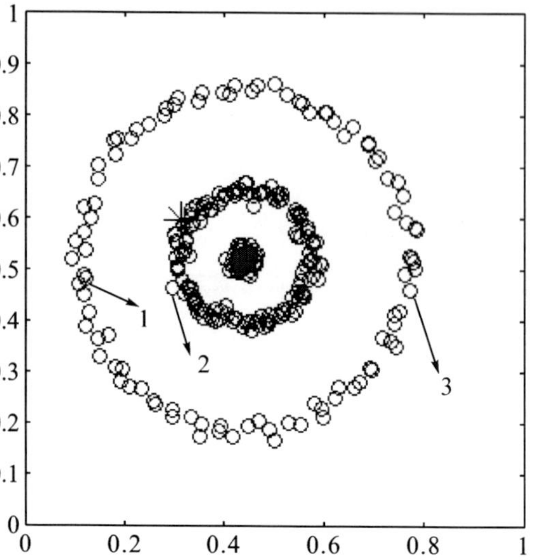

圖 7.1　聚類結果不一致的例子

定義 7.1　在流形上的兩點 x_i、x_j，它們的線段長度可以定義如下：

$$L(x_i,\ x_j) = e^{\frac{dis(x_i,\ x_j)}{\rho}} - 1 \tag{7.1}$$

其中，$dis\ (x_i,\ x_j)$ 表示 x_i、x_j之間的歐氏距離，ρ 是可調參數。因此，在流形上的任意兩點間的距離，定義如 7.2。

定義 7.2　將空間中的數據點看作是圖 $G = (V,\ E)$ 的頂點，其中 V 是頂點的集合，E 是邊的集合。P_{ij}為圖上的連接兩個數據點 x_i、x_j的全部路徑的集合，因此 x_i、x_j的流形距離為

$$MD(x_i,\ x_j) = min_{p \in P_{ij}} \sum_{k=1}^{|p|-1} L(p_k,\ p_{k+1}) \tag{7.2}$$

其中，p 為連接 x_i和 x_j的一條路徑。則它們的流形距離，即為圖上全部連接這兩個數據點的路徑裡，所包含的線段的總長度的最小值。

7.2.2　人工免疫回應模型

生物免疫系統的免疫回應過程可以簡述如下：由抗原引發，在免疫系統的控制下多種免疫細胞經過一系列反應，逐漸親和力成熟，產生相應的免疫效應，消除抗原，並產生免疫記憶；當該抗原或該類抗原再次出現時，免疫記憶細胞可迅速產生免疫效應，消除抗原。

在增量數據聚類過程中，數據逐漸被識別的過程可模擬為免疫應答過程。以下為數據聚類系統與人工免疫系統的對應關係。

定義 7.3 抗原 Ag：免疫系統中，抗原為引發免疫回應的外界刺激。在模型中，我們把待識別的數據當成免疫系統中的抗原 Ag。抗原集合 Ag 表示為：$Ag = \{Ag_i \mid Ag_i \in R^n\}$，$0 \leq i \leq N_g$，$N_g$ 為抗原的數目，$Ag_i = \{Ag_{i1}, Ag_{i2}, \cdots, Ag_{in}\}$，$n$ 為數據維數。

定義 7.4 抗體 Ab：在模型中，我們把數據空間中的數據當成免疫系統中的抗體 Ab。當抗原在抗體的識別半徑內，則可被該抗體識別。抗體與抗原具有相同的數據結構，抗體集合 Ab 可表示為：$Ab = \{Ab_i \mid Ab_i \in R^n\}$，$0 \leq i \leq N_b$，$N_b$ 為種群中抗體的數目，$Ab_i = \{Ab_{i1}, Ab_{i2}, \cdots, Ab_{in}\}$，$n$ 為數據維數。抗體集合 Ab 也可表示為 $Ab = Ab_{\{m\}} \cup Ab_{\{s\}}$，其中，$Ab_{\{m\}}$ 為記憶抗體，$Ab_{\{s\}}$ 為自由抗體，即種群中未形成簇的抗體。

定義 7.5 記憶抗體 $Ab_{\{m\}}$：在模型中，用一個個簇來表示記憶抗體集合 $Ab_{\{m\}}$。聚類中的簇表示一類數據，具有相似的屬性特徵。在數據空間裡，它表現為距離相近的數據點組成的集合。簇內抗體基本覆蓋了簇的數據空間，簇的中心點為簇內抗體的中心。因此，簇 C_k 表示為：$C_k = \{Ab_{rk}, Ab_{ck1}, Ab_{ck2}, \cdots, Ab_{ckx}\}$，記憶抗體集合 $Ab_{\{m\}}$ 表示為：$Ab_{\{m\}} = \{C_k \mid C_k \in R^{xn}\}$，$0 \leq k \leq y$，$x$ 為簇內抗體數目，y 為種群中簇的數目。第 k 個簇的中心點的計算公式為：

$$Ab_{rki} = \frac{1}{x}\sum_{j=1}^{x} Ab_{ckji} \quad 1 \leq i \leq n \tag{7.3}$$

設簇內抗體 Ab_{ckj} 的識別半徑 R_{ckj} 為抗體 Ab_{ckj} 到簇中心 Ab_{rk} 的流形距離與流形距離識別閾值 σ_{MD} 之間的最小值，顯然 $0 \leq R_{ckj} \leq \sigma_{MD}$，即：

$$R_{ckj} = \min\left[MD\left(Ab_{rk}, Ab_{ckj}\right), \sigma_{MD}\right] \tag{7.4}$$

定義 7.6 自由抗體 $Ab_{\{s\}}$：種群中未形成簇的抗體，結構與抗原相同，種群中保持一定量的自由抗體，可增加種群多樣性。

定義 7.7 抗體親和力 $affinity\ (Ab_i, Ag_j)$：反應了抗體與抗原之間的結合力。在模型中，我們把抗體與抗原的親和力定義為：$affinity\ (Ab_i, Ag_j) = 1 / [1 + MD\ (Ab_i, Ag_j)]$。則抗體與抗原的距離越小，親和力越大。

定義 7.8 抗體相似度 $sim\ (Ab_i, Ab_j)$：在模型中，我們把抗體之間的流形距離 $MD\ (Ab_i, Ab_j)$ 作為相似性度量，即 $sim\ (Ab_i, Ab_j) = MD\ (Ab_i, Ab_j)$。在免疫網絡中，抗體之間會產生相互作用，抗體越相似，則抑製作用越強。

在增量數據聚類過程中，首先利用免疫記憶機制來判斷抗原是否為已知抗原。即抗原首先與各個簇比較，若能被某個簇識別，則說明該抗原為已知抗原，模擬免疫系統中的二次應答，把該抗原劃分到已知簇中，並更新簇的中心點及簇內抗體屬性；若該抗原不能被任何簇識別，則說明該抗原為未知抗原，模擬免疫系統中的首次應答，針對該抗原形成一個新的簇。

7.2.3 算法描述

md-aiNet 算法主要包括以下要素：生成新簇、簇選擇、簇更新、克隆選擇、變異機制、克隆抑制、網絡抑制、種群更新等。該算法借鑑了免疫網絡的思想，引入了流形距離作為全局相似性度量，提出了一種基於免疫回應模型的增量數據聚類方法，不僅能迅速適應新模式，並能提取數據特徵。

該算法用到的主要參數如下所示，算法步驟由表 7.1 描述。

ρ：流形距離可調參數。

σ_{MD}：流形距離識別閾值。

σ_{dis}：歐式距離識別閾值。

σ_s：抑制閾值。

表 7.1　　md-aiNet **算法的流程**

初始化，在定義域內隨機產生初始網絡細胞群體 Ab；
While（抗原數據 Ag_j 未處理完）do
Begin
執行簇選擇操作，獲得抗原所屬簇，C_k = *Select_Cluster*（Ag_j）；
若 C_k 為 null，則為初次應答，執行簇生成操作 *Create_Cluster*（Ag_j），生成新簇；
若 C_k 不為 null，則為二次應答，執行簇更新操作 *Update_Cluster*（C_k），更新簇 C_k；
執行網絡抑制，刪除 *dis*（Ab_i，Ab_j）$<\sigma_s$ 的自由抗體；
隨機生成一定數量新抗體加入網絡。
End。

7.2.4 基於流形距離的簇選擇

由 7.2.2 可知，簇由簇內抗體構成，則圖 $G=(V, E)$ 中的頂點由各個簇的抗體和自由抗體構成。基於流形距離的簇選擇算法（*Select_Cluster*）的作用是找出抗原所屬的簇。根據流形距離的定義，我們可以計算種群中任意兩點的距離。依次比較抗原 Ag_i 與各個簇的簇內抗體 Ab_{ckj} 的流形距離 $MD(Ag_i, Ab_{ckj})$，若該距離小於該抗體的識別半徑 R_{ckj}，則該抗體所屬的簇 C_k 即為距離抗原最近的簇，因此把抗原 Ag_i 劃分到該簇中。這是最方便的查找抗原所屬簇的方法，該方法的時間複雜度較高。事實上，與抗原的流形距離較小的抗體必在抗原的歐式距離鄰域內，因此只需判斷鄰域內的抗體是否滿足識別要求即可。設歐式

距離閾值為 σ_{dis}，*Select_Cluster*（Ag_j）算法如表 7.2 所示。

表 7.2　　Select_Cluster（Ag_j）**算法的流程**

步驟 1：計算抗原 Ag_i 與各記憶抗體 Ab_{ckj} 的歐式距離 dis（Ag_i，Ab_{ckj}）；
步驟 2：將歐式距離矩陣 D（Ag_i，$Ab_{\{m\}}$）按升序排列；
步驟 3：選擇 dis（Ag_i，Ab_{ckj}）$\leq \sigma_{dis}$ 的抗體，判斷 MD（Ag_i，Ab_{ckj}）$< R_{ckj}$ 是否成立。若成立，則返回 C_k 和 Ab_{ckj}；若不成立，則返回 null。

7.2.5 基於流形距離的簇生成

基於流形距離的簇生成算法（*Create_Cluster*）的作用是模擬免疫系統中的首次應答，針對該抗原形成一個新的簇。當抗原 Ag_j 不屬於任何已知簇時，免疫系統需學習該抗原的模式，以便再次遇到該抗原或該抗原的變體時能夠識別。免疫系統學習抗原模式的過程包括克隆選擇、變異和克隆抑制，基本操作與第 4 章中類似，簡要敘述如下。

首先，一定數量高親和力的自由抗體被選中，並根據它們之間的親和力進行克隆，克隆的數目與親和力成正比，則克隆總數目 N_c 為：

$$N_c = \sum_{i=1}^{n} round[\alpha \cdot affinity(Ab_i, Ag_j)]$$

其次，克隆產生的抗體進行變異；變異方式與第 5 章中的方式類似，親和力越高，則變異率越高，此時變異仍然採用高斯變異，表示如下：

$$Ab_i' = Ab_i + \beta \cdot exp[-affinity(Ab_i, Ag_j)] \cdot N(0,1)$$

再次，在這個原抗體與克隆體組成的集合裡，選擇親和力較高的抗體，並執行克隆抑制，刪除 dis（Ab_i，Ab_j）$<\sigma_s$ 距離太近的抗體。存活的抗體成為優勢抗體，加入原來的網絡中。

最後，免疫網絡學習了抗原模式後，將以抗原 Ag_j 為新簇的中心 $Ab_{rk} = Ag_j$，以 MD（Ab_i，Ag_j）$< \sigma_{MD}$ 的抗體為簇內抗體，產生一個新簇。此時，查找抗原的流形近鄰抗體可採用算法 *Find_Neighbours*（Ag_j），如表 7.3 所示。

表 7.3　　*Find_Neighbours*（Ag_j）**算法的流程**

步驟 1：計算抗原 Ag_i 與網絡中各自由抗體 Ab_i 的歐式距離 dis（Ag_i，Ab_i）；
步驟 2：將歐式距離矩陣 D（Ag_i，$Ab_{\{s\}}$）按升序排列；
步驟 3：選擇 dis（Ag_i，Ab_{ckj}）$\leq \sigma_{dis}$ 且 MD（Ag_i，Ab_{ckj}）$< \sigma_{MD}$ 的抗體。

Create_Cluster（Ag_j）算法如表 7.4 所示。

表 7.4　*Create_Cluster*（Ag_j）**算法的流程**

步驟 1：計算網絡中的每個自由抗體與抗原 Ag_j的親和力 *affinity*（Ab_i，Ag_j）。
步驟 2：選擇網絡中一定數量的高親和力抗體進行克隆。
步驟 3：對克隆副本進行變異，使其發生親和力突變。
步驟 4：執行克隆抑制，選擇克隆群體中的優質抗體加入網絡。
步驟 5：以抗原 Ag_j為新簇的中心，以與抗原 Ag_j距離小於流形距離閾值 σ_{MD}的抗體為簇內抗體，產生一個新簇。

7.2.6　基於流形距離的簇更新

基於流形距離的簇更新算法（*Update_Cluster*）的作用是模擬免疫系統中的二次應答，把抗原劃分到已知簇中，並更新簇的中心點及簇內抗體屬性。

當抗原 Ag_i與記憶抗體 Ab_{ckj}的距離小於其識別半徑時，該抗原屬於已知簇 C_k。更新記憶抗體 Ab_{ckj}的屬性，使 Ab_{ckj}記憶該抗原的模式，操作如下。

$$Ab_{ckj} = \begin{cases} Ab_{ckj} & MD(Ab_{ckj},\ Ab_{rk}) > MD(Ag_i,\ Ab_{rk}) \\ Ag_i & else \end{cases} \tag{7.5}$$

由於簇內記憶抗體之間 MD（Ab_{ckj}，Ab_{cks}）$\geq \sigma_{MD}$，因此，當調整了記憶抗體 Ab_{ckj}的屬性時，需要檢查 Ab_{ckj}與簇內其他抗體 Ab_{cks}的距離，以保證記憶抗體之間的流形距離不小於流形距離閾值。若小於此流形距離閾值，需進行記憶抗體合併，即：

$$Ab_{cks} = \begin{cases} Ab_{ckj} & MD(Ab_{ckj},\ Ab_{rk}) > MD(Ab_{cks},\ Ab_{rk}) \\ Ab_{cks} & else \end{cases} \tag{7.6}$$

最後，需按式（7.3）和式（7.4）重新計算簇 C_k的中心點 Ab_{rk}及簇內各記憶抗體的識別半徑 R_{ckj}。

Update_Cluster（Ag_j）算法如表 7.5 所示。

表 7.5　*Update_Cluster*（Ag_j）**算法的流程**

步驟 1：更新識別了抗原的記憶抗體 Ab_{ckj}的屬性。
步驟 2：檢查 Ab_{ckj}與簇內其他記憶抗體 Ab_{cks}的距離，若小於 σ_{MD}，則進行抗體合併。
步驟 3：重新計算簇 C_k的中心點 Ab_{rk}及簇內各記憶抗體的識別半徑 R_{ckj}。

7.2.7 算法的計算複雜度分析

根據算法描述來分析計算複雜度（見表 7.1）。首先步驟 1 隨機生成網絡細胞群體 Ab，它的計算複雜度取決於初始種群規模 N_b，為 O（N_b）。步驟 3 是簇選擇操作，該操作的計算複雜度為 O（$m + m^2+N_{\sigma dis}$），$N_{\sigma dis}<m$，即 O（m^2），m 為記憶抗體數目，$N_{\sigma dis}$ 為抗原的歐式距離鄰域內的記憶抗體數目。步驟 4 的簇生成操作計算複雜度為 O（$s + N_c + N_c + N_{c2} + s^2+N_{\sigma dis}$），$N_c$ 為克隆抗體的數目，s 為自由抗體種群大小，$N_{\sigma dis}$ 為抗原的歐式距離鄰域內的自由抗體數目，$N_{\sigma dis}<s$；簇更新操作的計算複雜度為 O（N_{ck}），N_{ck} 為簇 C_k 包含的記憶抗體規模。因此步驟 4 的計算複雜度為，O（s^2）。步驟 5 網絡抑制操作的計算複雜度為 O（s^2）。步驟 6 的隨機生成新抗體的計算複雜度為 O（$N_b - s$）。

因此，算法總的計算複雜度為：O（$N_b + m^2 + s^2 + N_b - s$）。因為，最壞的情況為對每一個抗原均生成一個簇，即 $s<<m$，$m \sim N_g$，$N_b<<N_g$，則處理一個抗原的計算複雜度可以簡化為：O（$N_g \cdot N_g$）。對 N_g 個抗原的計算複雜度為：O（$N_g \cdot N_g \cdot N_g$）。

7.3 仿真結果與分析

7.3.1 數據集及算法參數

為了考察算法的有效性，將算法應用於以下兩類數據集，包括三個人工數據集和三個 UCI 數據集。這些數據集廣泛用於模式識別、數據挖掘等領域內算法的性能測試。表 7.6 給出了這些數據集的性質。

表 7.6 **實驗中使用的數據集**

數據集	樣本數	樣本屬性	聚類數目
Spiral 數據集	1,000	2	2
Long1 數據集	1,000	2	2
Square1 數據集	1,000	2	4
IRIS 數據集	150	4	3
BCW 數據集	683	9	2
Wine 數據集	178	13	3

圖 7.2 顯示了 3 個人工數據集在二維空間的顯示。

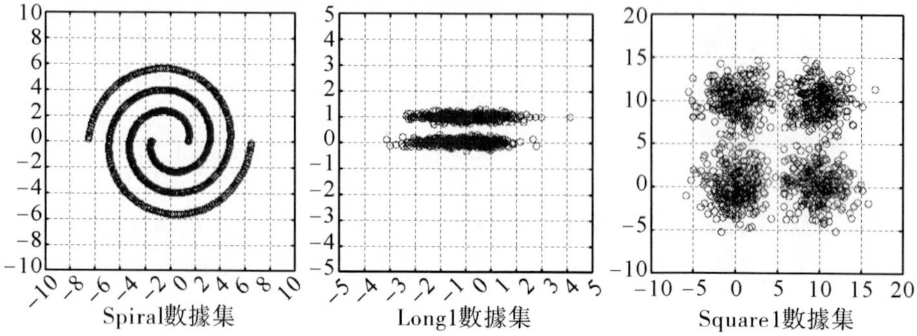

圖 7.2　三個人工數據集在二維空間的顯示

圖 7.3 顯示了三個 UCI 數據集利用 FastMap 方法在二維空間的投影。從圖中可以看出，IRIS 數據集中 Setosa 與其餘兩類數據線性可分，而 Versicolor 和 Virginica 兩個類簇，在特徵空間中的分佈方式與先驗知識存在差異，不僅線性不可分，還有交叉分佈出現。BCW 數據集和 Wine 數據集也存在交叉分佈，線性不可分的情況。

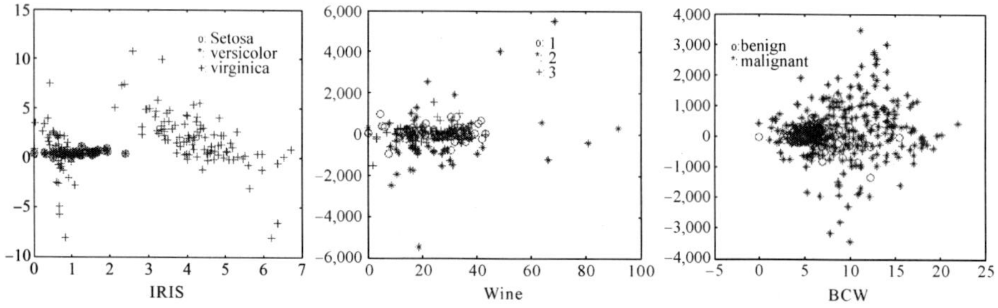

圖 7.3　三個 UCI 數據集在二維空間的投影

我們將算法與基於人工免疫的較有影響的增量聚類算法 MSMAIS、ISFaiNet 相比較。設 md-aiNet 的初始種群大小為 50~100，$\sigma_s = 0.01 \sim 0.05$，$\sigma_{MD} = \sigma_{dis} = 0.2 \sim 0.5$，$\in = 0.2 \sim 0.5$；關於 ISFaiNet 和 MSMAIS 參數的選取，我們選擇相應參考文獻中給出的參數的範圍。

我們從兩方面對算法結果進行評價：算法的運行時間和平均聚類正確率，即從效率和準確率兩方面考慮。聚類正確率即為正確聚類的樣本個數與數據集樣本總數的百分比。

MSMAIS 算法是依據免疫網絡的原理，最終形成一個拓撲結構，因為隨機變異的操作被刪掉，所以最終結果不對數據進行壓縮。ISFaiNet 是對 aiNet 的改進，使 aiNet 能夠處理增量數據，提高了數據訓練的效率。但原始 aiNet 算法雖然提取了數據特徵，卻未對數據進行劃分，ISFaiNet 的最終運行結果也未對數據進行劃分。

7.3.2 人工數據集測試結果

人工數據集為 3 個，其中 2 個為具有複雜流形分佈的數據集，為數據集 Spiral 和數據集 Long1；一個為具有球形分佈的數據集，為數據集 Square1。

實驗主要分為已知聚類為空和已知聚類不為空兩種情況。

首先考察已知聚類為空。把所有數據都看作是抗原數據一個一個提交給算法，算法運行至指定迭代次數停止，如 100 代。針對每一個數據集，我們都是獨立運行 25 次。表 7.7 列出了算法處理上面三個人工數據集聚類問題時得到的聚類正確率平均值、標準差。

表 7.7　算法求解人工數據集的性能比較（聚類正確率）（已經聚類為空）

數據集	md-aiNet	MSMAIS
Spiral 數據集	1	0.546,5
Long1 數據集	1	0.583,2
Square1 數據集	0.978,0	0.964,3

圖 7.4 分別展示了三種算法對於三個人工數據集的聚類結果，從圖中可以更清楚直觀地看到數據的分佈情況以及算法聚類效果。從表 7.7 中的統計數據和圖 7.4 的典型聚類結果可以看到，對於 Long1、Spiral 這 2 個具有明顯流形分佈特點的數據集，md-aiNet 的聚類效果較好，而 MSMAIS、ISFaiNet 的聚類效果非常差。這是因為 md-aiNet 採用了流形距離的相似性度量，該度量方法擴大了在不同流形分佈上的數據的距離，縮短了同一流形分佈上的距離，優於以歐氏距離作為相似性度量的聚類算法。而對於球形分佈的數據集 Square1，如圖所示，因為數據集具有輕微交叉，並不是線性可分的，三種算法的聚類結果都不是完全正確的，且效果較接近。

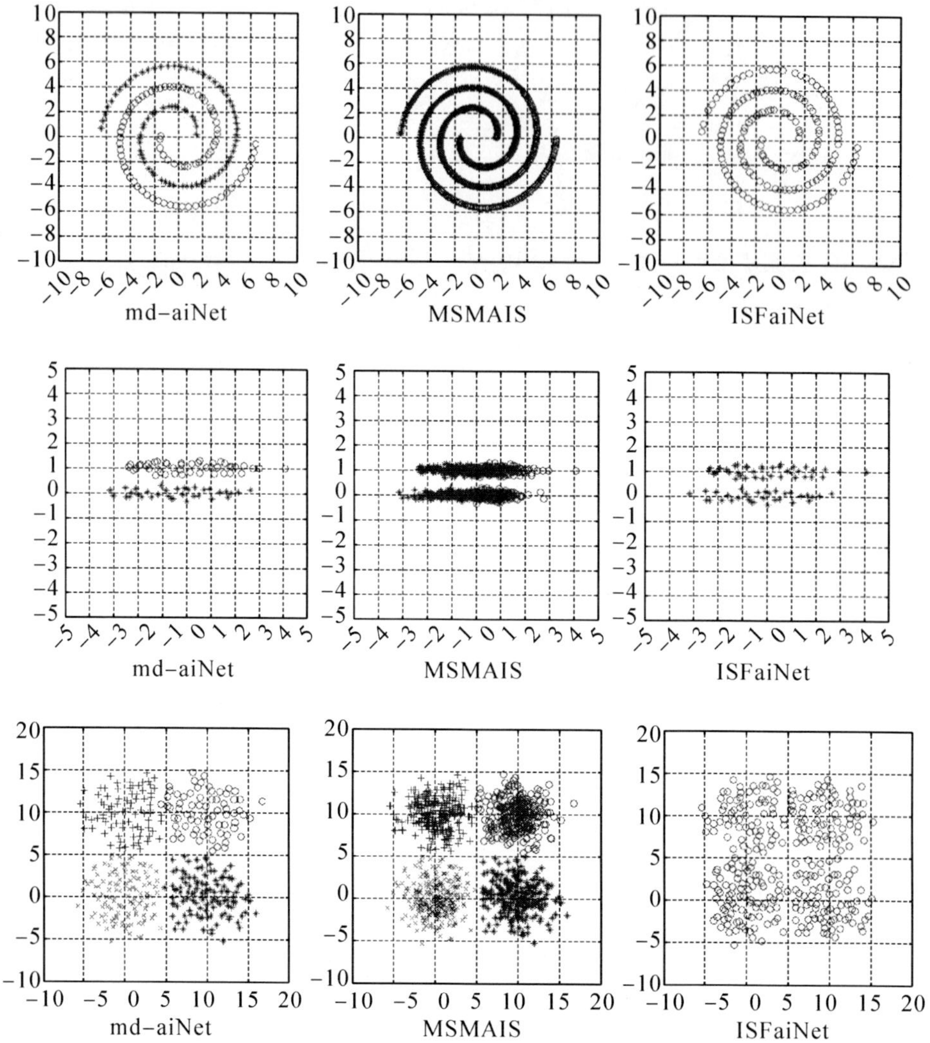

圖 7.4　三種算法對於人工數據集的聚類結果

其次考察已知聚類不為空的情況。假設其中一個簇作為已知簇，剩下的數據作為抗原數據。一次遍歷抗原數據後，算法即停止。針對每一個數據集，我們都是獨立運行 25 次。表 7.8 列出了三種算法針對三個人工數據集的聚類結果，我們用聚類正確率平均值和標準差來考察算法的性能；圖 7.5 分別展示了三種算法對於三個人工數據集的聚類結果。

可見，聚類結果與已知聚類為空的情況較為類似，md-aiNet 算法優於 MS-MAIS 和 ISFaiNet。要說明的是，由於已知一簇或多簇聚類，因此，三種算法的聚類準確率稍微提高。

表 7.8　三種算法求解人工數據集的性能比較（聚類正確率）（已經聚類不為空）

數據集	md-aiNet	MSMAIS
Spiral 數據集（已知分佈在二維空間上面的簇）	1	0.638,7
Long1 數據集（已知分佈在二維空間上面的簇）	1	0.681,4
Square1 數據集（已知分佈在二維空間左上角的簇）	0.989,2	0.984,5

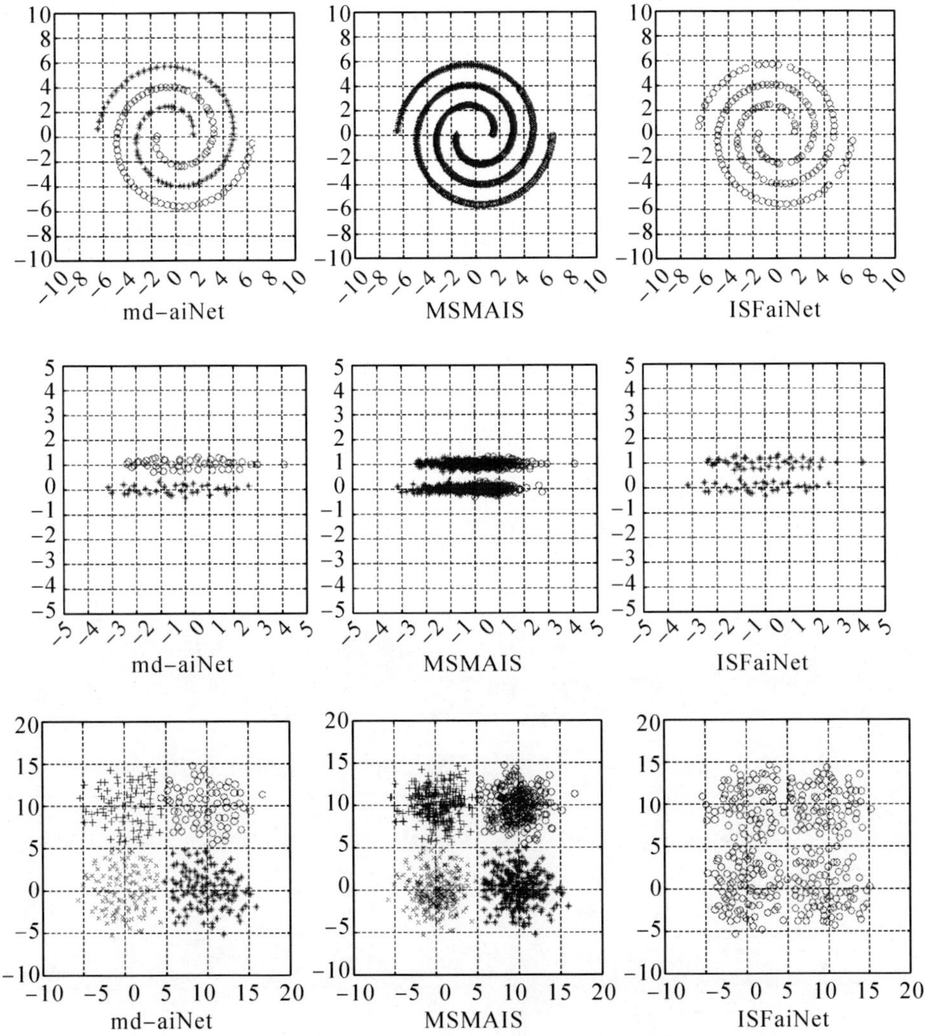

圖 7.5　三種算法對於人工數據集的聚類結果

7.3.3 UCI 數據集測試結果

取 UCI 數據集中的 3 個進行測試，分別是數據集 IRIS、BCW（Wisconsin breast cancer：Original）和 Wine。我們通過對 UCI 數據集的測試，來獲得算法對增量數據的處理能力、對數據特徵的提取以及對數據壓縮的效果。數據壓縮率是指數據集處理後的數量與總的增量數據的規模比值。即：

$$Rate_{com} = (N_p - m) / N_p$$

其中，N_p 為增量數據規模，m 為記憶抗體集合大小。

實驗同樣分為已知聚類為空和已知聚類不為空兩種情況。

對於每一個數據集，我們獨立運行 25 次。表 7.9 和表 7.10 列出了各個算法在求解上面 3 個聚類問題時得到的平均運行時間、平均聚類正確率和平均壓縮率。

表 7.9　各算法求解 UCI 數據集的性能比較（已知聚類為空）

數據集		md-aiNet	MSMAIS	ISFaiNet
IRIS 數據集（已知聚類為空）	平均運行時間（s）	0.036,8	0.037,1	0.230,5
	聚類正確率（%）	95.73	93.2	——
	平均壓縮率（%）	86.91	——	82.34
BCW 數據集（已知聚類為空）	平均運行時間（s）	0.062,3	0.053,3	3.821,1
	聚類正確率（%）	94.67	90.21	——
	平均壓縮率（%）	90.68	——	79.90
Wine 數據集（已知聚類為空）	平均運行時間（s）	0.173,1	0.238,5	35.671,6
	聚類正確率（%）	98.43	95.18	——
	平均壓縮率（%）	92.34	——	90.16

表 7.10　各算法求解 UCI 數據集的性能比較（已知聚類不為空）

數據集		md-aiNet	MSMAIS	ISFaiNet
IRIS 數據集（已知 Setosa）	平均運行時間（s）	0.020,075	0.030,1	0.353,8
	聚類正確率（%）	98.62	94.15	——
	平均壓縮率（%）	86.96	——	83.31

表7.10(續)

數據集		md-aiNet	MSMAIS	ISFaiNet
BCW 數據集（已知 c1）	平均運行時間（s）	0.032,375	0.046,7	3.683,5
	聚類正確率（%）	95.72	90.61	——
	平均壓縮率（%）	91.23	——	80.8
Wine 數據集（已知 benign）	平均運行時間（s）	0.273,875	0.315,2	46.392
	聚類正確率（%）	99.41	96.42	——
	平均壓縮率（%）	92.45	——	90.01

由表 7.9 和表 7.10 的測試結果可知，對於 UCI 的三個標準的測試集的聚類，md-aiNet 的結果較優，它對於具有複雜分佈的、高維數據的聚類效果較好，且對數據特徵提取也有很好的性能。

7.4　本章小結

本章主要涉及基於免疫網絡的增量聚類算法改進研究。本章首先介紹了流形距離的概念，引入了流形距離作為全局相似性度量，提出了一種基於免疫回應模型的增量數據聚類方法，即一種基於流形距離的人工免疫增量數據聚類算法 md-aiNet；然後詳細介紹了該算法的實現細節，其中包括抗原、抗體和親和力定義等，以及相關免疫操作的抽象數學模型；最後，通過仿真實驗，驗證了算法對自現實世界的複雜分佈、較高維數據的聚類有效性，同時可提取數據特徵、實現數據壓縮，表明算法適應新模式較快。

參考文獻

[1] NEAL M. An artificial immune system for continuous analysis of time-varying data [C] // Proceedings of the First International Conference on Artificial Immune Systems. Berlin: Springer, 2002: 76-85.

[2] NEAL M. Meta-stable memory in an artificial immune network [C] // Proceedings of the Second International Conference on Artificial Immune Systems. Berlin: Springer, 2003: 168-181.

[3] NASRAOUI O, GONZALEZ F, CARDONA C, et al. A scalable artificial immune system model fordynamic unsupervised learning [C] // Proceedings of International Conference on Genetic and Evolutionary Computation. San Francisco: Morgan Kaufmann, 2003: 219-230.

[4] YUE X, MO H W, CHI Z X. Immune-inspired incremental feature selection technology to data stream [J]. Applied soft Computing, 2008, 8 (2): 1041-1049.

[5] ZHOU D Y, BOUSQUET O, LAL T N, et al. Learning with local and global consistency [M] // Advances in Neural Information Processing Systems 16. Cambridge: MIT Press, 2004: 321-328.

[6] FALOUTSOS C, LIN K. FastMap: A Fast Algorithm for Indexing, Data-Mining and Visualization of Traditional and Multimedia Datasets [C] // Proceedings of the 1995ACM SIGMOD International Conference on Management of Data. New York: ACM, 1995: 163-174.

[7] 魏萊，王守覺. 基於流形距離的半監督判別分析 [J]. 軟件學報，2010 (10): 2445-2453.

[8] 公茂果，王爽，馬萌，等. 複雜分佈數據的二階段聚類算法 [J]. 軟件學報，2011，22 (11): 2760-2772.

[9] SUYKENS J A K, VAN GESTEL T, D E BRABANTER J, et al. Least squares support vector machines [M]. Singapore: World Scientific Publishing Co Pte Lte, 2002.

[10] CHIU C Y, LIN C H. Cluster analysis based on artificial immune system and ant algorithm [C] // Proceedings of the 3rd International Conference on Natural Computation. Washington D C: IEEE Computer Society, 2007: 647-650.

[11] 李潔，高新波，焦李成. 一種基於GA的混合屬性特徵大數據集聚類算法 [J]. 電子與信息學報，2004，26 (8): 1203-1209.

[12] ZHAO Y C, SONG J. GDILC: A grid-based density isoline clustering algorithm [C] // ZHONG Y X, CUI S, YANG Y. Proc. of the Internet Conf. on Info-Net. Beijing: IEEE Press, 2001: 140-145. http://ieeexplore.ieee.org/iel5/7719/21161/00982709.pdf.

[13] PILEVAR AH, SUKUMAR M. GCHL: A grid-clustering algorithm for high-dimensional very large spatial data bases [J]. Pattern Recognition Letters, 2005, 26 (7): 999-1010.

[14] TSAI C F, TSAI C W, WU H C, et al. ACODF: A novel data clustering approach for data mining in large databases [J]. Journal of Systems and Software, 2004, 73 (1): 133-145.

[15] BHUYAN J N, RAGHAVAN V V, VENKATESH K E. Genetic algorithm for clustering with an ordered representation [C] // Proceedings of the 4th International Conference on Genetic Algorithms. San Francisco: Morgan Kaufmann, 1991: 408-415.

[16] JONES D, BELTRAMO M A. Solving partitioning problems with genetic algorithms [C] // Proceedings of 4th International Conference on Genetic Algorithms. San Francisco: Morgan Kaufmann, 1991: 442-429.

[17] HAO X L, LI D G. Image Segmentation Based on Dynamic Granular Fuzzy Clustering Algorithm [J]. Journal of Computational Information Systems, 2012, 8 (20): 8277 - 8284.

[18] LIU H, LI L, WU C A. Color Image Segmentation Algorithms based on Granular Computing Clustering [J]. International Journal of Signal Processing Image Processing & P, 2014, 7 (1) : 155-168.

[19] NIKNAM T, AMIN B. An efficient hybrid approach based on PSO, ACO and k-means for cluster anaysis [J]. Applied Soft Computing, 2010, 10 (1): 183-197.

8 總結與展望

8.1 工作總結

生物免疫系統是一種具有高度分佈式特點的生物處理系統，具有記憶、自學習、自組織、自適應、並行處理等特點。近年來，大量的研究者開始借鑑BIS機制來處理工程上的問題。人工免疫系統是一種仿生的智能算法，受生物免疫系統啓發，是繼人工神經網絡、進化計算之後新的計算智能研究方向，是生命科學和計算科學相交叉而形成的交叉學科研究熱點。人工免疫算法維持了若干生物免疫系統的特點，如隱含並行性、魯棒性強、多樣性好等。和其他的啓發式的智能算法比較，它具有獨特的優勢和特點，並廣泛應用於計算機安全、故障診斷、模式識別、數據挖掘、智能優化等領域。回顧幾年來的研究和探討，本書的主要工作涉及以下幾個方面。

1. 免疫進化算法的研究

當前，人工免疫算法的研究主要集中在四個方面：否定選擇算法、免疫網絡、克隆選擇、危險理論和樹突狀細胞算法。本書通過對免疫網絡的研究，提出了基於免疫網絡的優化算法的基本流程，證明了基於免疫網絡的優化算法的收斂性，同時給出了基於免疫網絡的優化算法的模式定理。本書通過仿真實驗對基於免疫網絡的優化算法的優化過程和優化性能進行了驗證，並與其他智能優化算法進行比較，驗證了基於免疫網絡的優化算法是一種很有優勢的智能優化算法，在解決實際優化問題中將有廣泛的應用前景。

本書通過研究否定選擇算法的免疫機理，分析現有否定選擇算法存在的主要問題，提出了一種基於網格的實值否定選擇算法 GB-RNSA。該算法分析了自體集在形態空間的分佈，並引入了網格機制，來減少距離計算的時間代價和檢測器間的冗餘覆蓋。理論分析和實驗結果表明，相比傳統的否定選擇算法，

GB-RNSA 有更好的時間效率及檢測器質量，是一種有效的生成檢測器的人工免疫算法。

2. 免疫進化在網絡安全方面的應用研究

本書針對當前網絡安全態勢感知在主動防禦策略上的不足，將免疫原理和雲模型理論應用於網絡安全態勢感知的研究，旨在強化網絡安全態勢感知系統的主動防禦能力，為系統提供更全面的安全保障。具體來說，本書從態勢感知、態勢理解、態勢預測三個層次建立了一種安全態勢感知模型。理論分析和實驗結果表明，該模型具有即時性和較高的準確性，是網絡安全態勢感知的一個有效模型。

虛擬機系統作為雲計算的基礎設施，其安全性是非常重要的。本書提出了一種基於免疫的雲計算環境中虛擬機入侵檢測模型 I-VMIDS，來確保客戶虛擬機中用戶級應用程序的安全性。模型能夠檢測應用程序被靜態篡改的攻擊，而且能夠檢測應用程序動態運行時受到的攻擊，具有較高的即時性。在檢測過程中，我們引入了信息監控機制對入侵檢測程序進行監控，保證檢測數據的真實性，使模型具有更高的安全性。實驗結果表明模型沒有給虛擬機系統帶來太大的性能開銷，且具有良好的檢測性能，將 I-VMIDS 應用於雲計算平臺是可行的。

3. 免疫進化在優化問題方面的應用研究

通過分析和總結在工程中常見的優化問題，並對當前國內外關於函數優化問題和聚類問題的算法反應出的一些不足，本書從人工免疫系統原理入手，在對免疫網絡理論與算法進行分析的基礎上，提出新的算法來解決函數優化問題和聚類問題。

本書提出了一種基於危險理論的免疫網絡優化算法 dt-aiNet。該算法通過定義危險區域來計算每個抗體的危險信號值，並通過危險信號來調整抗體濃度，從而引發免疫反應的自我調節功能，保持種群多樣性，並採用一定機制動態調整危險區域半徑。實驗表明該算法優於 CLONALG、opt-aiNet 和 dopt-aiNet，具有較小的誤差值及較高的成功率，能夠在規定最大評價次數範圍內，找到滿足精度的解，在保持種群多樣性方面具有較大優勢。

針對動態優化問題與靜態問題的不同，本書提出了一種基於危險理論的動態函數優化算法 ddt-aiNet，使算法具有動態追蹤能力。算法引入探測機制，在解空間中設置特殊探測抗體，通過監測探測抗體的危險信號來感知環境的變化，並對環境發生的小範圍變化和大範圍變化分別進行回應，能準確、快速地跟蹤到極值點的變化。本書通過 Angeline 動態函數測試和在 DF1 函數動態環境下的測試，驗證了算法的有效性。

針對人工免疫理論在增量聚類問題方面的不足，如不具有擴展性、適應新模式較慢等，本書提出了一種基於流形距離的人工免疫增量數據聚類算法 md-aiNet。算法引入了流形距離作為全局相似性度量，採用歐式距離作為局部相似性度量，提出了一種基於免疫回應模型的增量數據聚類方法，模擬了免疫回應中的首次應答和二次應答。本書通過在人工數據集和 UCI 數據集上的仿真實驗，將該算法與基於人工免疫的較有影響的增量聚類算法 MSMAIS、ISFaiNet 分別進行了比較，驗證了 md-aiNet 算法的有效性，能夠對具有複雜分佈、較高維的數據集進行有效聚類，並提取內在模式。尤其對於非球形分佈的數據集，其聚類準確率相比 MSMAIS 和 ISFaiNet 提高了 40%。

8.2 進一步的研究工作

生物免疫系統是一個非常複雜的系統，很多免疫機理還沒有得到充分認識。將生物免疫系統原理應用於工程中的優化問題還有很多工作待深入。本書在將免疫網絡原理應用於優化問題方面做了一些工作，仍存在一些值得進一步分析和研究的問題。在後續的工作中，筆者希望在下述幾方面取得進展：

（1）進一步挖掘和利用生物免疫的特性，改進現有的免疫網絡算法，並展開對人工免疫算法的理論分析，如幾何性質分析、動態數學模型等，拓寬其應用領域。

（2）本書對虛擬機系統的安全研究僅限於用戶級應用程序的安全性，針對虛擬機監控器的安全漏洞、虛擬機動態遷移的安全、側通道攻擊等可以嘗試引入人工免疫原理來解決。另外雲計算包含的內容很多，可以將生物免疫機制進一步應用於雲計算的其他方面。

（3）本書研究方法主要是從生物免疫系統中提取新思想。以後可考慮將免疫原理與其他智能方法原理集成在一起，揚長避短，提出新的混合算法，這也是一種解決工程問題的有效途徑，比如將免疫原理與人工神經網絡、模糊理論、遺傳算法、DNA 計算等相融合。

國家圖書館出版品預行編目(CIP)資料

基於免疫進化的算法及應用研究 / 張瑞瑞、陳春梅 著. -- 第一版.
-- 臺北市 : 崧博出版 : 財經錢線文化發行, 2018.11

面 ; 公分

ISBN 978-957-735-550-8(平裝)

1.人工智慧 2.免疫學技術

312.83 107016709

書 名：基於免疫進化的算法及應用研究
作 者：張瑞瑞、陳春梅 著
發行人：黃振庭
出版者：崧博出版事業有限公司
發行者：財經錢線文化事業有限公司
E-mail：sonbookservice@gmail.com
粉絲頁 網 址：
地 址：台北市中正區延平南路六十一號五樓一室
8F.-815, No.61, Sec. 1, Chongqing S. Rd., Zhongzheng Dist., Taipei City 100, Taiwan (R.O.C.)
電 話：(02)2370-3310 傳 真：(02) 2370-3210
總經銷：紅螞蟻圖書有限公司
地 址：台北市內湖區舊宗路二段 121 巷 19 號
電 話：02-2795-3656 傳真：02-2795-4100 網址：
印 刷 ：京峯彩色印刷有限公司（京峰數位）

定價：450元
發行日期：2018 年 11 月第一版
◎ 本書以POD印製發行